教育部人文社会科学研究青年基金项目（09YJCZH032）
国家自然科学基金青年科学基金项目（41001359）
成都信息工程大学科研基金项目（J201310，KYTZ201404）

成都信息工程大学
河南大学黄河文明与可持续发展研究中心 共同资助

Ecological Risk Assessment and Management of
Disasters in Typical Regions

典型区域灾害
生态风险评价与管理

李谢辉 著

科学出版社
北京

内 容 简 介

中国自古以来就多灾多难，灾害形势十分严峻，如何改变观念，从灾后反应变为灾前防御，提高科学技术在预防和减灾中的应用，作为现代防灾减灾非工程措施的灾害生态风险评价与管理显得尤为重要。

本书通过总结已有国内外生态风险评价与管理的理论知识，结合自然灾害风险评估研究，建立区域灾害生态风险评价模型，选择典型区域进行案例分析和讨论，希望能在区域灾害生态风险评价与管理的研究和实践应用方面为读者提供一些参考。

本书可供从事生态风险管理的相关部门参考，也可供灾害学与地理学专业研究人员使用。

图书在版编目（CIP）数据

典型区域灾害生态风险评价与管理/李谢辉著 . —北京：科学出版社，2015.2
ISBN 978 - 7 - 03 - 043395 - 4

Ⅰ. ①典… Ⅱ. ①李… Ⅲ. ①区域生态环境-环境生态评价-中国 ②区域环境管理-中国 Ⅳ. ①X826 ②X321. 2

中国版本图书馆 CIP 数据核字（2015）第 031074 号

责任编辑：杨婵娟　宁　倩/ 责任校对：胡小洁
责任印制：徐晓晨 / 封面设计：无极书装
编辑部电话：010-64035853
E-mail：houjunlin@mail. sciencep. com

科 学 出 版 社 出版
北京东黄城根北街 16 号
邮政编码：100717
http://www.sciencep.com
北京凌奇印刷有限责任公司 印刷
科学出版社发行　各地新华书店经销
*
2015 年 4 月第 一 版　开本：720×1000　1/16
2024 年 1 月第三次印刷　印张：19 1/4　插页：3
字数：367 000
定价：98.00 元
（如有印装质量问题，我社负责调换）

前　　言

生态风险评价（ecological risk assessment，ERA）就是评价发生不利生态影响的可能性的过程，是继早期人类健康风险评价之后发展起来的新研究热点。简单地说就是指在生态系统受一个或多个胁迫因素影响后，对不利生态后果出现的可能性予以评估。区域生态风险评价（regional ecological risk assessment，RERA）是 ERA 的一个分支，是在区域尺度上描述和评估环境污染、人为活动或自然灾害对生态系统及其组分产生不利作用的可能性和大小的过程，其目的在于为区域风险管理提供理论、技术和决策支持。美国在推动 ERA 的研究和发展中起了很大作用，而我国的 ERA 研究起步较晚，目前在理论方法和技术上尚不成熟。

由于全球气候变化和人类活动的加剧，世界范围内自然和人为灾害不论从频率还是强度上都发生了较大的变化，其灾害风险不断加大。1999 年，国际减灾十年科学与技术委员会在其"减灾十年"活动的总结报告中，列出了 21 世纪国际减灾界面临的 5 个挑战性领域，其中 3 个领域与灾害风险问题密切相关，这表明灾害风险评估与管理研究已成为当前国际减灾的重要研究领域。中国自古以来就是一个多灾多难的国家，灾害形势十分严峻。要改变观念，从灾后反应变为灾前防御，提高灾害预防、预警和科学技术在减灾中的应用，作为面向新世纪的现代防灾减灾非工程措施的灾害生态风险评价与管理研究就显得尤为重要，而目前国内这方面的研究基本上还处于起步和探索阶段，相关的成果较少。本书在参阅前人研究成果的基础上，通过总结已有国内外生态风险评价与管理的理论知识，结合自然灾害风险评估研究，通过建立区域灾害生态风险评价模型，选择典型区域进行案例分析和讨论，希望能在区域灾害生态风险评价与管理的研究和实践应用方面为读者提供一些参考。

本书分为三篇，共计十四章。第一篇为生态风险评价与管理，涉及第一章至第四章，主要包括生态风险评价概述、理论框架、模型方法和类型、生态风险管理；第二篇为渭河下游河流沿线区域生态风险评价及管理研究，涉及第五章至第十章，主要是针对渭河下游灾害频发，生态环境日益恶化和所面临的问题，以陕西渭河下游河流沿线区域为研究区，选择干旱、洪水、污染、水土流失四种生态风险源，基于区域生态风险评价的理论部分进行的一个案例研究，是作者 2005～2008 年在兰州大学攻读博士学位时所完成博士毕业论文的主体部分；第三篇为河南省景观格局变化及水旱灾害风险评估与管理，涉及第十一章至第十四章，主要是以河南省发生频率最高、危害和损失最大的水旱两种自然灾害为生态风险源进行的生态风险评价和管理案例研究，其中的部分内容是作者 2009～2011 年在河南大学博士后科研流动站工作时完成的研究成果，第十三章内容是和韩荟芬研究生共同完成的。

近年来，作者（现供职于成都信息工程大学）一直围绕区域灾害生态风险评价与管理领域开展研究，在主持获批的教育部人文社会科学研究青年基金项目（09YJCZH032）、国家自然科学基金青年科学基金项目（41001359）、中国博士后第四十五批基金项目（20090450925）、河南省教育厅人文社会科学基地招标项目（2010JZ023）、河南大学自然科学基础研究青年基金项目（2009YBZR018）、成都信息工程大学科研基金项目（J201310，KYTZ201404）等项目的资助下开展了大量的理论和实践研究工作，本书的完成和出版就是在以上项目的资助和支持下进行的。同时，也感谢河南大学黄河文明与可持续发展研究中心对本书出版提供的资助和帮助。

书中参考了大量国内外文献资料，在此向所有参考文献的作者们表示衷心的感谢。同时，由于作者理论和知识水平的限制，书中难免会有疏漏和不完善之处，恳请广大读者赐教指正。

李谢辉

2014 年 10 月

目　　录

第三篇　河南省景观格局变化及水旱灾害风险评估与管理

彩　图

第一章　生态风险评价概述

生态风险评价是 20 世纪 90 年代以后兴起的一个新的研究领域，是环境风险评价的重要分支，也是环境管理和决策的科学基础，它是研究一种或多种压力形成或可能形成的不利生态效应可能性的过程，其研究涉及环境科学、生态学、环境和生态毒理学、地理学、灾害学等多个学科（毛小苓和倪晋仁，2005；USEPA，1992）。

第一节　概念和特点

一、风险

风险（risk）一般指遭受损失、损伤或毁坏的可能性，它存在于人的一切活动中，不同的活动会带来不同性质的风险，如经常遇到的灾害风险、事故风险、金融风险、环境风险等。风险通常定义为在一定时期内产生有害事件的概率与有害事件后果的乘积（毛小苓和倪晋仁，2005）。风险是社会发展到一定阶段所必然出现的一种现象，是社会可能面临的危机状态和灾难性危险；风险本身并不是"危险"（danger）和"灾难"（disaster），而是一种危险和灾难的可能性。风险可以区分"外部风险"（external risk）和"被制造出来的风险"（manufactured risk）两种类型，"外部风险"就是来自外部的因为传统或者自然的不变性和固定性所带来的风险，"被制造出来的风险"指的是由不断发展的知识对这个世界的影响所产生的风险，是指人类在没有多少历史经验的情况下所产生的风险。在全球化时代，人们面临的风险主要是"被制造出来的风险"或称"人造风险"（冯志宏和杨亮才，2009）。

二、生态风险

作为一种常见的风险，简单地说，生态风险（ecological risk，ER）就是生态系统及其组分所承受的风险。它指在一定区域内，具有不确定性的事故或灾害对生态系统及其组分可能产生的不利作用，包括生态系统结构和功能的损害，从而危及生态系统的安全和健康（Hunsaker et al.，1990；USPEA，1998）。

生态风险具有以下几个特点：①不确定性。风险是随机的，具有不确定性，生态系统具有哪种风险和造成这种风险的灾害（风险源）也都具有不确定性。②危害性。危害性是指灾害性事件发生后的作用效果对风险承受者（这里指生态系统及其组分）具有的负面影响。虽然有些事件发生以后对生态系统或其组分可能具有有利的作用，但进行生态风险研究时多不考虑这些正面的影响（付在毅和许学工，2001）。③复杂性。由于生态风险的最终受体包括生命系统的各个组建水平（个体、种群、群落、生态系统、景观乃至区域），考虑到生物之间的相互作用以及不同组建水平的相互联系，即风险级联，因此，相对于人类健康风险而言，生态风险的复杂性显著提高。④内在价值性。经济学上的风险和自然灾害风险常用经济损失来表示风险大小，由于生态风险应体现和表征生态系统自身的结构和功能，以生态系统的内在价值为依据，因此不能用简单的物质或经济损失来表示。⑤动态性。任何生态系统都不是封闭和静止不变的，而是处于一种动态变化的过程，由于影响生态风险的各个随机因素也都是动态变化的，因此生态风险具有动态性。⑥客观性。任何生态系统必然会受到诸多具有不确定性和危害性因素的影响，也就必然存在风险，由于生态风险对于生态系统来说是客观存在的，所以在进行生态风险分析时要认识到这个客观性，并采取科学严谨的态度进行（毛小苓和倪晋仁，2005）。

三、生态风险评价

生态风险评价（ecological risk assessment，ERA）是环境风险评价的重要组成部分，从不同角度理解可以有不同的定义。①从生态系统整体考虑，生态风险评价是研究一种或多种压力形成或可能形成不利生态效应可能性的过程（USEPA，1998），也可以是主要评价干扰对生态系统或组分产生不利影响的概率以及干扰作用的效果（Lipton et al.，1993）。②从评价对象考虑，生态风险评价可以重点从评价污染物排放、自然灾害及环境变迁等环境事件对动植物和生态系统产生不利作用的大小和概率上进行（Fava et al.，1987），也可以主要评价人类活动或自然灾害产生负面影响的概率和作用（Barnthouse et al.，1986）。③从方法学角度来看，生态风险评价可以被视为一种解决环境问题的实践和哲学方法，或被看作收集、整理、表达科学信息以服务于管理决策的过程（USEPA，2002）。④殷浩文（2001）在进行水环境生态风险评价研究时认为，生态风险评价是预测污染物可能产生的对人及其他至关重要生命有机体的损害程度和范围。⑤许学工等（2001）对黄河三角洲湿地区域生态风险评价研究后提出，生态风险评价是利用环境学、生态学、地理学、生物学等多学科的综合知识，采用数学、概率论等量化分析技术手段来预测、分析和评价具有不确定性的灾害或事件对生态系统及其组分可能造成的损伤。⑥ Suter（1993）提出生态风险评价是指定量地确定环境危害对人类负效应之概率及其强度的过程。尽管说法不一，但学者们从不同方面解释了生态风险评价的含义。总之，生态风险评价可以理解为生态系统及其组分受一个或多个胁迫因素影响后，对不利的生态后果出现的可能性进行评估的过程（程杰等，2009）。生态风险评价的关键是调查生态系统及其组分的风险源，预测风险出现的概率及其可能的负面效果，并据此提出相应的舒缓措施（毛小苓和倪晋仁，2005）。

四、区域生态风险评价

区域是指达到一定面积，并且内部具有一定结构特征的范围，它是一个具有内部结构，起着一定功能，并有一定历史发展的动态系统。区域生态风险评价（regional ecological risk assessment，RERA）是生态风险评价的一个分支，是在区域尺度上描述和评估环境污染、人为活动或自然灾害对生态系统及其组分产生不利作用的可能性和大小的过程，其目的在于为区域风险管理提供理论和技术支持（Rubenstein，1975）。它综合环境学、生态学、地理学、生物学等多学科知识，采用数学、概率论等风险分析手段以及 RS、GIS 等先进的空间分析技术来预测、分析和评价具有不确定性的灾害或事件对生态系统及其组分可能造成的损伤。与单一地点的生态风险评价相比，区域生态风险评价所涉及的风险源以及评价受体等都在区域内具有空间异质性，即存在区域分异现象和规律，因此其研究更具复杂性（付在毅和许学工，

2001)。

区域生态风险评价与生态风险评价具有紧密联系和显著差异。一方面，原有局地尺度的风险评价是对某一类型风险源或已发生风险结果的评价，更多的是一种回顾性评估，属于环境健康的研究范畴（Suter，1993）；另一方面，区域生态风险评价在生态风险评价的基础上，以保障区域生态安全为核心，更加关注对多重潜在风险的分析，强调空间异质性，尤其是空间邻接关系对这种风险的影响，属于区域综合性生态安全的研究范畴。因此，区域生态风险评价作为一种生态系统安全的诊断方法，其研究范畴不可避免地受到生态系统自然属性，尤其是空间要素配置的影响；同样，作为一种可操作的管理与决策工具，区域生态风险评价又必须与决策者及其他受众相联系，其研究范畴则取决于当地的生态环境管理目标（殷贺等，2009）。

在区域生态风险评价过程中注重对复杂生态系统特征的了解，它具有多风险因子、多风险受体、多评价终点、强调不确定性因素以及空间异质性5个典型特点。在区域生态风险评价过程中，关键物种、种群、群落、生态系统或重要生态过程和生命阶段均可作为化学污染、生态事件以及人类活动等风险因子的评价受体，而物种、种群、群落以及生态系统水平上的任何一个均可以作为区域生态风险评价的终点（陈春丽等，2010）。

第二节 基本内涵

生态风险评价是风险论与生态学、环境科学、地理学、生物学等多种学科相互交叉的边缘学科，正确及时地对生态系统中存在的风险进行预测、评价和管理，对于维护生态系统功能，减少生态系统损失都具有十分重要的意义。

生态风险评价起源于为保护人类免受化学暴露（chemical exposure）的胁迫而进行的人类健康评估（human healthy assessment）和污染物对生态系统或某些组分产生有影响的环境健康评价（Medical et al.，1997；Santomero，1995）。考虑到环境波动和环境破碎化对物种灭绝的影响，生态学家将生态风险引申到可续存性进行评价；环境工作者则将生态风险应用到区域健康评价和工程建设对环境影响的评价（Sharp，1979；卢玲等，2001）。随着风险理论的发展和生态问题的日益突出，一些研究者则试图利用风险管理的理论和方法对生态系统面临的各种风险进行综合评价。一般地，要综合评价生态系统面临的风险需要大量的长期观测数据，很多工作都基于这一概念进行理论探讨。风险作为一种不确定性危害，是用事件概率来描述的，只要能够识别主要风险源及其概率分布，就可以对总体风险进行评价（马娅娟和傅桦，2004）。不确定性和危害性是生态风险的两个根本属性。生态风险根据生态系统的机理和机制来预测、评价具有不确定性的危害或事故对生态系统及其组分可能造成的损伤。一般而言，生态风险评价主要包括以下四部分内容：危害评价（hazard assessment）、暴露评价（exposure assessment）、受体分析（reception analysis）、风险表征（risk characterization）。美国学者 Barnthouse 等（1986）则将生态风险评价概括为以下步骤：选择终点、定性并定量地描述风险源、鉴别和描述环境效应、采用适宜的环境迁移模型评估生态风险暴露的模式、定量计算风险暴露水平与效应的相关性，以及综合以上得到的最终生态风险评价结果等。自 20 世纪中叶以来，人类在改造自然方面取得了巨大的进步，但同时也引发了一些生态问题，如生态系统服务功能的下降、生物多样性的降低、地下水枯竭等。目前，生态风险评价已从关注人类本身扩展到生态系统，因此系统科学地对生态系统及其所面临的风险进行评价，并据此给出科学的决策，已成为生态学研究的一个热点和难点（马婷婷等，2010）。

第三节　风险评价的发展阶段

19 世纪工业革命之后，在区域经济持续发展的同时，人类活动也引发了一系列生态环境问题，如物种灭绝、土地退化和全球变暖等，致使环境质量下降，严重影响了人类的生活质量，并制约着社会和经济的可持续发展，为了抑制区域生态环境的恶化，改善人类的生存环境，世界各国已开展了大量有关生态环境的研究，在环境评价方面也不断深化（陈辉等，2006）。环境风险评价兴起于 20 世纪 70 年代，主要是在发达的工业国家，特别是美国的研究尤为突出，生态风险评价是环境风险评价的重要组成部分。迄今为止，风险评价大体上可以分为以下四个阶段。

第一阶段：20 世纪 30 年代到 60 年代，风险评价处于萌芽阶段。主要采用毒物鉴定方法进行健康影响分析，以定性研究为主。例如，关于致癌物的假定只能定性说明暴露于一定的致癌物会造成一定的健康风险。直到 60 年代，毒理学家才开发了一些定量的方法进行低浓度暴露条件下的健康风险评价（NRC，1994）。

第二阶段：20 世纪 70 年代到 80 年代，风险评价研究处于高峰期，评价体系基本形成。此期间进行的环境风险评价从风险类型来说为化学污染，风险受体为人体健康，评价方法已由定性分析转为定量评价，并提出了风险评价"四步走"，即危害鉴别、剂量-效应关系评价、暴露评价和风险表征。事故风险评价最具代表性的评价体系是美国核管理委员会 1975 年完成的《核电厂概率风险评价实施指南》，亦即著名的 WASH-1400 报告。该报告系统地建立了概率风险评价方法。健康风险评价以美国国家科学院和美国国家环境保护局（U. S. Environmental Protection Agency，USEPA）的成果最为丰富，其中具有里程碑意义的文件是 1983 年美国国家科学院出版的红皮书《联邦政府的风险评价：管理程序》，此成为环境风险评价的指导性文件，目前已被荷兰、法国、日本、中国等许多国家和国际组织所采用。随后，美国国家环保局根据红皮书制定并颁布了一系列技术性文件、准则和指南，包括 1986 年发布的《致癌风险评价指南》、《致畸风险评价指南》、《化学混合物的健康风险评价指南》、《发育毒物的健康风险评价指南》、《暴露风险评价指南》和《超级基金场地健康评价手册》，以及 1988 年颁布的《内吸毒物的健康评价指南》、《男女生殖性能风险评价指南》等（毛小苓和刘阳生，2003）。

第三阶段：20 世纪 90 年代，风险评价处于不断发展和完善的阶段，评价热点已经从人体健康风险评价转入生态风险评价，风险压力因子也从单一的化学因子，扩展到多种化学因子及可能造成生态风险的事件，风险受体也从人体发展到种群、群落、生态系统、流域和景观水平。Suter（1993）和 Battell（1992）等学者进行的研究为生态风险评价的应用提供了全面的理论基础和技术框架。以美国橡树岭国家实验室（ORNL，Oak Ridge National Laboratory）、布鲁克赫尔文国家实验室为代表的一大批研究机构在与生态风险有关的基础理论和技术研究中起了导向性的奠基作用。Auer（1994），Barnthouse and Brown（1994），Broderius（1995），Cowan（1995），Hass

（1996）等众多学者分别在生态风险评价的物理、化学、生物学领域的方法学方面进行了研究。美国国家环境保护局通过开展一系列专题和案例研究，直接导致了新框架的产生，新框架更强调评价者、管理者和所有者之间的讨论。同时，USEPA 认为框架只是对 ERA 的一个说明，凡是按照 USEPA 框架或类似的框架进行的评价都是生态风险评价。

第四阶段：20 世纪 90 年代末到 21 世纪初的区域生态风险评价发展阶段。1990 年，Hunsaker 等发表了一篇文章，阐述了如何将生态风险评价应用到区域景观上去，由此提出了区域生态风险评价的基本概念和未来发展方向（Hunsaker et al.，1990）。为定量而系统地估计环境问题在大范围地理区域的危害效应，Hunsaker 和 Suter 等进行了大量的区域尺度生态风险评价理论研究，提出了区域生态风险评价的研究方法，即将区域评价方法和景观生态学理论组成复合模型，重点强调了生态系统扰动状况、研究边界的确定以及景观空间的异质性等区域生态风险评价关键问题（邓飞等，2011）。20 世纪 90 年代后期的大尺度（流域或更大尺度）生态风险评价多基于 EPA 的指导方针。ORNL 研究组对美国田纳西州 Clinch River 流域进行了生态风险研究，评价了化学有毒物质对流域特殊种群的影响，虽然没有开展综合生态风险评价，但此项研究说明流域和大尺度风险研究是可能的（Cook et al.，1999；Suter et al.，1999；Jones et al.，1999；Sample and Suter，1999；Baron et al.，1999；Adam et al.，1999）。此后，Valiela 等（2000）在 Waquoit Bay Massachusetts 流域进行了风险评价，说明单个因子也可以导致对整个生态系统的影响。Cormier 等（1999）在对美国俄亥俄州 Big Darby River 流域进行评价时，影响因子中已经加入了非化学因子，包括河流形态、径流流量、沉积、营养物质等，综合影响结果用生态完整性系数、修改的健康系数、微生物种群系数来表示。

在进行区域生态风险评价的过程中，学者们逐渐认识到区域环境特征不仅影响风险受体的行为、位置等，也影响到风险压力因子的时空分布规律（Rachel et al.，2002；Willis et al.，2003）。区域生态风险评价强调区域性，所涉及环境问题的成因及结果都具有区域性（陈辉等，2006）。

我国的风险评价研究起步于 20 世纪 90 年代，且主要以介绍和应用国外的研究成果为主，还没有一套适合中国有关风险评价程序和方法的技术性文件。尽管如此，90 年代以后，在我国一些部门的法规和管理制度中已经明确提出了风险评价的内容。例如，1993 年国家环保局颁发的中华人民共和国环境保护行业标准《环境影响评价技术导则（总则）》规定：对于风险事故，在有必要也有条件时，应进行建设项目的环境风险评价或环境风险分析。2001 年国家经贸委发布的《职业安全健康管理体系指导意见》和《职业安全健康管理体系审核规范》中提出"用人单位应建立和保持危害辨识、风险评价和实施必要控制措施的程序"，"风险评价的结果应形成文件，作为建立和保持职业安全健康管理体系中各项决策的基础"（毛小苓和刘阳生，2003）。

第四节　国内外 ERA 研究进展

一、国外研究进展

生态风险的重要性及其科学价值，吸引了众多学者参与到生态风险评价的研究中来。国外的 ERA 经历了从人体健康风险评价到生态风险评价和综合风险评价、从单因子到多因子的生态风险评价、评价工具更加模型化、评价由定性向定性和定量相结合等发展历程。

（一）从人体健康风险评价到生态风险评价和综合风险评价

最初的人体健康风险评价对象单一，主要评价环境污染物对人体健康的危害。而在实际研究中，由于评价对象往往不是单一物种（如人类）所遭受的风险，而更多的关注于多个物种所遭受的风险，评价的对象其实是一个复杂系统，同时在评价中还需要综合物理、化学和生态过程以及它们之间的相互关系，而且更强调种群和生态系统的过程和功能，因此生态风险评价得到了发展和应用（阳文锐等，2007）。

目前，为了提高风险评价的有效性和效率，世界卫生组织（WHO）国际化学安全计划、美国国家环境保护局、欧洲委员会（EC）、世界经济合作组织（OECD）进行了合作，提出要综合评价人体健康和生态风险，将两者合二为一。通过将人体和野生生物的毒理动力学和动态作对比研究，综合风险评价就能判断出环境污染是如何及在多大程度上对人体健康和野生生物造成风险的。综合风险评价将从健康和环境保护的观点出发，将人类和环境融为一体，提高了人体健康和生态风险评价的效率、质量以及预测能力，从而将会更有利于对环境风险进行管理（Munns et al.，2003；Sekizawa and Tanabe，2005；Suter et al.，2005）。

（二）从单因子到多因子的生态风险评价

在人体健康风险评价和生态风险评价中往往运用生态毒理学进行单一污染物的风险分析，在既定的实验条件下判断生物对某一化合物的反应。但在实际情况中造成风险的并非单一的化学污染物，即使是单一的化合物污染也可能有代谢物或转化为其副产物，结果可能低估环境的风险，并且单一的化学污染物质暴露的途径也并非单一的。从风险产生的因子看，风险也有可能是由物理因子（由于人类活动导致的生物栖息地丧失或减少等）、生物因子（物种入侵等）和化学因子等共同作用所造成，因此在实际情况中，风险可能是由多因子共同造成的，所以传统的风险评价从单因子的风险评价开始向多因子的生态风险评价转移（USEPA，1986，1989，1990，1997）。

（三）评价工具更加模型化，评价由定性到定性与定量相结合

生态风险评价由单纯依靠生态毒理学实验工具向毒理学和模型模拟相结合转化。例如，Karman 和 Reerink（1998）利用化学物危害评价和风险管理模型对石油天然气生产平台的废水排放进行了动态的风险评价。Sydelko 等（2001）对动态信息结构系统在综合风险评价中的应用进行了介绍。Naito 等（2002）利用综合水生系统模型评价了水生生态系统的化合物生态风险评价。

定性评价涉及如何用自然语言表达定性概念，并反映出自然语言中概念的模糊性和随机性。通常定性评价可以用低等、中等、高等或者有、无来说明风险级别，这在某种程度上避免了定量评价对于风险的精确估算，在数据和信息有限的条件下，定性评价可能不失为一种好的选择（Astles et al.，2006；Crawford，2003）。但是，定性评价对于多重风险表达不足，不能用数学运算（如相加求和等）来表达，而且定性的风险评价目前至少不能满足两个重要的科学原则——透明性和可重复性（Hayes，2004）。

当数据、信息资料充足的时候，就可以采用定量的方法来评价风险。定量风险评价允许对可变性进行适当的、可能性的表达，能迅速地确定什么是未知的，分析者能将复杂的系统分解成若干个功能组分，从数据中获取更加准确的推断，并且十分适合于反复的评价。但是，定量的风险评价存在不客观的问题，即所有的可能性推断都依靠统计模型，而统计模型的选择本身就是十分主观的。因此，针对定性和定量评价的优缺点，在不同使用条件下，两种方法通常被综合采用。目前常用的定性和定量的转换方法有：层次分析法、量化加权法、专家打分法，或者是定性分析中夹杂着一些数学模型和定量计算（阳文锐等，2007）。

二、国内研究进展

我国的生态风险评价起步较晚，迄今为止还没有国家权威机构发布的诸如生态风险评价技术指南和指导性文件。从 20 世纪 90 年代以来，我国学者在介绍和引入国外生态风险评价研究成果的同时，对水环境和自然灾害生态风险评价、重金属沉积物的生态风险评价、区域生态风险评价、农田系统与转基因作物、生物安全以及项目工程等领域的生态风险评价基础理论和技术方法进行了一些研究和探讨。这些研究表明我国的生态风险评价经历了从环境风险到生态风险再到区域生态风险评价的发展历程，同时风险源由单一风险源扩展到多风险源，风险受体由单一受体发展到多受体，评价范围也由局地扩展到区域景观水平。

殷浩文（2001）提出水环境生态风险评价的程序基本可分为 5 个部分：源分析、受体评价、暴露评价、危害评价和风险表征。水环境生态风险评价是目前国际上研究最集中、成果最丰富的领域，其中，危害评价是水环境生态风险评价的核心，重点是建立污染物浓度与生物效应之间的关联，常用的研究方法包括急性毒性试验、慢性毒性试验、全废水监测、群落及系统毒性试验等。李辉霞和蔡永立（2002）根据生态风险评价原理，结合太湖流域的自然特点，提出成因分析法的指标模型，并通过分析太湖流域八个大中城市的汛期降雨量和地形地貌因子，得出洪涝灾害生态风险的影响度和各个城市洪涝灾害的生态风险度。许学工等（2011）选择 10 种自然灾害作为生态风险源，22 种生态系统作为风险受体，并考虑生态-环境脆弱性的影响，在各单项灾害生态风险评价的基础上，完成了中国自然灾害生态风险综合评价与制图。巩杰等（2012）以陇南市武都区的主要地质灾害（滑坡、泥石流和地震）和景观类型为风险源和受体，以景观结构指数和易损性指数作为评价指标，构建生态风险评价模型，对基于地质灾害的陇南山区进行了生态风险特征评估。

陈峰等（2006）为了了解煤矸石堆放对周围土壤重金属污染的危害程度，通过对矸石山周围土壤采样，采用 Hakanson 潜在生态风险指数法对土壤重金属污染进行了潜在生态风险评价，并得出总的潜在生态风险程度为轻微，单个元素 Pb 的污染程度很强，Cd 是最主要潜在生态风险因子的结论。张明等（2014）利用高效液相色谱法对采集于 2012 年 12 月的部分千岛湖表层沉积物中的多环芳烃（PAHs）进行了分析，结果表明，千岛湖表层沉积物中共检出属于美国 EPA 优先控制 16 种 PAHs 中的 15 种，属低污染水平；千岛湖沉积物中不存在严重的多环芳烃生态风险，但部分点位按照质量标准法评价已经超过临界效应浓度值，需加强监测，查明污染源，并采取措施控制污染物输入。

许学工等（2001）在研究区域生态风险评价时指出，环境中对生态系统具有危害作用并具有不确定因素的不仅仅是污染物，还包括各种自然灾害和人为事故，如洪水、风暴、地震、滑坡、火灾和核泄漏等，这些灾害性事件也是生态系统的风险源，而且将影响到较高层次和较大尺度的生态系统。同时将区域生态风险评价的方法步骤概括为：研究区的界定与分析、受体分析、风险源分析、暴露与危害分析以及风险综合评价等几个部分，并将此方法成功应用于辽河和黄河三角洲湿地区域生态风险评价的研究中。许妍等（2013）从复合生态系统入手，深入分析流域内各生态系统要素之间的相互作用与影响机制，综合考虑多风险源、多风险受体和生态终点共存情况下的风险大小，从风险源危险度、生境脆弱度及受体损失度三方面构建了流域生态风险评价技术体系，并选取太湖流域为实证区域，对太湖流域 2000 年和 2008 年两个时期生态风险的时空演化特征进行了评价与分析。

张学林等（2000）提出了区域农业景观生态风险评价的初步构想，以及区域农业景观生态风险评价的框架和方法，即确定生态风险评价区域尺度—风险识别—剂量效益关系评价—暴露评价—风险表征。由于外来植物入侵已成为严重威胁生态系统健康发展的全球性问题，对外来植物进行生态风险评价可有效地防御和降低入侵风险。马晔和沈珍瑶（2006）基于生态风险评价理论，通过对外来植物入侵特性和过程的分析，探讨了外来植物入侵生态风险的评价方法。郑海等（2014）以皇竹草为材料，结合文献分析和种植调研考察，比较了皇竹草与华南典型本地杂草芒草（*Miscanthus sinensis*）和入侵植物飞机草（*Eupatorium odoratum* L.）的生态特性，并以通用的国际外来物种入侵风险评价体系，对皇竹草引种的生态风险进行了评价。

另外，李自珍等（2002）通过建立数学模型，对河西地区土地盐渍化作出了风险评价，对该地区石羊河流域水资源管理做出了风险决策分析；并就单个风险源给出了一种实用的风险评价方法——盐渍化土壤的盐渍风险评价数学模型，还将灰色系统理论应用于风险评价，构建了实用的生态风险评价模型。臧淑英等（2005）根据土地利用结构特征，构造综合性生态风险指数，同时利用空间分析方法对生态风险指数进行变量空间化。通过对生态风险指数采样结果进行半变异函数分析和空间插值，编制了大庆市生态风险程度分布图，以分析解释研究区的生态风险空间分布特征和形成机理。孙心亮和方创琳（2006）通过研究城市生态风险的内涵与动因，建立了生态风险评价的数学模型，并利用该模型从不同角度计算出河西走廊 7 个城市的生态环境风险强度。刘哲和马俊杰（2014）以景观生态学为切入点，考虑不同类型景观对生态环境的作用及其抗干扰能力和风电开发活动对区域景观的隔离效应，结合山地地表、地质环境和区域景观组分及山区风电开发活动特征，提出利用景观风险势、隔离效应和生态敏感系数 3 个指数构建山地型风电开发生态风险模型。

总之，我国的生态风险评价研究还处于起步阶段，理论技术研究薄弱，缺乏生态风险管理，由于现行的环境管理体制中对污染物的生态风险控制还没有具体、可操作的规定，因此生态风险评价在建设项目环境保护管理中的应用也不多。目前，我国已进入了环境污染事故的高发期，需要加大对生态风险评估和管理研究的发展和应用（李谢辉和李景宜，2008）。

第二章 生态风险评价的理论框架

生态风险评价的鲜明特征之一就是要遵循一个程序化框架，此框架是由美国国家研究委员会（National Research Council，NRC）在人类健康风险评价的框架（NRC，1983）上演化而来。之后，生态风险评价框架又在南非、澳大利亚和新西兰、加拿大、荷兰和英国等其他国家得到修正，被用于多种用途和法律背景下，这些框架在评价生态风险的核心过程上相似，但在决策过程和利益相关者参与的特性上却大不相同（Barnthouse et al.，1986；Suter，2007）。

第一节 美国生态风险评价的理论框架

美国的生态风险评价是从两个不同层面上进行发展的，一个是科学研究层面，另一个是与环境管理密切关联的技术应用层面，即以 USEPA 及所属的有关管理机构和相关实验室进行的生态风险评价技术框架和具体应用实例进行研究，是一项从评价规程到应用的系统工程。EPA 的初步工作开始于1989 年，以后 EPA 召开了一系列有关 ERA 的座谈会，基于这些工作和 EPA 科学顾问委员会的咨询，USEPA 决定制定 ERA 指南。第一个成果是 1992 年的风险评价座谈会报告——*Framework for ERA*，以后又逐步细化了指南结构，于 1998 年正式颁布了《生态风险评价指南》（*Guidelines for ERA*，USEPA，1998）。指南中提出了生态风险评价"三步走"，即问题形成、分析和风险表征，同时还要求在正式的科学评价之前，首先要制定一个总体规划，以明确评价目的。目前很多发展中国家的 ERA 框架都是在《生态风险评价指南》的基础上结合本国特点修改制定的，美国 ERA 框架是全球应用最广泛的框架，其详细的理论框架如图 2-1 所示（USEPA，1998）。

由图 2-1 可知，规划是风险评价之前的一个阶段。在规划中，风险管理者

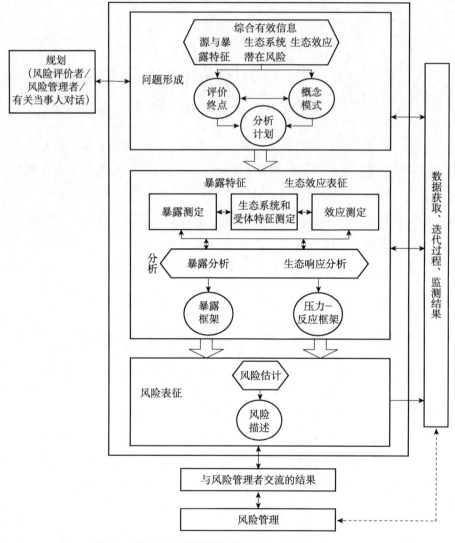

图 2-1　美国生态风险评价理论框架（USEPA，1998）

与风险评价者，还有利益相关者进行协商，提供评价过程的输入。这些输入包括：

管理目的——评价者必须知道希望达到的环境状态。

管理选项——评价者必须清楚进行评价和比较的措施。

风险评价的范围和复杂性——评价受限于决策（国家或者地方）的性质、时间和完成评价的资源，以及风险管理者希望达到的完整性、准确度和详细度。

问题形成阶段是生态风险评价的第一阶段，是整个评价的依托，它主要是建立风险评价的目标，确定存在的问题以及制定一个分析数据和表征风险的计划。问题形成阶段的成功关键取决于评价终点是否充分反映管理目标和它们所代表的生态系统、压力和终点之间的概念模型及分析计划这三个输出的质量。问题形成是将风险管理者赋予风险评价者的职责转化为评价计划的阶段，主要包括：

综合有效信息——收集和概述关于源、污染物或其他要素、效应和环境的信息。

评价终点——以操作术语的形式定义有待保护的环境参数值。

概念模型——形成源与终点受体之间相关性的描述。

分析计划——为获取所需数据和进行评价而形成的计划。

分析阶段是数据的技术研究阶段，它归纳出了生态暴露以及压力与生态效应的关系。在分析阶段风险评价者将暴露、效应以及生态系统和受体的测度、研究问题和问题形成阶段已鉴定的结果相关联。分析阶段的输出是描述暴露及压力-效应的关系，这些结果是风险表征阶段风险结论的基础。分析阶段有暴露表征和生态效应表征两个基本活动。

暴露表征——分析描述污染源的数据、环境中压力的贡献、生态受体对压力的关联和共生。

生态效应表征——分析描述压力-效应贡献，证实暴露所形成的压力引发的反应。许多情况下需要将效应测度外推到评价终点上。

两个表征为风险表征阶段提供了最有用的信息。表征结果的一种方式是书面文件或大系统过程模型；另一种方式是将文件的形成延迟到风险表征阶段。无论哪一种方式，分析阶段的工作结果是要保证收集和研究风险表征阶段所需的信息。

风险表征是生态风险评价的最后阶段，它的目标是使用分析阶段的结果，估计在问题形成阶段中分析计划里所确认的评价终点究竟面临多少风险，并解释风险评估，最后报告结果，主要给出明确的信息供风险管理人员做出环境决策。如果不能充分定义生态风险，支持风险管理决策，风险管理者可能选择新一轮风险评价过程。风险表征是整合分析阶段的结果以评估和描述分析的阶段，主要包括：

风险估计——通过综合暴露和效应数据进行风险估计，并研究其不确定性，估计评价终点的不利效应的可能性。该过程使用暴露与压力-效应框架。

风险描述——与风险管理者沟通，为其描述和说明风险评估结果的过程。

风险管理是一个考虑到调整、修复或恢复的需要及行动特性和内容的决策过程。

风险评价者可以通过两种途径与风险管理互动：①评价的最后阶段，风险表征的结果仅用来与风险管理者交流，由后者决定其行动过程；②风险评价者可以与协助决策的其他分析者（如成本-收益分析师或决策分析师）接触，寻求整合决议的支持。

数据获取不包含于生态风险框架之内，但是风险评价者可在三个阶段中的任一阶段索要数据。另外，风险管理者可能要求收集更多的数据和重复评价过程（Suter，2007；殷浩文，2001）。

总之，在生态风险评价问题形成阶段之前，风险的评价者、管理者以及相关的当事人会为了实现管理目标和评价目标的协调一致，制定规划以及提供有助于评价工作的可用资源。在风险表征阶段之后，风险的评价者和管理者会进行正式的交流，一般来说，风险的管理者会把风险评价的结果传递给有关的当事人。生态风险评价和生态风险管理是截然不同的两种活动，前者包括了对不利影响的可能性的评估，而后者包括对特定风险反应过程的选择，可以作为生态风险评价结果的补充。在评价的三个阶段中，都伴随着数据的获取、迭代和监测，监测结果为评价提供了重要的输入项，通过在生态环境中确认生态变化，能极大地促进评价的进程，同样也可以用于评估评价者做出的预测是否准确（马燕和郑祥民，2005）。

第二节　欧盟生态风险评价的理论框架

欧盟的生态风险评价是在新化学品评价的基础上发展起来的。对工业活动的生态危害评价，法律规定了一系列基本数据提交的要求，目的在于保护生态目标以免受到不可接受的危害。在统一的化学品风险评价程序的基础上，德国、北欧国家和英国在污染物生态风险评价中都有丰富的实践。欧盟关于风险评价的定义是指一个化学污染物对人群和生态系统产生的潜在危害认定、表征和定量的过程。按照欧盟的要求，对于所有新出现的化合物都要开展风险评价。欧盟 ERA 研究较成熟的国家主要是英国和荷兰，都建立有本国的生态风险评价指导框架，欧盟模式的主要特点是强调考虑社会意见或需求，以预防为主，并建立风险评价指标，用数值来表示可接受的风险大小。

欧盟在生态风险评价的程序上存在一定的争议。图 2-2 和图 2-3 分别显示了英国风险评价与管理流程和荷兰风险管理框架。1995 年英国环境部要求所有环境风险评价和风险管理行为必须遵循国家可持续发展战略，其创新点在于应用了以"预防为主"的原则，英国的风险评价框架要求如果存在重大环境风险，即使目前的科学证据不充分，也必须采取行动预防和减缓潜在危害的行为；荷兰风险管理框架是荷兰房屋、自然规划和环境部（NMHPPE）于 1989 年提出的，其关键是应用阈值（决策标准）来判断特定的风险水平是否

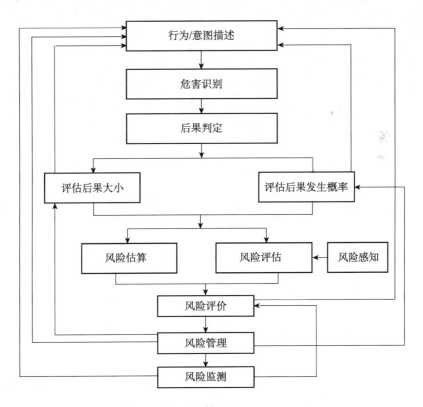

图 2-2 英国风险评价与管理流程（UKDOE，1995）

能接受，该框架的创新之处在于利用不同的生命组建水平的风险指标，如死亡率或其他临界响应值，用数值明确表达最大可接受或可忽略的风险水平。尽管在生态风险的评价程序上，欧盟国家有很多模式，但一般认为生态风险评价步骤主要分为 3 步（其中，风险识别和剂量-效应关系评价合并于影响评价阶段）：①影响评价，主要包括基于物质理化性质、毒性数据、用途等方面的调查、研究。在这个阶段，需要根据毒性数据评估无影响浓度水平（predicted no effect concentration，PNEC）；②暴露评价，根据监测数据研究预测建模技术，计算预期环境浓度（predicted environmental concentration，PEC）；③风险表征，计算 PEC/PNEC 的商（王德宝和胡莹，2009；毛小苓和倪晋仁，2005）。

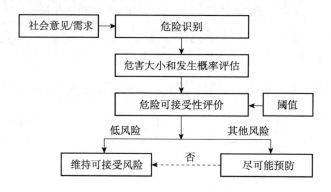

图 2-3　荷兰风险管理框架（NMHPPE，1989）

第三节　其他国家生态风险评价的理论框架

澳大利亚 ERA 的内容主要集中于土壤污染，其在土壤环境污染生态风险评价方面的研究是目前比较成熟的。其评价框架如图 2-4（a）所示，主要分为 3 个层次：第一层次为简单评价层次，用简单方法进行简单评价，对评价内容初步了解；第二层次的生态风险评价首先要广泛了解和学习其他区域生态风险评价的内容和方法，然后利用改进型 EILsoil 模型进行风险表征；第三层次则是在区域研究中利用复杂计算机模型来量化暴露水平，然后详细收集区域特有信息作为受体识别、暴露评价和毒理评价的一部分。最后推导适合区域特点修正后的 EILsoil 模型，在此过程中要考虑区域生态价值和土壤中污染物富集度，验证修正后的 EILsoil 模型对风险表征的精确性。其评价框架主要内容包括问题识别、受体识别、暴露评价、毒理评价和风险表征 5 个部分，如图 2-4（b）所示（孙洪波等，2009）。

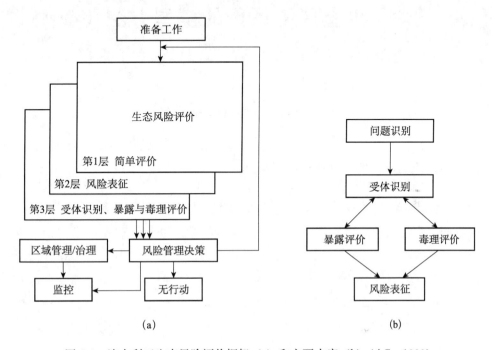

图 2-4　澳大利亚生态风险评价框架（a）和主要内容（b）（AG，1999）

中国生态风险评价起步较晚，尚处于发展阶段，在方法和技术上还不成熟。目前，我国开展的生态风险评价研究均以区域为研究范围，通过建立相应的指标来评价区域生态风险。在评价程序和方法方面，国家环境保护总局（现国家环境保护部）于 2003 年颁布了《新化学物质环境管理办法》，并同时发布了《新化学物质危害评估导则》，导则中关于化学品的危害评估包括了人体健康危害评估和生态环境危害评估两部分内容，其中生态危害评估基本按照理化特性评价、生态毒理学评估、环境暴露评估、生态环境危害表征的程序进行（王德宝和胡莹，2009）。

第三章　生态风险评价的模型方法和类型

第一节　生态风险评价的概念模型和方法

一、生态风险评价的概念模型

ERA 的概念模型是采用语言模型或图解模型对生态风险评价过程进行的一种简化定性描述，用于表示评价生态系统的组成和相互关系，它是抽象模型中最基本的模型。由于国家、制度环境、问题的不同，不同学者和机构提出的生态风险评价理论框架体系不同，形成的概念模型也不同，其中最具有代表性的是美国生态风险评价的概念模型。另外，南非、英国、荷兰、加拿大、澳大利亚也都通过修正和衍生，构建了自己适用的概念模型。针对概念模型的 ERA 程序和步骤，不同学者也有不同的划分方法，虽然在具体的表述与划分上会存在不同的意见，但 ERA 的内容都不外乎为基于对象界定的风险源、风险作用过程、风险危害与结果的分析与评价。ERA 的过程和步骤则会依据不同的研究对象和风险类型而采用各有侧重的划分方法（周婷和蒙吉军，2009）。

二、生态风险评价方法

生态风险评价技术和方法除了应用概念模型的方法之外，还涉及众多学科技术和方法，主要包括物理、化学、生物模拟的技术、风险度量的方法、专家判断的方法，以及空间统计和不确定性因素分析技术等。

（一）物理、化学、生物方法

针对单物种、多物种、种群、生态系统水平的生态风险评价涉及的物理、化学、生物方法有商值法、暴露-反应法、微宇宙法、中宇宙法等。

　　商值法（或称比率法）是将实际监测或由模型估算出的环境暴露浓度与表征该物质危害程度的毒性数据相比较，从而计算得到风险商值的方法。比值大于 1 说明有风险，比值越大风险越大；比值小于 1 则安全。商值法的实验简单、费用低，能简要解释风险，在规模较小的项目风险评价中较为适用。但由于通常在测定暴露量和选择毒性参考值时都是比较保守的，它仅仅是对风险的粗略估计，其计算存在着很多的不确定性；而且没有考虑种群内各个个体的暴露差异、受暴露物种慢性效应的不同、生态系统中物种的敏感性范围以及单个物种的生态功能。同时，商值法的计算结果是个确定的值，不是一个风险概率的统计值，因而不能用风险术语来解释，只能用于低水平的风险评价（雷炳莉等，2009）。

　　暴露-反应法用于估测某种污染物的暴露浓度产生某种效应的数量，暴露-反应曲线可以估测风险，方便地确定在不同条件下排污生态效应产生的可能性及范围。暴露-反应研究很适用于估测风险发生的数量，以支持建立某种标准或进行风险管理分析，曾被用于建立优先权。这种方法的优点是可适用于多种目的，而缺点是难于获得许多化学品和受体结合的暴露-反应数据资料（徐镜波和王咏，1999）。

　　微宇宙和中宇宙法：在生态系统层次上开展 ERA 是一种理想状态，在实际工作中很难找到应激因子与生态系统改变之间关系的直接证据。表征污染物对种群水平或生态系统的影响可以利用已经发展的微宇宙（microcosm）和中宇宙（mesocosm）生态模拟系统。它是指应用小型或中型生态系统或实验室模拟生态系统进行试验的技术，能对生态系统的生物多样性及代表物种的整个生命循环进行模拟，并能表征应激因子作用下物种间通过竞争和食物链相互作用而产生的间接效应，探讨物种多样性与生态系统生产力及其可靠度的关系，亦能在研究化学污染物质的迁移、转化及归宿的同时预测其对生态系统的整体效应。通过构建一个相对较小的生态系统研究某个局部大环境乃至整个生态系统的风险，可以在减少财力、物力、人力的前提下，达到 RERA 的目的。中宇宙实验中通常以生长抑制、繁殖能力等慢性指标或物种丰度来表征生态系统的健康状况，通过定义一个可接受的效应水平终点可以实现一个区域生态系统水平上的 ERA，近年来该技术在国外的生态环境风险管理中的应用表现出了上升的发展趋势（雷炳莉等，2009）。

（二）数学方法

生态风险具有模糊性、灰色性和不确定性等特点，可以采用相应的数学方法来进行讨论。

1. 模糊数学方法

风险本身就是一个模糊概念，用模糊数学的语言来描述，风险就是对安全的隶属度。模糊评价之前主要被用于环境风险评价，而随着环境风险评价向生态风险评价的发展，此方法也被扩展应用到了生态风险评价的领域。例如，Heuvelink 和 Burrough（1993）基于模糊集合论的模糊分类法，通过建立模糊包络模型来预测物种的潜在分布区，判断生境被外来物种入侵的风险程度。另外，自然灾害是生态风险评价重要的风险源，模糊数学方法在灾害风险评价中也得到了广泛应用（白海玲和黄崇福，2000）。

2. 概率风险分析方法

概率分布是风险估计中常用的方法，对于同一个风险事件在不同条件下所形成的概率可以用概率分布描述。概率风险评价是传统生态风险评价的外延，目前正被广泛应用，它把可能发生的风险依靠统计模型以概率的方式表达出来，这样更接近客观的实际情况。概率风险评价方法是将每一个暴露浓度和毒性数据都作为独立的观测值，在此基础上考虑其概率统计意义，其中，暴露评价和效应评价是两个重要的评价内容。暴露评价试图通过概率技术来测量和预测研究的某种化学品的环境浓度或暴露浓度，效应评价是针对暴露在同样污染物中的物种，用物种敏感度分布来估计一定比例的物种受影响时的化学浓度。暴露浓度和物种敏感度都被认作来自概率分布的随机变量，二者结合产生了风险概率。运用概率风险分析方法，考虑了环境暴露浓度和毒性值的不确定性和可变性，体现了一种更直观、合理和非保守估计风险的方法。概率风险评价法包括安全浓度阈值法和概率曲线分布法（雷炳莉等，2009）。

3. 灰色系统理论

由于生态系统的复杂性以及人们认识水平的限制，ERA 中许多因素之间的关系是灰色的，灰色系统理论是解决该问题行之有效的方法。例如，李自珍等（2002）在绿洲盐渍化农田生态系统研究中，通过建立基于灰色关联度的生态风险评价模型，将作物产量与各类盐分含量分布之间的关联度映射为具体数值，并据此求出了样区的相对生态风险大小。姚荣江等（2010）为定量评估制约苏北海涂土壤资源开发利用的盐渍障碍因素，以苏北海涂典型围垦区江苏省大丰市金海农场为例，将灰色系统理论应用于风险评价，构建了实用的生态风险评价数学模型、指标体系与评价流程，并对区域土壤盐渍化风险状况进行了定量评估与分级。

4. 马尔科夫预测法

马尔科夫预测法是对地理事件进行预测的基本方法，是地理预测中常用的重要方法之一。由于生态环境和风险源都具有一定范围的随机变动性，可用该方法进行风险预测。例如，郑文瑞等（2003）用马尔科夫链理论研究了水环境质量状态变化，并预测了变化趋势带来的风险。刘慧璋等（2012）为了探究验证土地利用/覆被变化是山西岔口小流域水土流失的主要风险源，通过提取和分析流域 2008 年和 2010 年的土地覆被变化数据，构建马尔科夫模型，利用转移概率矩阵对流域 2020 年的土地利用/覆被变化做出了预测。

5. 机理模型

机理模型是根据事物变化或运动的内在机理建立起来的数学模型，用于定量研究时间发展、变化的过程、规律和后果。生态系统十分复杂，虽然建立机理模型需要进行一些简化、抽象和假设，这样必然引起误差，但机理模型对生态风险评价问题仍然是非常有用的，因为它能够综合不同时空的复杂现象、过程和关系，可以从比较容易测量的变量去预测难以或不可能测的变量，如用于预测污染物的环境浓度分布与转归的暴露分析模型等（周婷和蒙吉军，2009）。

（三）计算机模拟方法

由于生态系统中生境和物种的多样性，加上生物、物理、化学的相互作用使风险评价成为了一个复杂的程序，计算机模拟在 ERA 中显得十分必要，是理解和管理生态风险的强大的、低成本而高效率的工具。目前常用的方法有人工神经网络模型、蒙特卡罗模型、贝叶斯网络模型等。

1. 人工神经网络模型

ERA 是一个典型的模式识别问题，人工神经网络技术在模式识别方面已经表现出了很好的特性（李双成和郑度，2003）。例如，陈辉等（2005）根据青藏公路铁路沿线生态系统特征，选取雪灾、旱灾、崩塌滑坡等 7 项指标，依托人工神经网络模型，构建了青藏公路铁路沿线生态风险评价模型。藏淑英等（2008）利用生态风险指数计算方法和地统计分析方法，对大庆市1976～2003 年的生态风险相对状况进行了回顾性评价，并在此基础上，利用 3 次回归模型、灰色预测模型和人工神经网络预测模型进行变权组合预测，对大庆市 2010 年生态风险分布情况进行了预测研究。

2. 蒙特卡罗模型

当系统的可靠性过于复杂，难以建立可靠性预计的精确数学模型或模型太复杂而不便应用时，可用蒙特卡罗模拟法（Monte Carlo simulation method，MCSM）可以近似计算出系统可靠性的预计值。其原理是将待求变量当作某一特征随机变量，通过某一给定分布规律的大量随机数值，计算该数字特征的统计值作为所求风险变量的近似解。在 RERA 中，MCSM 是用输入变量的概率分布去模拟输出变量的概率分布，进而对风险评价的可靠性进行分析。在风险预测模型中，迭代足够次数的蒙特卡罗模拟往往会产生一个近似正态或均匀的值域分布，其均值是风险值的真实反映（殷贺等，2009）。利用 MCSM 可以对模型参数的可靠性作出评价。在生态风险评价的不确定性分析方面，这是当前应用最为广泛的分析方法（Chow et al.，2005；Ming et al.，2005）。

3. 贝叶斯网络模型

贝叶斯网络模型（Bayesian network，BN）是一种比较直观的图式模型，由一系列表示因果联系的概率分布图式组成（Pollino et al.，2007）。实际上，BN 也是一种定量评价模型，可以结合敏感度分析，比较在不同情景模拟下改变参数对决策目标的影响（殷贺等，2009）。例如，王晓钰（2013）考虑到确定性土壤污染评价中较大的参数不确定性，将贝叶斯理论应用于土壤重金属污染评价中，并考虑到不同重金属在生态风险上的差异，建立了生态风险权重系数，提出了基于生态风险权重的土壤重金属污染贝叶斯评价法。

第二节　区域生态风险评价方法和模型

随着评价尺度的扩展，区域生态风险评价涉及诸多方面，许多模拟污染物分布、传播、积累、压力-受体交互作用、不确定性分析等方法和技术被大量引入到区域生态风险评价中。一些主要的方法、模型和技术如下。

(1) RERA 的概念模型。从 ERA 到 RERA，风险源由单一扩展到多风险源，风险受体由单一发展到多受体，评价范围由局地扩展到区域水平。Hunsaker 等（1990）整合区域评价方法和景观生态学理论，利用已有的 ERA 框架提出了 RERA 方法，主要包括风险源的定性和定量描述，确定和描述可能受影响的区域，选取终点，运用恰当的环境管理模型和可得的数据估计暴露的时空分布，定量确定区域环境中暴露与生物反应之间的相互关系，得出最终风险评价 5 个环节。该方法与其他 ERA 一样，主要包括风险定义和问题解决两个阶段，但更注重风险源、生态终点、受影响区域的相互作用以及区域界定、空间异质性对不确定性影响的显著程度，但该方法在区域时空数据获取、模型选择、景观格局和生态过程的相互作用等方面还需要进一步研究（周婷和蒙吉军，2009）。

(2) 相对风险模型（relative risk model，RRM）。为了快速便捷地进行 RERA，Landis 和 Wiegers 于 1997 年首次建立了相对风险模型，经过近二十年的发展，RRM 已被成功地运用到北美、南美和澳洲的许多水域、海域和陆地环境中去（Landis and Wiegers，1997，2007）。利用 RRM 模型进行 RERA 的关键步骤为：首先根据区域情况划分为若干亚区，将传统生态风险分析中"压力-受体"分析转变为"压力源和栖息地"分析，然后建立一个概念模型用以分析不同压力源对不同栖息地之间的相互作用，同时采用等级赋值法来刻画压力源出现的概率和危害程度（如将影响程度刻画为高、中、低、零，并分别赋值为 6，4，2，0），由此量化压力源和栖息地之间的相互作用程度。由于这种赋值法只能相对表示概率和危害程度，因而被称为相对风险模型。RRM 可为特定的调整或管理决策提供依据，但由于风险的不可通约性、地区的属性不同，以及众多暴露-响应关系难以定量表达，该方法依赖于无量纲的分级，对生态风险效应无法提供准确衡量（颜磊和许学工，2010）。

（3）因果分析法。此方法是为适应大尺度风险评价的需求而产生的，是在景观和区域水平上建立起一种时空尺度的连接。根据野外观察，建立起压力因子和可能影响之间的因果关系，并在此基础上进行预测评价，压力因子和可能影响之间因果关系的分析有用等级打分法分析的，也有用因子权重法等分析的（孙洪波等，2009）。因果分析法一个明显的缺陷是很难处理生态系统动态和尺度问题，是检验区域尺度风险回顾性评价假设的重要方法，但必须与等级斑块动态框架等其他方法结合使用才有意义。

（4）证据权衡法或因子权重法（weight of evidence，WOE）。RERA 关注区域问题，因此最具有挑战性的工作就是通过有限的观测数据来研究对生态系统的影响。在这个过程中，WOE 方法被广泛运用。Burton 等（2002）系统总结了各种 WOE 方法，分析了不同方法各自的优势、劣势和不确定性，将 WOE 方法总结为定性分析、专家排序法、民意排序法、半定量排序法、沉积特性三合一指标法、综合 WOE、定量概率法、矩阵分析法 8 类，并从鲁棒性、易用性、敏感性、适用性、透明性 5 个方面对这些方法进行了系统分析和比较，同时认为，WOE 需要朝更定量化、透明化、多方参与化（广泛的包括各种专家和利益相关者）方面发展（颜磊和许学工，2010）。

（5）等级斑块动态框架法（hierarchical patch dynamic paradigm，HP-DP）。HPDP 是描述生态系统在景观和区域尺度上相互关系和动态的一个模型，可以有效地应用于不同的研究尺度，并且在风险评价中还可以考虑人类活动的影响，比如土地利用、城市化等（孙洪波等，2009）。HPDP 模型的一个重要假设是等级存在于生态系统结构中，等级之间的相互关系产生了标志生态系统特征的属性。HPDP 的等级是指生态系统的不同范围（scale），并不是指控制因子自上而下或自下而上的尺度推移，而是为了理解控制因子的作用，有必要了解其对较大范围（区域，大斑块）和较小范围（局地，小斑块）的影响。HPDP 的斑块是指斑块的位置、分布和动态，斑块特征会影响物种分布、压力因子与风险受体的相互关系和环境变化影响等，可以认为斑块在自然界中是动态的，位置会发生变化，具有内稳定性及一定的组成。HPDP 是一个可以用于区域尺度风险评价的概念框架，它将时空相互作用关系结合起来（陈辉等，2006）。

(6) 生态等级风险评价法（procedure for ecological tiered assessment of risk，PETAR）。PETAR 方法是在缺乏大量野外观察数据的情况下进行风险评价的有效方法，适合复合生态系统的 ERA（Moraes and Molander，2004）。该框架将风险评价分为 3 个部分来进行，因此也称为"三级生态风险评价"。第一级为初级评价，是对已有信息如人为压力因子、压力来源及可能的影响进行定性估计；第二级为区域评价，是半定量评价，是对整个区域内可能风险源、风险压力因子及可能受到影响的区域进行分级；第三级为局地评价，是定量评价，是在更小范围内建立起风险源、风险因子和与生态、社会相关的评价端点之间的数学关系（陈辉等，2006）。与已有的 ERA 方法相比，PETAR 可以根据具体的风险评价要求选取评价的步骤和深度，同时回答风险有无及风险大小的问题，通过引入损失评估模型，了解具体风险源在区域不同位置的损失高低，决策者可权衡风险管理对策，有效调动有限救助资源。

(7) 多媒介、多路径和多受体风险评价方法（multimedia，multipathway and multireceptor risk assessment，3MRA）。Martin 等（2003）总结了一种被称为 3M（多媒介、多路径和多受体）的风险评价方法，该方法由风险分析和不确定性分析两大模块构成，特别适用于估计不同空间尺度化学物质污染所带来的生态风险。风险分析模块融入了相关暴露和积累数学模型，由 8 个属性参数构成：污染源、传播介质、传播过程及结果、受体、暴露方式、暴露路径、风险测度值、门槛计算值，该过程循环计算污染物对每一个受体的风险。不确定分析模块则采用两阶段蒙特卡罗法分析，以便于有效分析在数据采集、暴露模型、风险评价阶段等诸多中的不确定性。

(8) 生态模型。生态学家和风险评价者已意识到传统的基于剂量法的"个体暴露模型"限制了在种群、生态系统和景观层次的 ERA，而这些和环境管理最为相关。将建立在种群、生态系统、景观层次的生态模型运用到 ERA 中已成为趋势。例如，Pastorok 等（2003）详细总结了 ERA 中运用的生态模型及其使用阶段，并将这些生态模型分为三大类、若干亚类和小类：①种群模型，包括标量丰度、生活史、个体模型、集合种群 4 个小类。②生态系统模型，包括食物网模型、水域生态系统模型、陆地生态系统模型。③景观模型，包括水域景观和陆地景观模型。此外，还通过结合各类模型的具体使用案例,详细分析了每类模型所使用的参数特性,并认为当前种群生态模型和生态系统模型发展已比较成熟,但景观层次模型还需进一步发展(颜磊和许学工,2010)。

(9) GIS/RS (geographical information system / remote sensing) 技术。在 RERA 中,由于风险源/压力因子和风险受体都存在显著的空间异质性,因此具有强大的空间关联和分析能力的 GIS 和 RS 技术已越来越广泛地被运用到区域风险评价中。近年来的一个运用趋势是将 GIS/RS 技术和其他生态模型、改进算法相结合,在一定的时空尺度上进行 ERA。例如,Gaines 等 (2004) 在研究 Savannah 河生态风险时则综合运用 GIS 和 RS 技术,从该区域 70 种脊椎动物中挑选出 6 种符合条件的物种作为风险受体,从景观生态学和动物行为科学角度,以演绎-诱导法建立了物种空间分布概率模型。

(10) 专业计算机软件。一些学者认为区域的差异导致了大量评估模型的出现,其结果是模型不断地被建立、运用、出版、继而被遗忘,因此应该综合这些模型开发一些专业计算机软件来提高评估效率。例如,Lu 等 (2003) 在确定了大量参考模型(CALTOX,CHEMS‐1,Ecosys4 等)后,在 EPA 的框架下发展了一套计算机模拟工具,并成功运用到风险评估中。Zhao (2004) 对已开发的两个风险评估软件 ToxTools 和 Benchmark Dose Software 的使用进行了详细说明和比较(颜磊和许学工,2010)。

第三节　区域生态风险评价指标体系

开展 ERA 研究对于维护区域生态安全,保障区域可持续发展具有重要意义。指标体系作为系统的抽象和概括是 ERA 的基石,其构建的科学性和可操作性决定了评价结果的真实性和可行性。生态风险指标体系、风险评价模型构建是 RERA 的关键技术方法,由于建立完善的指标体系是客观准确评价的基础,因此针对不同类型的生态系统特征,应选取合适的方法和评价指标。合适的指标在监测、评价环境变化和经济社会发展方面的作用举足轻重。RERA 针对不同生态系统、不同空间尺度和空间异质性以及评价阶段(风险源识别、暴露分析以及影响分析)和生态风险因素等特点,应建立适宜的生态风险指标体系。鉴于生态系统的复杂性,目前还尚无合适的、可以准确描述其健康状况的指标体系，因此构建生态系统以上层次的风险评价指标体系、确立风险评价标准以及发展各种定量评价方法和技术是现在乃至今后 ERA 的发展趋势（毛小苓和倪晋仁，2005）。

目前国内外许多学者也研究提出了大量的针对不同尺度和不同类型的度量指标。USEPA 从化学环境、物理环境、水文条件及生物学特征改变 4 个方面，对应胁迫、干扰和响应 3 个方面，建立了评价河流生态系统的复杂风险指标体系；欧盟提出了环境压力指标清单，以便在欧洲不同国家间进行比较。Villa 和 McLeod（2002）建立的可以在国家间进行对比评价的生态脆弱性指标体系由 54 个指标要素组成，分属于 3 个类别，吸收借鉴了联合国环境计划署（UNEP）的地区发展指标、欧盟统计署（EUROSTAT）人类对环境的压力指标体系，以及 USEPA 的生态风险评价指标，该指标体系是目前在较大空间尺度上评价区域生态环境脆弱性中比较完善的一种指标系统（柯学莎和黄家文，2011）。

国内学者杨娟等（2013）在以往 ERA 研究的基础上，借鉴灾害评估研究方法，从风险源的危险性和生态系统（受体）的脆弱性两个方面考虑选取指标，以典型农业区区域生态风险评价为研究目标，通过对自然因素导致区域生态风险的影响因素分析，建立了 RERA 指标体系用于表征区域生态风险的大小，以期为我国广大农业区区域生态风险的科学评价和预测奠定基础。其建立的指标体系主要包括危险度和脆弱度两大类指标（图 3-1）。

1. 危险度评价指标

主要根据导致风险源发生及影响其等级大小的因素分析，以一些自然因素危险源作为危险度的评价指标。由于危险度的确定对不同风险源有很大不同，与具体风险源的形成机理和作用过程有关，因此建议在进行风险评价时可根据具体风险源的特点进行删补。

2. 脆弱度评价指标

由于不同区域生态风险的高低与该区域自身生态系统的脆弱性有关，因此脆弱度指标主要包括生态系统脆弱度和社会经济脆弱度指数两类。生态系统脆弱度主要选择了系统敏感度、生态干扰度、生态指数、生态系统抵抗力、生态系统恢复力、环境治理指数和生态保护 7 项指标。其中，①系统敏感度

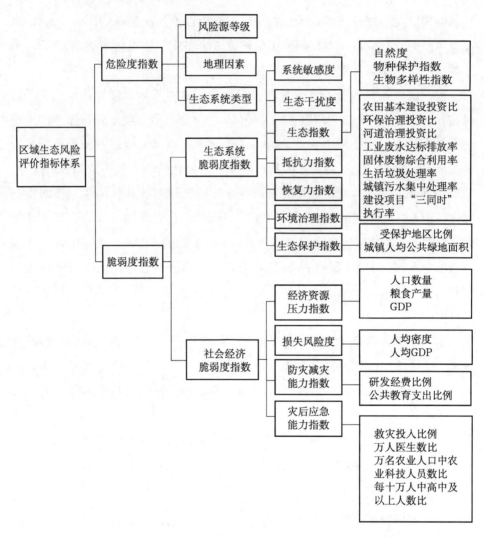

图 3-1　区域生态风险评价指标体系（杨娟等，2013）

是指生态系统对人类活动反应的敏感程度，用来反映产生生态失衡与生态环境问题的可能性大小，生态系统敏感性越强，系统越脆弱。②生态干扰度是人类过去所有有意识和无意识地对立地和植被施加干扰的一个总量度，这一量度的不同强度等级，即为生态干扰度。③生态指数反映了不同生态系统的生态意义和重要地位，表征生态系统生态指数的具体指标选择了物种保护指数、生物多样性指数和自然度。④生态系统抵抗力是指生态系统抵抗外界干扰和维持系统的结构和功能保持原状的能力，系统的抗逆能力首先与生态系统的结构和功能有关,一般生态系统的生物多样性越高,系统种类越丰富,结构越复杂,生产力越高,系统越稳定,抗干扰的适应恢复能力越强,反之亦然,同时还与社会经济基础条件和人为影响、干预有关。⑤生态系统恢复力是指生态系统遭受外界干扰破坏后,系统恢复到原状的能力。

社会经济脆弱度指数包括经济资源压力指数、损失风险度、防灾减灾能力指数和灾后应急能力指数4项指标。其中,①经济资源压力指数反映了社会经济发展对资源的需求进而对生态环境脆弱性的压力;②损失风险度反映了生态风险发生后可能会造成的损失大小,与脆弱度指数成正比,主要由人口密度和人均GDP决定。③防灾减灾能力和灾后应急能力指数反映了人类活动对风险事件发生后的作用,积极的人类活动可减轻风险事件发生后的损失,降低生态脆弱性(杨娟等,2013)。

为最终实现"零风险"管理目标,进行及时的预警和有效的预防,在构建指标体系时应遵循以下4个原则:①客观性原则。指标选取时主要是评价者的主观判断,难免受到个人经验和观点的局限,为了保证客观性和科学性,应尽量采取主观判断和客观验证相结合的方式构建指标体系。②整体性原则。根据生态系统中整体大于部分之和的原理,ERA不能简单加和,所以在选取评价指标时应在优先考虑各生态系统主导评价指标的前提下,对区域尺度的指标体系进行整体衡量。③层次性原则。由于ERA的过程较为复杂,在建立指标体系时应在不同层次的水平上各有侧重,如在第二层次上选用反应生态系统结构和功能的抽象指标,在第三层次上应对各抽象指标的具体影响指标进行描述,通过逐级细化完成指标体系的构建。④可比性原则。评价尺度是决定评价指标的关键要素,在区域范围或多个区域的更大空间范围内要实现RERA结果的可比性,需在充分考虑各生态系统差异性的前提下构建具有可比性、一致性的必选指标(蒙吉军和赵春红,2009)。

基于RERA的特点和指标选取原则等,国内学者蒙吉军和赵春红(2009)构建了3个层次的区域生态风险评价指标体系(图3-2)。其中,生态风险指数主要由两方面指标来体现,即风险概率和生态损失度指数。风险概率的计算多基于数据观测结果,而生态损失程度(用生态损失度指数度量)取决于不同生态系统在维持区域生态结构和功能方面的作用(用生态指数来度量),以及该生态系统的脆弱性(用脆弱性指数来度量)。为了确保区域内部及区域之间的风险评价结果实现客观性和可比性，建立了必选指标（如生物多样性指数、自然度指数等）和可选指标（如流域生态系统中可选择干旱程度、城市生态系统中可选择廊道、森林生态系统中可选用生产力变化等）。对于脆弱度指标的确定，应首先根据水热条件、地理位置及相关研究成果进行人为判断，然后将每两个生态系统之间的相对损失程度进行量化，再将量化结果排列成矩阵后，最后通过计算矩阵的特征向量获得。

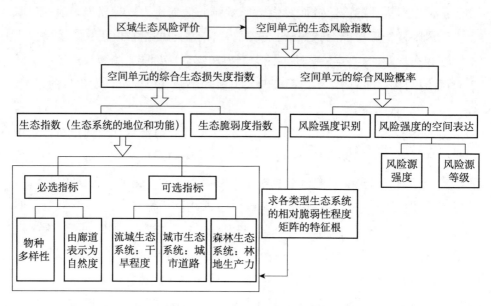

图 3-2　区域生态风险评价指标体系（蒙吉军和赵春红，2009）

区域生态风险评价由最初的单因子单风险评价、多因子单风险评价正逐步向多因子多风险评价演化，并通过 RS 和 GIS 空间分析工具，将评价范围扩张到更大尺度。随着 RERA 受体范围的不断扩大、类型逐渐增多，评价指标逐渐呈现出复杂多样的特点。构建区域生态风险评价指标体系应遵循客观性、整体性、层次性和可比性原则，同时在进行特定区域的评价时，还应根据该区域的实际特点对指标体系进行补充和细化。总之，应构建指标统一、体系健全的区域生态风险评价指标体系，并将宏观的遥感指标与微观的观测指标相结合，加强评价指标对风险防范的指导意义（蒙吉军和赵春红，2009）。

第四节　生态风险评价类型

由于生态系统的多样性和环境污染的复杂性，具体的风险评价类型是多种多样的。通用性的理论框架评价程序中有些步骤可以简化，有些要增加内容甚至要改变通用程序，这一方面取决于评价目标的特殊性，另一方面取决于评价所依托的资源基础，可谓"亦简亦繁"。只要在有效的资源基础上实现既定的评价目标就达到了目的（殷浩文，2001）。

本节将首先简单介绍四种生态风险评价类型（回顾性生态风险评价、多重压力的生态系统风险评价、监视性生态风险评价、生物安全性风险评价）的特点、形式、联系和区别等，然后再简单讨论一下其他类型的评价，如生态系统管理评价、健康风险评价、环境影响评价与生态风险评价之间的关系。

一、回顾性生态风险评价

回顾性生态风险评价着重评价已经发生或正在发生的污染事件等。这类评价有两个特点：评价问题的范围已经由事件所确定，已经测定和研究了被污染的环境。这些特点决定了回顾性生态风险评价比纯粹的预测性评价具有更多的方法学和推理多样性。

在评价动机上，回顾性评价不仅限于污染源，更多的是从暴露或效应开始着手。在分析问题和表征风险方面具有以下特点。

（1）更注重环境对污染物迁移、转化和效应的影响。

（2）在污染源方面不仅是估计源强，而更注重测定源强。

（3）在暴露评价中不仅是理化性质确认，而更注重环境浓度和分布的测定，实际的受体污染负荷及生物标记。

（4）在效应评估中不仅是毒性试验，而更注重测定现场的污染响应。

依据回顾性风险评价的动机，可将评价分为3种形式：源驱动评价、效应驱动评价和暴露驱动评价（表3-1）。

表 3-1　回顾性风险评价的类型

源驱动评价	已知风险源	→	未知的暴露	→	未知的效应
效应驱动评价	现场已观察到的效应	→	未知的暴露	→	未知风险源
暴露驱动评价	未知风险源	→	观察到异常的暴露	→	未知的效应

　　源驱动的风险评价要求解释可能的效应，首先是追溯已发生的污染事件、有害物排放或还在污染的源头，由此进行暴露评估和推导出相关的风险效应；效应驱动的风险评价与前者相反，是从现场观察到的效应入手，由此反推环境暴露而至风险源头，属溯源性的评价过程；暴露驱动的风险评价相对较少，往往在监视性的监测中发现问题，然后评估其效应，在确认效应的同时进行源头分析。由于逻辑结构和信息来源的多样性，回顾性生态风险评价也有不同的方式。

二、多重压力的生态系统风险评价

　　大部分风险评价追溯的都是单独作用的风险因子，多重压力的生态系统风险评价与回顾性生态风险评价的不同点在于研究的风险因素超过一个，且在一个大尺度范围内产生一组效应。这种评价类型具有 5 个特点。

　　（1）大的局部压力产生区域性的后果。

　　（2）多个可接受的压力在一个生态系统或地理区域内综合成为严重的环境问题，其原因或者是混合物的综合毒性效应，或者是众多独立的小压力在系统和区域尺度上形成了大的效应。

　　（3）系统或区域过程对污染物的传输、转化所起的作用，在局部范围内不能识别。

　　（4）具有系统或区域效应的排放在局部地区是没有效应的。

　　（5）有些系统或区域水平上的特定功能或特征必须保护。

　　因此，生态系统风险评价的任务是综合单项活动的效应，在系统或区域水平上评估生态风险，提出实施减轻或规避风险的调整和补救措施。实际上生态系统风险评价并不是一个独立的评价方式，通用性理论框架评价模式的许多内容可以适用于系统评价，只是有些问题在局部的单因素评价中没有表现。另一方面，系统生态风险评价涉及尺度问题、景观描述、性质不同压力的综合等，是很重要和复杂的。

三、监视性生态风险评价

监视性生态风险评价与回顾性生态风险评价、多重压力的生态系统风险评价最大的不同是风险还未确认，要以环境监视的方法发现风险和评价风险。它所针对的污染源绝对是正在发生的。虽然严格意义上它不是一个独立的评价类型，而更像回顾性或预测性生态风险评价的前奏曲，一旦风险被发现立即进行回顾性或预测性生态风险评价。环境中确有很多风险不是已知的，从众多、纷繁的数据中发现风险是很有现实意义的，只有发现风险，才能评价风险。当然，可以事后进行回顾性风险评价，但终究是"亡羊补牢"，且能否"补牢"还是未知数。监视性生态风险评价的目的是发现未知但已存在的生态风险问题，其技术程序和内容与回顾性评价中的形态风险评价有较多共同处。监视性风险评价的关键是监视什么和如何分析结果。

四、生物安全性风险评价

将生物安全作为一个独立的评价类型加以特别说明的原因不仅因为人类对细菌、病毒导致的健康损害有与生俱来的担心，而且也因为科学研究已经证实了各类异地或新创造的生物入侵会产生生态学危害。有迹象表明入侵的物种是继栖息地丧失之后对本地生物多样性的第二大威胁。无论是转基因生物的生态安全性，还是较传统异种入侵的生态威胁，生物安全性风险评价是一个越来越受到重视的新技术。生物安全性风险评价是生态风险评价中难度较大的部分，与评价有关的科学技术，如分子生态学、微生物生态学、生态系统功能变化的趋势预测、生态结构的多样性与系统稳定关系等均属学科交叉和学科前沿的研究内容，发展和变化很快。确切地说，生物安全性风险评价是一项人们迫切需要的应用技术。

总之，回顾性生态风险评价是风险事件发生在过去或正在进行，它的特点是评价毒理学试验数据必须结合污染现场的生物学研究结果，而且现场数据有时对问题的形成和分析会起重要的作用；生态系统风险评价需要在时间和空间上综合毒性效应，并且往往评价的重点集中在系统的耐性和恢复能力上，这与通用理论框架评价程序中毒理学效应分析有较大的不同；监视性生态风险评价是通过对环境关键组分的监视性监测，对生态质量趋势进行分析，这种类型的评价不仅涉及发现风险的能力，而且有助于风险防范；生物安全性风险评价起源于外来生物的风险评价，现在已扩大为对现代生物技术的环境释放进行分门别类的风险评价（USEPA，1998；殷浩文，2009）。

五、生态系统管理评价

由于 ERA 的概念认为，暴露于多种要素的真实生态系统过于复杂，无法对确定终点进行严格分析，因此，有人建议采用"生态系统管理或流域方法"替代生态风险评价。在实践中，生态系统管理的评价倾向于建立粗略定义的目标（如生态完整性、可持续性或健康），并强调利益相关者介入过程而不是分析之。这种方法避免了分析复杂状况的困难，而侧重于协调流域、区域生态系统居民或用户的理解和愿望。正因为其目的仅在于获得一个对系统状态的普遍理解，而不是预测某种决策的后果，所以生态系统管理评价可能只是简单的描述。生态系统管理的执行者可能是土地和资源管理者、监管机构、非政府组织公会、特殊利益者等，因此往往是行政命令、官方权威与公众合法性的综合体现。

六、健康风险评价

"一旦保护了人类，非人类物种也同样受到保护，因此人类健康风险评价也可以说是生态风险评价的替代方案"，虽然这种主张与过去相比已很少听到，但仍为许多风险管理者所信奉。由于各种原因，一些非人类受体似乎比人类更易暴露于环境污染物中，或者对环境污染物更为敏感，这在非化学因素方面表现得更明显，如公路、水库等相关生态系统的破坏对人类健康造成一定影响，但它却将毁灭非人类物种和相关的生态系统功能。同样，外来物种已对非人类物种产生了严重的生态影响，但对人类健康几乎没有影响。人类扩张的同时自然却在退化这一事实充分证明保护人类并不能保护非人类物种，因此，健康风险评价更应是生态风险评价的补充而非替代方案。

七、环境影响评价

环境影响评价（environmental impact assessment，EIA）其实不是 ERA 的替代方案，它们的区别在于行政授权属性的不同，而非分析管理环境危害方式的不同。在美国，EIA 由 1969 年公布的国家环境政策法令合法批准。加拿大、欧洲、澳大利亚及其他一些地区也相继出现相似的法律。与之不同，风险评价是管理机构推行的实践，目的是为决策提供科学依据。因此，EIA 是将法律强加于经常不合作的机构，而 ERA 却是由机构自主进行，以协助其自身完成训令。根据一位资深 EIA 从业者介绍，EIA 重在评价命令的强制执行，而 ERA 是获取目标的风险水平，因此 EIA 更关心的是可接受程度。另外，EIA 倾向于关注开发项目，如大坝建设或资源管理，而 ERA 往往关注新化学品、排放物或污染场地等典型主题。然而，这些区别仅鉴于法规的历史紧急事件。在 EIA 中，要求更科学的严密性和不确定性分析，使得它不断向 ERA 靠近，而在 ERA 中，要求法律和政策评审以及更多利益相关者和公众参与，也使得它不断向 EIA 靠近（Suter，2007）。

第四章　生态风险管理

第一节　基本概念

美国国家科学院将风险管理定义为选择各种管理法规并进行实施的过程，是管理部门在立法机构的委托下，在综合考虑政治、社会、经济和工程等方面因素之后，制定、分析并比较各种管理方案的合理性和可行性，然后对某种管理因素做出管理决策的过程，在对方案进行选择时，要同时对风险的可接受性和控制费用的合理性进行效益-代价分析（寇俊卿等，2003）。美国《联邦政府的风险评价管理》将风险管理定义为依据风险评价的结果，结合各种经济、社会及其他有关因素对风险进行管理决策，并采取相应控制措施的过程。总之，风险管理（risk management，RM）的概念可简单认为是根据风险评估和对法律、政治、社会、经济等综合考虑所采取的一种风险控制措施（周平和蒙吉军，2009）。

生态风险管理属于生态经济学的重要研究命题之一，也是生态学研究的一个前沿问题，在国内外学术界备受关注。保持生态系统健康、维护生态系统良性循环是区域可持续发展的核心。生态风险管理（ecological risk management，ERM）是风险管理在应对生态风险，保障生态安全上的具体应用，它是根据生态风险评价的结果，依据恰当的法规条例，选用有效的控制技术，进行消减风险的费用和效益分析，确定可接受的风险和损害水平，通过进行政策分析，并考虑社会经济和政治因素，决定适当的管理措施并付诸实施，以降低或消除事故风险度，从而达到保护人群健康与生态系统安全的目的（Lemy，1997；韩丽和戴志军，2001）。

第二节 生态风险评价 ERA 与生态风险管理 ERM 的关系

通常，广义的 ERA 包括风险管理、风险评价和风险信息沟通，总称为风险分析（Bruce，2006）。其中，风险管理先为风险评价划定界限，然后利用风险评价的结果作为决策依据，而风险评价则提供了一种发展、组织和表征科学信息的方式以供管理决策。ERA 的设计和实施为 ERM 提供了关于生态管理措施可能引起的不良生态效应的信息，而且通过风险评价的过程可以整合各种新的信息，从而改善环境决策的制定。ERM 是以 ERA 为基础，按照系统论的思想和方法，根据生态系统的机理和机制，应用现代风险管理手段，对生态系统中存在的风险进行有效的管理和决策。一般地，正确辨识和评价生态系统的风险暴露是 ERM 的基础，而对所有风险因子进行综合评价，并做出风险状况报告是 ERM 的核心（石洪华等，2004）。图 4-1 是韩丽和曾添文（2001）表述的关于 ERA 和 ERM 之间的关系结构图。

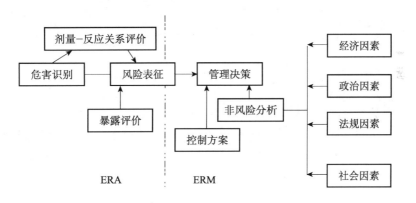

图 4-1 ERA 和 ERM 的关系

由图 4-1 可以看出生态风险评价与管理的关系及它们的组成要素。一方面，风险分析和评价为风险管理创造了条件：①为决策者提供了计算风险的方法，在制定政策时将可能的代价和减少风险的效益考虑进去。②对可能出现和已经出现的风险源开展风险评价，可事先拟订可行的风险控制行动方案，加强对风险源的控制。生态风险评价的关键是调查生态系统及其组分的风险源，预测风险出现的概率及其可能的负面效果，并据此提出相应的舒缓措施，其目的是帮助环境管理部门了解和预测外界生态影响因素和生态后果之间的关系，生态风险评价的计划和执行是给环保部门提供关于不同的管理决策所产生的潜在不利后果。风险评价首先考虑环境管理的目标，因此生态风险评价的计划有助于评价的结果用于风险的管理和环境决策的制定。另一方面，风险管理的结果可以有效地控制风险，生态风险管理是整个生态风险评价的最后一个环节，对于生态风险管理的结果可返回进入再一轮的风险评价以不断改进管理政策。生态风险管理的目标是将生态风险减少到最小，管理决策的正确与否将决定风险能否得到有效控制（马燕和郑祥民，2005；程洁等，2009）。

总之，生态风险管理从整体角度考虑政治、经济、社会和法律等多种因素，在生态风险识别和评价的基础上，根据不同的风险源和风险等级，针对风险未发生时的预防、风险来临前的预警和应对，以及风险过后的恢复与重建等方面所采取的规避风险、减轻风险、抑制风险和转移风险的防范措施和管理对策。

第三节 国内外 ERM 研究概况

近年来，国际上对 ERM 的研究主要包括风险管理的原则、内容与框架机制，以及在具体风险管理活动中的应用等（周平和蒙吉军，2009）。例如，Robin 等（2006）提出应将定性和定量方法相结合，基于决策分析构建评估框架，同时权衡各种政治环境和社会因素，对众多管理方法进行评估和挑选。Astles 等（2006）提出风险管理包括两个部分：①降低风险，即将风险带来的危害最低化；②通过风险监测来判断采取的管理措施是否有效地将风险危害最低化。同时要进行实时监控，当风险管理措施失效时，改进、调整高风险地区的管理措施，并且要保证科学家、管理者、风险承受者和公众对风险决策信息和反馈信息沟通的通畅性。Renn（2006）提出了风险管理进入新时代的主要标志，即"从风险分析到风险综合管理"，并提出综合风险管理的基本框架，即由"管理层"与"评价层"共同组成，管理层强调决策和改进实际行动，评价层强调知识创新。

　　针对风险管理机制在具体的生态风险管理中的应用及具体管理措施研究方面，目前国际上对洪水风险管理展开的研究较多，另外对农药使用、外来种入侵、干旱及地质灾害风险等的管理方面也展开了大量研究。例如，Jochen（2006）认为洪水管理措施可分为工程措施、非工程措施、长期措施和短期措施四类，洪水管理机制可由政府监管、金融手段、信息的传达三部分组成，对降低洪水风险的管理措施可分为三步，即洪水来临前的预防、保护和准备，洪水来临时的预警、泄洪、撤离和营救，以及洪水过后的重建和保险补偿。Stephen 等（2003）对因干旱造成的泥炭、火灾和候鸟繁殖困难等生态风险的研究提出了一套基于 GIS 的指标体系，并在此基础上针对存在的问题去寻求更有效的管理措施。

　　总体来说，国外的研究多关注生态风险管理措施的成本及其对后续管理措施的影响，重视多种决策方案的评估和比较权衡，强调风险各方的参与和沟通，提倡综合减灾的思路；在具体的风险管理研究中重视相应模型的研究，针对不同的风险危害程度采取不同的模型和方法进行评估，并依据不同等级的预报进行不同程度和力度的防范；对洪水风险管理方法研究较为成熟，洪水管理机制强调多种手段的综合运用，管理过程涵盖在整个风险过程中（周平和蒙吉军，2009）。

　　国内的研究主要集中在生态风险管理的原则、框架与技术方法以及对单一风险源和区域生态风险防范的对策上。例如，石洪华等（2004）结合当前国际上流行的风险管理模型，在生态风险理论有关研究的基础上，建立了一类新颖而适用的区域生态系统风险管理模型，并对模型的特点、性质、建模思想、参数选取的进一步完善和改进工作进行了详细的阐述，最后以干旱风险为例，对模型进行了应用研究。史培军等（2006）系统地总结了灾害风险管理的体系、运行机制、方法和内容，指出风险管理不仅要强调风险转移体制、机制、保险与再保险、风险教育与意识的养成以及风险沟通与应急处置等，更要注重备灾，提出要加强国际比较研究，在中国国情的基础上，吸收世界先进且有效的管理模式和经验，进一步探讨区域发展与综合减灾的共赢机制。

　　针对自然灾害风险管理中的单一风险源——洪水，张玉山等（2005）从防洪工程建设对生态环境的影响评估、洪水生态风险评价研究及改善环境和生态保护管理对策3个方面对洪水生态风险管理的研究进展进行了归纳和评述。魏一鸣等（2007）从工程的观点和使用的角度出发，系统地探讨了洪水灾害风险管理的基本概念、洪水灾害系统理论、洪水灾害风险决策分析方法等，通过大量的应用实例，反映了洪水灾害风险管理研究的发展。

目前，在具体的生态风险管理工作中，国内学者通常是以近年来广为关注的生态风险评价为基础，通过对不同等级风险区域内的风险源特点和强度进行分析，应用现代风险管理手段，采取不同的风险对策对生态系统中存在的风险进行有效的管理和决策。例如，许学工等（2001）运用遥感资料、历史记录、调查数据和GIS技术，针对黄河三角洲主要生态风险源（洪涝、干旱、风暴潮灾害、油田污染事故及黄河断流）进行区域生态风险综合评价，并在此基础上提出研究区的生态风险管理对策。巫丽芸和黄义雄（2005）在完成东山岛干旱、台风风沙、污染、水土流失四种主要风险源的区域景观生态风险综合评价后，提出东山岛的生态风险管理对策。文军（2005）以千岛湖风景区为研究对象，对区域内自然生态、社会经济及污染源现状调查结果进行综合归纳，通过总结千岛湖区域生态风险，提出该区域的生态风险管理目标，并从农林、城镇、工业、旅游、外来生物、灾害、流域、生态工程技术和综合管理9个方面系统地提出了区域生态风险管理对策。藏淑英等（2008）通过编制生态风险预警图，提出了加强宣传教育、制定污染物治理对策、运用规划手段、建立生态风险评价管理系统等关于大庆市的生态风险管理措施。李淑娟和隋玉正（2010）在分析了海岛旅游开发的特点后，通过确定生态风险源，提出了海岛旅游开发生态风险管理对策。

总体来说，国内生态风险管理在机制、原则和技术方法上以灾害风险管理的研究较为成熟，对于单个和多风险源的管理对策研究较多，在区域生态风险管理研究中，其主要研究方法是以生态风险评价的研究为重点，在评价的基础上针对不同风险源和风险等级提出具体的风险管理对策，但是对生态风险在区域角度上综合进行管理，以及形成一套完整管理体系的研究相对较少（周平和蒙吉军，2009）。

第二篇　渭河下游河流沿线区域
生态风险评价及管理研究

第五章　研究区概况与总体技术路线

渭河发源于甘肃省渭源县鸟鼠山东麓，自西向东流经甘肃天水，陕西宝鸡、咸阳、西安、渭南等城市，于陕西潼关附近汇入黄河。渭河是黄河最大的一级支流，是一条横贯关中平原的"母亲河"，流域出口水文控制站为华县水文站，流域面积（不包括泾河张家山站以上）为 63 282km²，干流全长 818km，主河道平均比降为 2.23‰。从河源起至陕西宝鸡峡出口为上游，干流长 434km，河道狭窄，川峡相间，水流湍急；宝鸡峡口至咸阳渭河铁桥为中游，干流长 176km，河道宽，多沙洲，水流分散；咸阳渭河铁桥至潼关入黄口为下游，干流长 208km，横穿关中平原，河道淤积严重，比降较小，"八水绕长安"渭河为最。

渭河流域地处半干旱地区，属典型的大陆性季风气候，冬季严寒多西北风，夏季炎热多东南风，春秋气候温和多东风，年平均气温由东向西，由渭河向两侧呈递减趋势，灾害性天气频繁，如低温、霜冻、冰雹、连阴雨及暴雨等，以旱灾危害最大。流域地貌类型大致可划分为黄土丘陵沟壑区、黄土阶地区、河谷冲积平原区和土石山区；水土流失面积 4.47 万 km²，占流域总面积的 76.9%；流域多年平均（1954~1996 年）降水量为 613.4mm，径流量 59.93 亿 m³，输沙量 1.339 亿 t（冉大川等，2006）。

陕西渭河流域内总人口约 2140 万人，占全省人口的 60%，其中非农业人口约 523 万人；总耕地面积 180 万 ha[①]，占全省总耕地面积的 60%；工业产值按 1990 年不变价计可达 741.6 亿元，占全省工业总产值的 80%；粮食总产量 33 亿 kg，占全省粮食总产量的 60%；流域内交通发达，农业条件优越，是陕西省重要的农业生产基地；工业门类齐全，具有雄厚的基础（杜忠潮等，2005；张艳玲，2001）。

---

① 1ha＝10 000m²。

　　渭河流域关中段是陕西省核心区，在西部地区和陕西省的社会经济发展中具有重要的战略地位和作用。可是在关中区域社会经济快速发展的同时，随着人类开发活动的不断加大，渭河流域存在防洪形势严峻、水资源供需矛盾突出、水质污染日趋加剧、水土流失治理进展缓慢等问题，严重制约了渭河流域社会经济的可持续发展。主要表现在：①中下游防洪形势严峻。具体包括洪灾频繁，损失严重；下游河道泥沙淤积严重，排洪能力下降；堤防质量差、隐患多；控导工程不完善、标准低；南山支流堤距狭窄、堤防质量差，洪灾频繁；库区返迁移民保安工程薄弱，堤防保护区内排水问题严重等。②水污染日趋加剧，危及人体健康。渭河干流宝鸡峡以下河段几乎全部为 V 类或超 V 类水质，基本上丧失了水的使用功能；废污水治理措施严重滞后；水资源保护亟待加强。③由于水资源短缺，在用水高峰季节，河道干枯，井水剧降，城镇和工业与农业争水，最终挤占生态水量。④水土流失尚未得到有效遏制。具体包括：治理进度缓慢；淤地坝建设力度不够；边治理、边破坏现象严重等。⑤由于不合理的灌溉和引水方式造成土地盐碱化加剧，局部地区出现沼泽化等环境问题。现阶段这些问题已成为制约关中乃至渭河流域可持续发展的"瓶颈"，务必需要及时和有效地加以控制和治理（王雁林等，2004）。

　　目前，国内许多学者针对渭河流域出现的以上问题主要在洪涝灾害的成因分析和防汛对策、洪水演进仿真研究、水沙变化的水文和趋势分析、水环境演变特征和质量综合评价、水质时空演化评价及污染防治对策、水土保持措施、减水减沙作用分析及综合治理、生态安全、生态环境需水量和演变等方面进行了大量的研究和探讨。例如，张琼华和赵景波（2006）通过对近 50 年渭河流域洪水的年际变化、月际变化和潼关高程变化的综合分析得出了造成该流域洪水灾害的原因，同时根据渭河流域洪水灾害的特点，提出了相应的防治措施、孙毅等（2004）以圣维南公式为基础，结合渭河流域的特点，模拟和实现了洪水过程的直观演进。胡安焱等（2007）利用近 50 年来降水、水土保持措施、水利措施及工业生活用水等方面的资料，分析了降水和人类活动对渭河流域水沙变化的影响。方燕和党志良（2005）针对日益严重的水环境问题，基于层次分析法对渭河水体的水环境质量进行了综合评价，通过确定其水质优劣次序，为污染优先控制奠定了基础。刘燕等（2007）通过对陕西省渭河流域地表的水质时程和流程进行研究，对陕西境内上、下游 2 个主要控制断面的近 20 年水质指标时程演化特性和渭河干流 13 个控制断面 9 个监测指标的流程变化趋势进行了分析。王宏等（2001）通过水保和水文法分析计算了多年流域综合治理年均减水量、减洪水量、年均减沙量和减洪沙量等。王雁林等（2004）以实现生态环境良性发展为目标，探讨了生态环境需水量的定义，提出了生态环境需水量的"外部优先级"和"内部优先级"思想，首次系统地分析了陕西省渭河流域生态环境需水量的界定范围。张蓉珍和张幸（2008）通过对渭河流域各地理要素近 50 年的分析和比较得出了流域的生态问题主要有水资源短缺、水污染严重、下游河道淤积、水土流失严重、土壤盐碱化、洪涝灾害突出等。刘建芳和查小春（2012）根据渭河流域下游历史时期以来的洪水灾害资料，统计分析了公元前 170～公元 1992 年洪水灾害的发生规律，并得出历史时期以来环境的改变与洪水灾害的发生有直接关系的结论。李思等（2013）应用遥感技术，以 NDVI 为指标，对陕西省渭河流域水质变化趋势进行了分析，并得出渭河流域水质从 1998～2008 年整体呈下降趋势、污染日趋严重、且污染程度居高不下的结论。张雪才等（2012）利用 RS 和 GIS 技术，对陕西境内渭河流域河段的水土流失状况进行了风险评估，并基于起关键作用的植被、坡度和降雨因子制作了实验区的水土流失风险程度图。

第一节 研究区概况

一、地理位置

渭河下游是指咸阳至潼关段，本部分主要以渭河下游河流沿线区域为研究区，34.17°～35.03°N，108.56°～110.42°E，包括 3 个市城区，1 个区，1 个市和 4 个县，依次分别是：咸阳市城区、西安市城区、高陵县、临潼区、渭南市城区、华县、华阴市、大荔县、潼关县，总面积 8029.7km²，地理位置见图 5-1。其中西安市城区是指位置相连的新城区、碑林区、莲湖区、灞桥区、未央区和雁塔区 6 个辖区；咸阳市城区包括秦都区和渭城区 2 个辖区；渭南市城区包括临渭区 1 个辖区。在行政区划上，西安市城区、高陵县和临潼区都属于西安市，渭南市城区、华县、华阴市、大荔县和潼关县都属于渭南地区（唐建军，2006）。

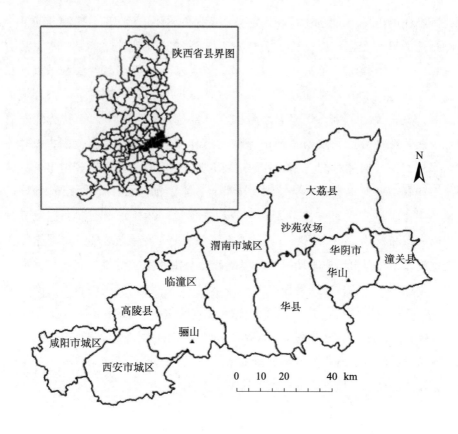

图 5-1　研究区位置及县界图

二、地貌特征

关中地区可分为三种地貌特征：渭河平原区、秦岭山地区、黄土塬梁沟壑区，关中中部是一个自西向东倾斜的地堑式构造盆地，渭河自西向东穿过盆地中部。在渭河两侧经黄土沉积和渭河干支流冲积而成的平原是"关中平原"，该平原东西长约 360km，南北宽 30～80km，呈现西部狭窄，东部开阔的外形，渭河平原面积 23 165km²，约占关中总面积的 41.8%。关中南部秦岭山地多为海拔 2000m 以上的中高山，秦岭主峰太白山，海拔 3767m，著名的西岳华山，标高 2437m，山势陡峻，雄伟壮观，秦岭山地总面积 22 029km²，约占关中地区总面积的 39.8%。关中的黄土塬梁沟壑区属于陕北黄土塬梁沟壑区的南部，该区山地统称"北山"，如黄龙山、子午岭、桥山等，海拔高度多为1000m左右。黄土塬梁沟壑区总面积 10 190km²，约占关中地区总面积的18.4%（史鉴等，2002）。本研究区位于渭河下游河流沿线区域，属于渭河平原区。

三、气候条件

渭河下游属大陆性季风气候，冬冷夏热，雨热同季。冬季受蒙古高压控制，气候干燥寒冷，降水稀少；夏季受西太平洋副热带高压影响，高温多雨。多年平均气温7.8～13.5℃，最冷月均气温一般在−1～3℃，最热月均气温一般在23～26℃，气温差一般介于26～28℃，年均气温由东向西，由渭河向两侧呈递减趋势。多年平均降水量500～700mm，降水量年际变化较大，而且降水量年内分配不均，主要集中在7～10月，约占全年降水量的60%以上，冬季12月至次年2月很少，约占全年降水量的4%，降水区域分布规律为南多北少，东多西少。多年平均蒸发量1000～1400mm，分布规律与降水相反，年内分配上1月最小，7月最大，其变化规律与气温变化一致。全年多东北风，平均风速1.2m/s，渭河两岸及河口地区最大风力为8级。年日照时数2000～2500小时，年积温（≥10℃）4000～4450℃，无霜期155～219天，早霜一般始于10月上、中旬，晚霜终于3月下旬～5月上旬。总之，渭河下游气候湿暖、四季分明，光热资源条件好，土壤肥沃，自然条件得天独厚，自古以来就是关中最富庶的地区，但旱涝灾害也频发（张艳玲，2002）。

四、土壤植被

渭河下游的土壤主要以农业土壤中的土娄土为主，是在自然褐土基础上经过人类长期耕作熟化的耕作土壤，主要分布于各级阶地及黄土台塬区。褐土又称肝泥土，是分布于渭河平原南北低山丘陵的一种自然土壤，土质黏重，但不易耕作。黄绵土主要分布于黄土台塬及黄土沟壑区，发育程度差，土质粗疏，有机质含量低。黄垆土以黄土为母质，分布于咸阳北部黄土塬梁地带。秦岭山地土壤垂直分布明显，由下而上主要有褐土带、棕土带等，渭南地区分布有盐碱土、风沙土等（陈亚萍，2005b）。

渭河下游平原区由于悠久的农垦历史，自然植被已为人工植被所代替，农业植被多以小麦、棉花、玉米等为主；南部秦岭的山地，由于气候温湿，地势崎岖，植被人为影响较轻，但在中低山地带，由于数千年的人类活动，原生的天然植被已被破坏殆尽，现以人工次生植被为主，栽植有大面积的林果，表现出稀疏低矮、植物种类单一、植被结构简单的特征。

五、水系河道

渭河下游属冲积性河流，流域面积8.8万km²。两岸流域水系呈不对称的羽毛状分布，北岸支流源远流长，集水面积大，含沙量高，以悬移质为主；南岸支流源于秦岭北坡，山高坡陡，支流密布，源短流急，集水面积小，以推移质为主。从北岸流入渭河的支流主要有泾河、漆水河、石川河、北洛河等。从南岸流入渭河的支流有沣河、灞河、沈河、赤水河、遇仙河、石堤河、罗纹河、罗夫河、柳叶河、长涧河等，多为间歇性河流（图5-2）（彩图1）。南山支流均属小流域山区性河流，由于流程短、比降陡、汇流快，常形成突发型的暴雨洪水，同时由于预见期短，来势凶猛，频繁造成漫溢、决口等灾害。

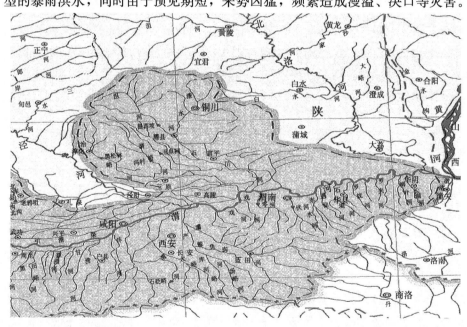

| 水 库 ► 河 流 ～～ 卷（流域）流 | 比例尺 |
| 市（县）◎ 省 界 —— 册（水系、区）界 | 15　0　15　30　45　60　75km |

图 5-2　渭河下游水系图

北岸支流的泾河是渭河下游的一条最大支流，干流全长 455.1km，流域总面积 45 421km²，在高陵渭河耿镇桥上游的渭淤 28 断面附近汇入渭河，由于穿行于水土流失严重区，是渭河泥沙的主要来源区，其洪水具有陡涨陡落、含沙量高的特点，对渭河下游防洪和河床变形影响较大。泾河张家山站年径流量 19.7 亿 m³，河流含沙量高，年输沙量 3.2 亿 t，年平均含沙量148.0 kg/m³，最大含沙量达 1430 kg/m³。北洛河是渭河的第二大支流，发源于陕西省定边县的白于山，干流长 680km，流域面积 26 905km²，其径流特点与泾河相同，在华县水文站以下约 37km 处汇入渭河，其水沙条件对黄、洛、渭三河汇流区河床变化影响较大，特别是北洛河的小水大沙对渭河拦门沙的发展起重要的作用。北洛河状头站年径流量 5.0 亿 m³，年输沙量 0.9 亿 t，年平均含沙量 111.0 kg/m³，最大含沙量达 1190 kg/m³。渭河泥沙主要来自北岸，泾河和北洛河来沙量分别占渭河总来沙量的 53.8% 和 18.6%（张玉芳等，1995；蒋建军，2000）。

　　根据河道平面形态，渭河下游可分为三段。上游咸阳到泾河口 34km，河宽 1～1.5km，河床比降 5‰～8‰，属游荡分汊性河道，河道宽浅，沙滩较多，主流摆动不定，分汊系数 1.7～1.8，河床组成为粗、中沙夹零星小砾石，河漫滩多为细沙。中段泾河口至赤水河口长 75km，为从分汊到弯曲的过渡性河道，河宽 0.5～1km，河床比降 2‰～5‰，弯曲系数 1.2，河道宽窄相间，河床物质组成自上而下逐渐变细，主要为砾卵石、粗沙、中沙、细沙，河漫滩主要由粉沙组成。下段赤水至渭河口长 99km，属弯曲型河道，河床较为窄深，河槽宽度一般小于 500m，洪水期漫滩宽度可达 6km，河床比降 1‰～2‰，弯曲系数 1.6～1.7，河床物质主要为细沙和粉沙，河漫滩为粉沙和黏土。总之，渭河下游具有上陡下缓、上宽下窄的特点（林秀芝等，2005）。

六、水文泥沙

　　渭河是一条多泥沙河流，下游水、沙来源于渭河干流、泾河、北洛河和南山诸多支流，最主要来自于渭河干流和泾河（图 5-3）。从多年（1950～1986 年）平均来看，咸阳水量占华县水量的 62%，张家山占 18%，咸阳沙量占华县沙量的 38%，张家山占 61%。由此看出，渭河下游水量主要来自渭河干流咸阳以上，沙量主要来自泾河（张翠萍等，1999）。

　　根据渭河下游华县水文站 1935～1996 年的实测资料统计，其多年平均年

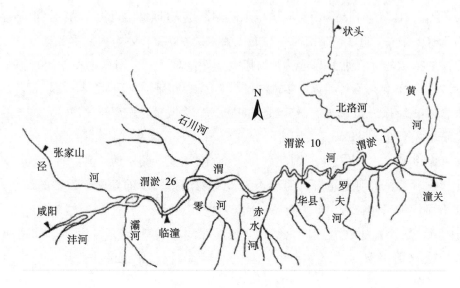

图 5-3 渭河下游示意图

径流量为 80.6 亿 m³，多年平均输沙量为 3.866 亿 t。1960～1973 年华县年均水量 85.2 m³，沙量 4.4 亿 t，与华县站长序列相比增水 13.3 亿 m³，增加 18.4%，增沙 0.7 亿 t，增加 18.9%，该时段属丰水丰沙系列；1974～1990 年华县年均水量 72.5 m³，沙量 3.0 亿 t，与长序列相比增水 0.6 亿 m³，增加 0.9%，减沙 0.7 亿 t，减少 18.9%，该时段水量为平水、沙量偏枯；1991～2002 年华县年均水量 37.7 m³，沙量 2.5 亿 t，与长序列相比减水 34.2 亿 m³，减少 47.6%，减沙 1.2 亿 t，减少 32.5%，该时段属枯水枯沙系列（林秀芝等，2005）。

渭河下游水、沙年内分配不均衡，水、沙主要集中在汛期。汛期水量占年水量的 60% 以上，沙量占年沙量的 85% 以上。年水、沙量集中于汛期，汛期又集中于几次洪水过程。例如，华县站 1977 年 7 月 7 日～13 日洪水过程，输沙量高达 315 亿 t，占全年总输沙量的 62%。

三门峡水利枢纽是在黄河上兴建的第一座大型水利枢纽工程，经过两次改建，该枢纽在防御黄河水害、综合利用黄河水资源上发挥了作用。但是，在三门峡水库蓄水运行后，却存在着潼关高程居高不下，渭河下游河道淤积严重，淤积末端不断上延，致使洪水水位不断抬升等问题。

三门峡水库 1957 年开始建设，1960 年 9 月建成运用。在建库前，渭河下游河道基本处于冲淤平衡状态，渭河来水来沙具有河道淤积后冲刷，冲刷后回淤，遇到有利水沙年份冲刷，不利水沙年份淤积的周期性冲淤变化过程。在河道断面上，渭河滩地是微淤的，淤积厚度自上而下逐渐增加，但淤积量有限。建库后，渭河下游完全改变了天然河道的性质，河道冲淤形式发生了根本性的变化。1960～2003 年，渭河下游共淤积泥沙 13.693 亿 m^3，淤积主要集中在三门峡水库蓄水和滞洪排沙运用期（1960～1973 年），该时期淤积 10.307 亿 m^3，占 75.3%；1974～1986 年，由于三门峡水库第二次改建后于 1973 年 12 月开始采用"蓄清排浑"的运用方式，渭河下游淤积相对有所减缓；1987～2003 年，渭河下游淤积又开始严重发展，共淤积泥沙 3.621 亿 m^3，年平均 0.226 亿 m^3，主要在渭淤 1 至渭淤 10 河段淤积，其次在渭淤 10 至渭淤 26 河段淤积，渭淤 1 至渭淤 10 河段淤积量占 51.8%，渭淤 10 至渭淤 26 河段淤积量占 39.3%，渭淤 26 以上和渭淤 1 以下淤积量较少，各占 5.5% 和 3.5%；而 1974～1986 年渭河下游冲刷 0.235 亿 m^3，冲刷发生在渭淤 10 至渭淤 26 河段，其他河段为少量淤积（图 5-3）（严伏朝，2004）。

七、社会经济

本部分的渭河下游河流沿线区域属于关中地区，涉及土地总面积 8029.7km²，人口约 723.4 万人，是陕西省重要的工农业基地，在陕西省国民经济发展中占有重要地位。渭河下游两岸平原人口密集，工业集中，农业和交通业发达，旅游资源丰富，科技、教育实力雄厚，是陕西省经济最发达的地区。

陕西省会城市西安既是历史上秦、汉、唐等十三代王朝建都的地方，又是当今陕西省和我国西北地区的政治、经济和文化中心。以西安为中心，西起宝鸡，东到潼关，是陕西的"工业走廊"，工业门类比较齐全，主要有机械、电子、纺织、化工、电力、军工等行业；其中电子、航空、航天、兵器、精密机械、仪表等工业在全国处于领先地位。由于其地理位置和环境上的优越性，渭河下游地区一直是我国东西部交通和经济联系的主要通道。国家已经批准的沿渭河暨陇海铁路沿线以西安为中心，涵盖整个关中地区的国家级关中高新技术产业开发带和国家级关中星火产业带的"一线两带"建设，对促进陕西社会经济发展和西部开发有着重要战略作用。2003 年，关中已建成 4

个国家级开发区、3个省级开发区和诸多产业园区，经济年均增长超过30%，这不仅是陕西实现全面建设小康社会、加快建设西部经济强省的核心地带，同时也是国家实施西部大开发战略的重要纽带（赵振武，2004）。

根据陕西省农业开发布局，渭河下游地区是重要的灌溉农业和旱作农业区，以充分利用渭河水资源来灌溉农田，农业人口人均耕地约2亩[①]，是陕西省粮棉油的主要产区。近年来经济林果种植面积逐年扩大，苹果已成为渭河流域两岸的一大优势产品，产量占陕西省的2/3以上。同时，大荔县被列为黄花菜和西瓜的生产基地，华县被列为油菜生产基地。

第二节　主要研究方法

一、3S技术

3S技术是遥感（remote sensing，RS）、地理信息系统（geographical information system，GIS）、全球定位系统（global positioning system，GPS）三者的集成技术，是20世纪90年代兴起的、集众多现代科学于一体的新兴技术。

RS，顾名思义，就是遥远的感知，通常是指通过某种传感器装置，在不与被研究对象直接接触的情况下，获取其特征信息（一般是电磁波的反射和发射辐射），并对这些信息进行提取、加工、表达和应用的一门科学和技术。GIS是指以地理空间数据库为基础，采用地理模型分析方法，通过适时提供多种空间和动态的地理信息，并为地理研究和地理决策服务的计算机技术系统，是计算机科学、地理学、测量学和地图学等多门学科的交叉。GPS是由美国国防部研制、以卫星为基础的无线电导航定位系统，主要分为卫星星座、地面控制和监测站、用户设备三大部分，具有全能性（陆地、海洋、航空和航天）、全球性、全天候、连续性和适时性的导航、定位和定时功能，能为各类用户提供精密的三维坐标、三维速度和时间等信息。

在3S集成体系中，RS是信息采集的主力，GPS是对遥感图像中的信息

---

① 1亩≈666.67m²。

采样点进行赋地理坐标、定位、验证、使其能和电子地图相结合的纽带，GIS是对所获取信息进行管理和分析的中心，是 3S 技术的核心，这三者协同作用，互为补充。3S 技术的紧密结合使得其总体功能不断增强，应用行业不断扩大，目前在资源环境演变和评价、军事、交通、城市规划、灾害监测和预报、农业、林业等诸多领域的研究中都发挥了极大的作用，本书就基于 3S 技术进行数据处理和分析。

在众多 GIS 软件中，ArcGIS 是美国环境系统研究所公司（ESRI）在全面整合了 GIS 与数据库、软件工程、人工智能、网络技术及其他多方面的计算机主流技术后，研制开发的 GIS 平台，具有集数据录入、编辑处理、查询分析、制图输出于一体的完善功能和强大的二次开发能力，是目前 GIS 行业中最具代表性的产品。它由三个重要部分组成：①桌面软件 Desktop（一体化的高级 GIS 应用）；②数据通路 ArcSDE（用关系数据库管理系统——RDBMS 管理空间数据的接口）；③网络软件 ArcIMS（基于 Internet 的分布式数据和服务 GIS）。桌面软件 Desktop 是 ArcView、ArcEditor 和 ArcInfo 三级桌面 GIS 软件的总称，三级软件共用通用的结构、通用的编码基数、通用的扩展模块和统一的开发环境。三级桌面 GIS 软件都由一组相同的应用环境构成——ArcMap、ArcCatalog 和 ArcToolbox，通过这 3 种应用环境的协调工作，可以完成任何从简单到复杂的 GIS 分析与处理操作，包括数据编辑、地理编码、数据管理、投影变换、数据转换、元数据管理、地理分析、空间处理和制图输出等（汤国安等，2006）。由于 GIS 能支持空间数据的采集、管理、处理、分析、建模和显示等，能为生态风险评价提供极大的支持和辅助作用，因此将主要使用 ArcGIS 9 中具有的空间数据叠加分析、缓冲区分析、重分类、内插、邻域分析、空间统计、表面分析等功能来完成对研究区的生态风险区划和评价。

二、综合生态风险值计算模型

基于风险度量的基本原理，研究构造区域生态风险评价中综合生态风险值的计算模型，即

$$R_k = P_k \cdot D_k \cdot S_k \tag{5-1}$$

式中，R_k 是第 k 个风险小区的综合生态风险值；P_k 是第 k 个风险小区的综合风险概率；D_k 是第 k 个风险小区的综合生态损失度；S_k 是第 k 个风险小区的综

合社会经济易损度。其中：

$$P_k = \sum_{j=1}^{n} \beta_j P_{kj} \qquad (5\text{-}2)$$

$$D_k = \sum_{i=1}^{N} \frac{A_i}{A} R_i \qquad (5\text{-}3)$$

$$S_k = f(P, G, F) \qquad (5\text{-}4)$$

式中，P_{kj} 是第 k 个风险小区内 j 类不同级别生态风险源的概率；β_j 是 j 类风险源的权重；j 是风险源的类别；n 是风险源的数量；N 为景观组分类型的数量；A_i 为区域内第 i 类景观组分的面积；A 为景观的总面积；R_i 为第 i 种景观组分所反映的景观损失指数（此值由景观破碎度指数、景观分离度指数、景观优势度指数和景观脆弱度指数综合得到）；P 为人口密度指标；G 为 GDP 密度指标；F 为单位面积年粮食产量指标。

本书的第二篇和第三篇中对典型区域主要生态风险源的 RERA 将主要基于以上模型进行分析和讨论。

三、现代地理学中的数学方法

现代地理学中的数学方法作为一门新的方法论学科，其历史并不算长，其产生和形成可以追溯到现代地理学发展史上的计量运动。在经过了几十年的发展历程，通过吸收来自于数学、系统理论、系统分析方法、计算机科学、现代计算理论及计算方法等领域内的有关成果后，其内容变得更加丰富和广泛。本书在数据分析和计算中用到的现代地理学中的数学方法主要有：抽样调查、主成分分析法、协方差和变异函数、克里格法、趋势面分析、AHP 层次分析法、风险型决策分析法、概率论、因子叠加法等。

四、野外实地调查与室内分析结合法

为了提高遥感影像的分类精度和对研究区的实际状况有全面的了解，必须要进行野外实地调查，通过亲身体验野外实地测样点，对不明情况进行当地咨询和记录，收集相关社会经济统计和灾情数据等方式，进行第一手资料的收集。总之，只有将野外实地调查和室内分析相结合，才能保证结果的正确性和真实性。

第三节　总体技术路线

针对渭河下游灾害频发、生态环境日益恶化的现状，研究以渭河下游河流沿线区域为研究区，利用 3S 技术和多种数学建模及现代地理学中的数学方法，在美国生态风险评价的理论框架和区域生态风险评价的方法步骤下，对研究区主要进行基于景观结构的人为风险源和基于洪水、干旱、污染、水土流失等多种风险源的单独和综合生态风险评价，通过对结果的分析最终提出风险管理对策和主要风险源的防灾减灾措施，其相应的技术流程如图 5-4 所示。

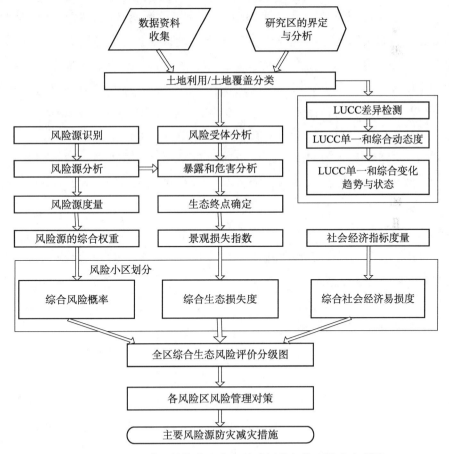

图 5-4　主要风险源的综合生态、风险评价与管理技术流程图

第六章　遥感影像处理与土地利用/土地覆盖变化分析

　　遥感信息是指以光学或者电磁波为载体，经介质传输而由航空或航天遥感平台所收集到的反映地球表层系统现象的空间信息。对于一个连续、开放、完整、复杂的地球系统而言，遥感信息是地表目标离散化、特征化的信息，是通过遥感系统对地表的成像过程获得反映地面物理、化学、几何、生物及相关地学特征等属性的信息。遥感信息具有多源性、宏观性、周期性、综合性和量化等特点。由于地球系统的复杂性和开放性，遥感信息在进行地学空间分析和过程反演中具有模糊性和多解性的特点（陈述彭等，1999）。

　　地球表层系统最突出的景观标志是土地利用与土地覆盖（land use/ land cover，LU/LC）。土地利用是指对土地的使用状况，是人类根据土地的自然特点，按照一定的经济、社会目的，采取一系列生物、技术手段，对土地进行长期或周期性的经营管理和治理改造的活动。或者说，土地利用是一个把土地的自然生态系统变为人工生态系统的过程，是自然、经济、社会诸因素综合作用的复杂过程。土地利用的方式、程度、结构及地域分布和效益，既受自然条件的影响，更受各种社会、经济、技术条件的约束，而且社会生产方式往往对土地利用起着决定性的作用。土地覆盖是指地球表层的自然营造物和人工建筑物所覆盖的地表诸要素的综合体，包括地表植被、土壤、冰川、湖泊、沼泽湿地及各种建筑物。土地覆盖具有特定的时间和空间属性，其形态和状态可在多种时空尺度上发生变化（史培军等，2000）。

　　随着遥感技术的迅猛发展，遥感影像已经被广泛地应用于 LU/LC 的制图及动态变化监测中，土地利用/土地覆盖信息的获取主要依赖于遥感信息源。目前，常用的卫星数据主要有：①Landsat MSS/TM//ETM 影像、SPOT 卫星影像、CBERS 等陆地资源卫星，此类遥感数据分辨率较高，能对土地覆盖进行详细的调查、分析和评价，并提供较为详细的资料。②气象卫星数据，以 NOAA 气象卫星的超高分辨率辐射计（AVHRR）数据和 EOS 卫星的中分辨率成像光谱仪（MODIS）数据为代表，这类数据具有高宏观性和较高的时间分辨率，为宏观的土地利用/土地覆盖变化（land use and land cover change，LUCC）监测创造了条件。③航空遥感和小卫星高分辨率遥感数据，如航片、QuickBird 和 IKONOS 数据等。

第一节　遥感影像处理

一、遥感影像处理方法

地学研究表明，诸如植被、土壤、土地利用等各种自然和人文现象的分布都兼有结构与随机性的特性，可以用区域化变量的空间分布来表征。由于遥感影像集中体现了地表现象在某个瞬间的波段特性，因而地表现象所固有的结构性和随机性会不同程度地反映在图像上。自 1972 年美国发射第一颗对陆地观测卫星以来，遥感影像已被广泛地应用于土地利用/土地覆盖的制图及动态变化监测中，而一般研究区域 LUCC 最佳使用方法是遥感和数字图像分析技术（倪绍祥，1998）。常用的数字图像处理方法有几何校正、图像裁剪和镶嵌、图像合成、多波段分析、图像增强及图像分类等。

（一）几何校正和裁剪镶嵌

遥感影像的几何校正是从具有几何变形的图像中消除变形，并产出一幅符合某种地图投影或者图形表达的新图像的过程。一般包括确定校正方法、确定校正公式和对原始图像进行重采样，得到消除几何畸变图像这三个步骤。影像裁剪与镶嵌是两个相反的过程，镶嵌是为了构成一幅整体图像，将两幅或多幅遥感影像拼在一起，而裁剪是将一幅图像中的多余部分剪切的过程。在 LU/LC 制图中，为了获取更大或更小范围的区域卫星遥感影像时，通常要使用这两个过程。

（二）图像合成

图像合成是利用计算机提供的多通道存储器，选取同一地区的几个波段图像分别存放在红色、绿色和蓝色通道中，并依照彩色合成原理，分别对各通道中的图像进行单色变换，形成红、绿、蓝基色图像，并叠加形成一幅彩色图像的过程。若通道中图像波段与进行基色变换的波段一一对应，那么合成图像就为天然（真）彩色图像。在合成过程中，有时为了不同的用途和目的，可以对图像进行比值、加值、差值等各种处理以得到反映不同地物信息的图像。

(三) 多波段分析

地物分类的主要依据是地物的光谱特征，即地物图像高密度的多光谱量测值。然而就某些指定地物而言，由原始多波段图像量测值所组成的模式并不能很好地表达地物的类别特征，这就要求依据原始的多波段图像，经过一定处理变换而重新形成一组能够更有效地描述类别特征的信息模式。目前常用的多波段分析方法有比值处理、植被指数、多波段散点图分析、主成分分析（K-L 变换）、缨帽分析（K-T 变换）、信息融合等。

(四) 图像增强

当一幅图像的目视效果不太好，或者有用的信息突出不够时，就需要作图像增强处理。例如，图像对比度不够，或希望突出的某些边缘看不清等。通过图像增强处理，可以提高图像的目视效果，丢掉不大需要的信息，突出解译者感兴趣的特征，为进一步的图像信息提取做好预处理工作。图像增强处理的方法很多，一般根据增强的目的不同而选择不同的方法。增强的目的主要有：①改变灰度等级，提高对比度；②消除边缘或噪声，平滑图像；③突出边缘，锐化图像；④形成彩色图像；⑤减少波段个数，突出某些信息特征。增强技术主要有空间域增强、频率域增强、彩色增强和多光谱图像增强等。图像增强技术在遥感数据处理中十分重要，增强处理后的图像可以直接用于分析判断，或作为图像产品提供给各种应用领域使用（彭望琭，1991）。

(五) 图像分类

在遥感技术的研究中，通过遥感影像判读识别各种目标是遥感技术发展的一个重要环节，无论是专业信息提取、动态变化检测，还是专题地图制作和遥感数据库的建立等都离不开分类。计算机遥感图像分类是统计模式识别技术在遥感领域的具体应用，统计模式识别的关键是提取待识别模式的一组统计特征值，然后按照一定准则做出决策，从而对数字图像予以识别（李爽等，2002）。

在目前遥感分类应用中，用得较多的是传统的模式识别分类方法，包括最小距离法、平行六面体法、最大似然法、分级集群法、混合距离法（如ISOMIX）、动态聚类法（如 ISODATA）等监督与非监督分类方法。监督分类是一种常用的精度较高的统计判决分类法，是在已知类别的训练场地上提取各类训练样本，通过选择特征变量、确定判别函数或判别规则，从而把图像中的各个像元点划归到各个给定类的分类方法。主要步骤包括：选择特征波段、选择训练区、选择或构造训练分类器和对分类精度进行评价，其中最大似然分类法（MLC）是经常使用的方法之一，其分类器被认为具有较高的稳定性和高效性。

非监督分类是在没有先验类别知识的情况下，根据图像本身的统计特征及自然点群的分布情况来划分地物类别的分类处理。非监督分类方法是依赖图像的统计特征作为基础，它并不需要具体地物的已知知识。采用非监督分类可以更好地获得目标数据内在的分布规律。其方法有贝叶斯学习、最大似然度分类以及聚类等。聚类方法是基于相似度概念和算法将性质很相似的样本聚为一类的技术，而动态聚类是在初始状态首先给出图像粗糙的分类，然后基于一定原则在类别间重新组合样本，直到分类比较合理为止（李爱农等，2003）。迭代自组织数据分析技术（iterative orgnizing data analysize technique，ISODATA）方法是动态聚类法中的典型代表。

伴随着遥感应用技术的飞速发展，人工神经网络法、基于多源数据融合法、基于专家知识和地学知识分类法、模糊模式法、基于小波分析法和基于Markov 随机场模型纹理表述分类法等都得到了较大的发展和应用（李石华等，2005a）。然而，在众多的遥感图像分类算法中，没有一种算法可以说是最普遍和最佳的，这主要是因为遥感数据图像本身具有很大的复杂性，而且每种分类方法也都具有一定的使用条件，因此在研究中，最好是结合实际情况和实验目的，利用各种信息来综合确定合适、恰当的分类算法。

二、本章技术路线

本章的研究技术流程如图 6-1 所示。

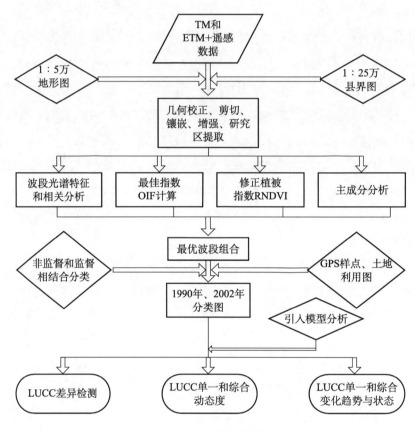

图 6-1　本章技术流程图

三、主要数据源

Landsat-5 卫星由美国于 1984 年发射，装有专题多光谱扫描制图仪，有 7 个较窄的波段，覆盖了从红外到可见光的不同波长范围。Landsat-7 卫星于 1999 年发射，装备有一台增强型专题绘图仪 ETM＋（enhanced thematic mapper plus）设备，能被动感应地表反射的太阳辐射和散发的热辐射，有 8 个波段，除了包含 Landsat-5 的 7 个光谱波段外，新增加了一个 15m 分辨率的全色波段，而且热红外波段的空间分辨率也提高了一倍，达到 60m。Landsat-5 和 Landsat-7 卫星每景影像对应的实际地面面积均为 185km×185km，覆盖运行周期为 16 天。表 6-1 给出了 Landsat-7 ETM＋各波段的主要参数和用途（陈述彭和赵英时，1990）。

表 6-1　ETM＋各波段主要参数和用途

波段号	波段类型	波长/μm	空间分辨率/m	主要用途
Band 1	蓝色	0.45～0.52	30	用于辨识水体、浅水水下特征
Band 2	绿色	0.52～0.60	30	获取健康植被绿色反射率，区分植被类型
Band 3	红色	0.63～0.69	30	植被分类，区分人造地物类型
Band 4	近红外	0.76～0.90	30	区分植被类型，绘制水体边界
Band 5	中红外	1.55～1.75	30	探测植物含水量及土壤湿度，区分云
Band 6	热红外	10.4～12.5	60（TM 为 120）	感应发出热辐射的目标
Band 7	中红外	2.08～2.35	30	对于岩石/矿物的分辨很有用，也可用于辨识植被覆盖和湿润土壤
Band 8	全色	0.52～0.90	15（TM 没有这个波段）	黑白图像，用于增强分辨率，提供分辨能力

　　研究主要采用 Landsat-5 和 Landsat-7 卫星所接收的数据作为基础进行分析，其中 Landsat-5 TM 两景，轨道号为 p126r36 和 p127r36，接收时间为 1990 年 8 月 22 日和 1989 年 7 月 17 日；Landsat-7 ETM＋两景，轨道号为 p126r36 和 p127r36，接收时间为 2001 年 5 月 21 日和 2002 年 6 月 3 日，为便于后续分析和表达，分别将 Landsat-5 TM 数据当成是 1990 年，Landsat-7 ETM＋数据当成是 2002 年。除了遥感数据外，还包括研究区 1∶5 万地形图、1∶25 万边界图、1992 年 1∶10 万和 2000 年 1∶25 万土地利用现状图、2006 年陕西省系列地图、各类统计资料（气象、水文、社会经济等）及野外考察资料、GPS 点及实地景观照片库等。

四、数据预处理

　　数据预处理主要包括几何校正、镶嵌裁剪、研究区提取等。研究主要在 ENVI4.3 软件的支持下，首先对 1990 年两景 7 个波段的 TM 影像进行几何校正，即以 1∶5 万的地形图为基准，在每幅图像和地形图上均匀地选取 20 多个明显的 GCP 点，采用参数为艾尔伯斯等面积圆锥投影（Albers Conical Equal Area）坐标系统，椭球体 Krasovsky，中央经线 E92.3D，双标准纬线 N33.2D 和 N46.0D，用 GCP 点配准时，配准误差控制在一个像元以内。然后，以 1990 年校正好的 TM 影像为参考，采用影像对影像配准方式再校正

2002 年的两景 8 个波段的 ETM＋影像。同时在此过程中，利用二次多项式及双线性内插法对原始 TM 和 ETM＋影像都进行 30m 分辨率的重采样。

在几何校正的基础上，利用 ENVI 基于地理坐标的镶嵌（Mosaicking）功能将 1990 年和 2002 年两景影像进行镶嵌，镶嵌时为了消除在重叠区域边缘出现的比较明显的衔接线，使用羽化功能对边缘进行融合。为了平衡两幅镶嵌影像的数据范围，使用图像颜色平衡功能进行统计匹配，分别镶嵌后，由于数据范围过大，利用研究区 1：25 万的边界文件，在将边界投影系统定义为与影像一致后，最后利用裁剪（Subset）功能对研究区进行所有波段范围的提取。

五、多波段选择与分析

在进行波段选取时，原则上是以进行统计特征分析、主成分分析和相关分析为主，但在实际操作中更注重人的视觉效果，视觉效果好，容易判读就可以。同时也可借鉴各种分析结果，对多光谱遥感数据进行基本的单元和多元统计分析，从而对显示和分析遥感数据提供许多必要的有用信息（郭文娟和张佳，2005b）。一般来说，选择最佳波段的原则有 3 点：①所选的波段信息量要大；②波段间的相关性要小；③波段组合对所研究地物类型的光谱差异要大。基于此原则，目前应用比较广泛的选取方法有各波段信息量的比较、各波段间信息的相关性比较、最佳指数法、各波段数据的熵和联合熵等方法（李石华等，2005b）。

本书将采用最佳指数法进行最佳波段的组合选取。

（一）波段光谱特征分析

由于 Landsat-5 和 Landsat-7 遥感数据中的热红外第 6 波段主要是用于研究地表热环境变化，而且分辨率低，ETM＋的第 8 波段是全色波段，主要用于提高分辨能力，在波段合成中一般不会选择，因此本书将只对 Band 1～5 和 Band 7 进行光谱信息统计分析。在遥感处理软件 ENVI 中可很容易求出各波段的标准差和波段间的相关系数（表 6-2～表 6-5）。

表 6-2　TM 各波段光谱的一般特征

波段	最小值	最大值	均值	标准差	特征值
Band 1	32	255	86.636 38	16.187 13	1651.658 523
Band 2	1	255	40.013 66	11.771 7	491.332 742
Band 3	6	255	44.127 95	21.416	150.431 49
Band 4	0	255	96.375 51	20.915 18	19.210 109
Band 5	1	255	91.478 64	25.160 73	6.350 885
Band 7	1	255	39.310 14	19.773 09	1.739 587

表 6-3　ETM＋各波段光谱的一般特征

波段	最小值	最大值	均值	标准差	特征值
Band 1	34	204	69.426 534	10.182 57	1025.148 748
Band 2	23	223	57.652 23	10.310 774	230.336 749
Band 3	12	255	60.070 795	17.192 346	47.781 598
Band 4	0	249	78.956 901	13.855 242	7.058 193
Band 5	0	255	71.960 715	16.393 069	5.575 608
Band 7	0	255	51.327 916	18.740 347	1.573 716

表 6-4　TM 各波段间相关系数矩阵表

波段号	Band 1	Band 2	Band 3	Band 4	Band 5	Band 7
Band 1	1	0.964 513	0.927 512	0.057 058	0.704 563	0.813 103
Band 2	0.964 513	1	0.977 417	0.041 259	0.759 883	0.870 256
Band 3	0.927 512	0.977 417	1	−0.077 231	0.733 944	0.885 205
Band 4	0.057 058	0.041 259	−0.077 231	1	0.302 791	−0.003 636
Band 5	0.704 563	0.759 883	0.733 944	0.302 791	1	0.923 282
Band 7	0.813 103	0.870 256	0.885 205	−0.003 636	0.923 282	1

表 6-5　ETM＋各波段间相关系数矩阵表

波段号	Band 1	Band 2	Band 3	Band 4	Band 5	Band 7
Band 1	1	0.963 691	0.935 977	−0.223 857	0.702 29	0.815 373
Band 2	0.963 691	1	0.975 447	−0.135 536	0.799 887	0.891 79
Band 3	0.935 977	0.975 447	1	−0.216 691	0.808 954	0.915 961
Band 4	−0.223 857	−0.135 536	−0.216 691	1	0.223 048	−0.051 961
Band 5	0.702 29	0.799 887	0.808 954	0.223 048	1	0.940 568
Band 7	0.815 373	0.891 79	0.915 961	−0.051 961	0.940 568	1

　　由表 6-2 可知，标准差由大到小的排列顺序为 Band 5＞Band 3＞Band 4＞Band 7＞Band 1＞Band 2，第 5 波段图像信息量最丰富，如果对单波段进行处理，选择第 5 波段效果最佳，第 3 波段、第 4 波段信息量依次有所减少。表 6-3 中，标准差的排列顺序为 Band 7＞Band 3＞Band 5＞Band 4＞Band 2＞Band 1，第 7 波段图像信息量最丰富，第 3 和第 5 波段信息量次之。

　　由表 6-4 可以得出：①三个可见光波段（即第 1，2，3 波段）之间的相关性都很高，相关系数分别为 $R_{12}=0.964\,513$，$R_{13}=0.927\,512$，$R_{23}=0.977\,417$，表明这 3 个可见光通道取得的信息彼此重叠很多，有相当大的一致性，或称"冗余性"。②两个中红外波段（即第 5，7 波段）之间的相关性也很高，为 $R_{57}=0.923\,282$，说明这两个波段之间的信息量也有极大相似性。③第 4 波段相对较为独立，与其他波段的相关系数都较小，分别为 $R_{41}=0.057\,058$，$R_{42}=0.041\,259$，$R_{43}=-0.077\,231$，$R_{45}=0.302\,791$，$R_{47}=-0.003\,636$。表 6-5 中的情况与表 6-4 雷同，所以根据相关性小的原则，应从 1、2、3 波段中选择一个，5 和 7 波段中选择一个，然后与第 4 波段进行假彩色图像合成，效果较好。

（二）最佳指数计算

美国查维茨提出了最佳指数（optimum index factor，OIF）的概念，即

$$OIF = \frac{\sum\limits_{i=1}^{3} S_i}{\sum\limits_{i=1}^{3} |R_{ij}|} \tag{6-1}$$

式中，S_i 为第 i 个波段的标准差，R_{ij} 为 i、j 两波段的相关系数（王庆光和潘燕芳，2006）。图像数据的标准差越大，所包含的信息量也越大，而波段间的相关系数越小，表明各波段图像的独立性越高，信息冗余度越小。一般对 n 波段图像数据，通过计算其相关系数矩阵，就可以分别求出所有可能三组合波段对应的 OIF。OIF 越大，则相应组合影像包含的信息量就越大，对 OIF 按照从大到小的顺序进行排列，即可选出最优组合方案。TM 和 ETM＋最佳指数组合的计算结果见表 6-6 和表 6-7。

表 6-6　TM 最佳指数 OIF 计算结果

序号	组合方案	OIF	OIF 排序号	序号	组合方案	OIF	OIF 排序号
1	1、2、3	17.207 12	20	11	2、3、4	49.368 13	9
2	1、2、4	45.984 78	10	12	2、3、5	23.610 96	14
3	1、2、5	21.869 27	16	13	2、3、7	19.379 13	18
4	1、2、7	18.026 52	19	14	2、4、5	52.401 38	8
5	1、3、4	55.112 31	6	15	2、4、7	57.323 83	5
6	1、3、5	26.527 2	11	16	2、5、7	22.207 67	15
7	1、3、7	21.850 78	17	17	3、4、5	60.587 05	3
8	1、4、5	58.495 24	4	18	3、4、7	64.285 34	2
9	1、4、7	65.089 94	1	19	3、5、7	26.097	12
10	1、5、7	25.039 84	13	20	4、5、7	53.548 44	7

表 6-7　ETM＋最佳指数 OIF 计算结果

序号	组合方案	OIF	OIF 排序号	序号	组合方案	OIF	OIF 排序号
1	1、2、3	13.107 54	20	11	2、3、4	31.150 99	8
2	1、2、4	25.961	10	12	2、3、5	16.985 8	16
3	1、2、5	14.958 79	18	13	2、3、7	16.615 23	17
4	1、2、7	14.689 57	19	14	2、4、5	35.010 88	7
5	1、3、4	29.952 35	9	15	2、4、7	39.754 36	3
6	1、3、5	17.884 77	13	16	2、5、7	17.264 42	15
7	1、3、7	17.289 05	14	17	3、4、5	37.992 25	5
8	1、4、5	35.181 92	6	18	3、4、7	42.028 86	1
9	1、4、7	39.203 18	4	19	3、5、7	19.630 87	11
10	1、5、7	18.434 39	12	20	4、5、7	40.300 74	2

在表 6-6 的波段最佳指数 OIF 组合计算中，排在前 5 位的波段组合方案是：Band 1、4、7，Band 3、4、7，Band 3、4、5，Band 1、4、5 和 Band 2、4、7；表 6-7 中是 Band 3、4、7，Band 4、5、7，Band 2、4、7，Band 1、4、7 和 Band 3、4、5。由于波段选择的目的是为了有效地识别地物，因此不能脱离具体的应用目的去评价、选择波段，应该结合欲识别地物的光谱曲线特点，即其吸收、反射峰的特征波长去有针对性地选择波段。综合考虑各波段之间的相关系数和最佳指数值，确定 TM 的最佳指数波段组合为 Band7、4、1，ETM＋为 Band 7、4、2，将这三个波段分别赋予红、绿、蓝后，图像色调明快，层次清晰，信息完整丰富，目视效果较好，易于图像的判读，合成结果如图 6-2（彩图 2）所示。

1990年　　　　　　　　　　　　　　2002年

图 6-2　最佳指数波段假彩色合成图

（三）最优组合波段

由于研究区内耕地、园地、林地、草地等植被地类分布较广，为了能够有效地区分这些地类，引入了植被指数和主成分分析方法进行最优波段组合的分析。

已经知道，NDVI＝$(B_{nir}-B_{red})$／$(B_{nir}+B_{red})$，值域为 [-1，1]。为了便于计算机计算以及图像的处理和显示，这里使用修正植被指数 RNDVI，RNDVI＝$(NDVI+|NDVI_{min}|)\times255$／$(NDVI_{max}+|NDVI_{min}|)$，将植被指数的值域转化为 0~255 之间，计算得到的 RNDVI 见图 6-3（师庆东等，2003）。

1990年   2002年

图 6-3　修正植被指数 RNDVI 图

主成分分析变换又称为 K-L 变换，是在统计特征基础上的多维正交线性变换，是将一组相关变量转化为一组原始变量不相关线性组合的正交变换，其目的是把多波段的图像信息压缩或综合在一幅图像上，并且各波段的信息所做的贡献能最大限度地表现在新图像中（刘哲等，2003）。由于多波段数据经常是高度相关的，主成分变换寻找一个原点在数据均值的新坐标系统，通过坐标轴的旋转来使数据的方差达到最大，从而生成互不相关的输出波段，因此利用主成分变换技术，可进行数据压缩，隔离噪声和减少数据集的维数，提取独立的信息。主成分（principal component，PC）波段是原始波谱波段的线性合成，它们之间是互不相关的，在计算时可以使输出的主成分波段与输入的波谱波段数相同，计算得到的第一主成分包含最大的数据方差百分比，第二主成分包含第二大的方差，依此类推，最后的主成分波段由于包含很小的方差（大多数由原始波谱的噪声引起），因此显示为噪声（李小娟等，2007）。首先对 TM 和 ETM＋图像的 Band 1～5 和 Band 7 波段进行主成分分析，然后将主成分波段设置为 6，经过变换可知，遥感图像的主要信息都集中在前 3 个主成分波段上，具体统计信息见表 6-8 和表 6-9。

表 6-8 TM 的主成分统计信息

主成分 PC	最小值	最大值	标准差	特征根
PC 1	−112.571 465	414.748 199	40.640 602	1 651.658 523
PC 2	−106.742 622	143.123 962	22.166 027	491.332 742
PC 3	−150.194 519	171.770 874	12.265 052	150.431 49
PC 4	−127.628 914	117.454 46	4.382 934	19.210 109
PC 5	−75.354 82	161.188 507	2.520 096	6.350 885
PC 6	−75.390 739	196.524 78	1.318 934	1.739 587

表 6-9 ETM＋的主成分统计信息

主成分 PC	最小值	最大值	标准差	特征根
PC 1	−101.378 403	388.728 18	32.017 944	1 025.148 748
PC 2	−155.122 116	90.866 165	15.176 849	230.336 749
PC 3	−108.839 882	172.681 198	6.912 423	47.781 598
PC 4	−52.696 472	30.894 798	2.656 726	7.058 193
PC 5	−35.881 218	115.273 888	2.361 273	5.575 608
PC 6	−37.238 651	19.284 876	1.254 478	1.573 716

同时，研究还将 RNDVI 修正植被指数波段和经过主成分变换的前 3 个主成分分量（PC1，PC2，PC3），以及通过最佳指数计算得到的 TM 和 ETM＋的三个波段（Band7、4、1 和 Band7、4、2）进行波段间的相关性分析，具体见表 6-10 和表 6-11。

表 6-10 TM 波段分量间相关性分析

Band	PC1	PC2	PC3	RNDVI	TM7	TM4	TM1
PC1	1	−0.019 948	−0.011 15	−0.757 6	0.973 261	0.111 742	0.893 056
PC2	−0.019 948	1	−0.169 19	0.612 71	−0.127 53	0.972 49	−0.143 77
PC3	−0.011 151	−0.169 189	1	0.035 723	0.155 855	−0.320 7	−0.376 31
RNDVI	−0.757 604	0.612 71	0.035 723	1	−0.772 79	0.470 418	−0.808 83
TM7	0.973 261	−0.127 526	0.155 855	−0.772 79	1	−0.025 23	0.814 026
TM4	0.111 742	0.972 49	−0.320 7	0.470 418	−0.025 23	1	0.038 907
TM1	0.893 056	−0.143 771	−0.376 31	−0.808 83	0.814 026	0.038 907	1

表6-11　ETM＋波段分量间相关性分析

Band	PC1	PC2	PC3	RNDVI	ETM＋7	ETM＋4	ETM＋2
PC1	1	0.020 111	−0.001 628	−0.770 218	0.982 774	−0.084 696	0.952 658
PC2	0.020 111	1	0.028 173	−0.616 531	−0.022 685	−0.976 97	0.128 13
PC3	−0.001 628	0.028 173	1	0.037 49	0.150 43	−0.215 544	−0.248 813
RNDVI	−0.770 218	−0.616 531	0.037 49	1	−0.720 079	0.649 117	−0.817 752
ETM＋7	0.982 774	−0.022 685	0.150 43	−0.720 079	1	−0.069 113	0.892 97
ETM＋4	−0.084 696	−0.976 97	−0.215 544	0.649 117	−0.069 113	1	−0.142 16
ETM＋2	0.952 658	0.128 13	−0.248 813	−0.817 752	0.89 297	−0.142 16	1

　　由波段间相关性统计结果和对比分析可知，PC1、RNDVI 和 Band4 三波段分量之间的相关性差，三分量数据分别代表了不同性质，所含信息量大，可以满足后续研究的需要，认为是最优组合波段分量，因而对该三波段分量进行假彩色合成，即 PC1 赋予红，RNDVI 赋予绿，TM4 或 ETM＋4 赋予蓝，假彩色合成结果见图6-4（彩图3）。

1990年　　　　　　　　　　　　　　　　2002年

图6-4　PC1、RNDVI 和 Band 4 假彩色合成图

（四）图像增强

研究中主要采用以下几种增强方式。

（1）图像的彩色增强——主要利用的是 RGB 假彩色合成法进行。

（2）比值法——比值运算能减弱背景而突出局部信息，达到图像增强目的，从而区分在单波段中容易混淆的地物。研究主要运用归一化植被指数 NDVI 和修正植被指数 RNDVI 进行植被信息的突出。

（3）信息量最大波段组合——根据 TM 和 ETM＋数据6个波段的光谱特性及各波段间的相关性、最佳指数因子（OIF）、前三个主成分分量、RNDVI 等进行多种波段组合的比较，最后确定所含信息量最大的波段分量进行假彩色合成。

（4）对比度变换增强是一种通过改变图像像元的亮度值来改变图像像元对比度，从而改善图像质量的方法，常用的有对比度线性变换和非线性变换两种（梅安新等，2002）。这里主要采用 ENVI 中 2％线性变换对假彩色合成图像进行增强处理，以便于在分类中进行较好的目视判读。

（五）图像分类

1. 非监督和监督分类

根据研究区特点和研究目的，主要使用传统的非监督和监督分类相结合的方法进行。在使用非监督的 ISODATA 法时，一般要处理以下三个过程：①计算个体与初始类别中心的距离，把该个体分配到最近的类别中。②计算并改正重新组合的类别中心，重复进行第一步过程。如果重新组合的个体数在某一阈值以下，退出运算。③消除微小的类别后，当类别数在一定的范围，类别中心间的距离在阈值以上，类别内方差的最大值在阈值以下时，可以结束运算。当分类分析的结束条件不满足时，就要通过类别的合并及分离，调整类别的数目和中心间距离等，并返回到第一步重复进行再组合过程，这些过程主要反映在 ISODATA 分类的参数设置上（张银辉和赵庚星，2000）。本研究的具体分类步骤如下。

（1）首先利用非监督分类中的 ISODATA 方法对 TM1990 和 ETM＋2002 年 PC1、RNDVI 和 Band4 波段假彩色合成图进行非监督分类，在进行时，为了较好地处理它的三个过程，其参数的设置是个难点，通过对波段光谱信息的分析和反复尝试，确定非监督分类的参数为：分类数（number of classes）：Min35～Max40；最大迭代数（maximum iterations）：10；变化阈值（change threshold，％）：5；每类最少像元数（minimum pixel in class）：1；最大类间标准差（maximum class Stdv）：5；最小类间距（minimum class distance）：4；最大合并数（maximum merge pairs）：20。在对 2002 年图像 ISODATA 分类时，由于两期不同时相的镶嵌图像光谱差异较大，为了提高整体分类的精度，所以采取了先分区，然后分别分类，最后再镶嵌合并分类的方法完成。

（2）结合多种相关知识信息资料进行训练结果的监督分类。经过 ISODA-TA 初步分类后，可以得到训练结果，首先对得到的多类光谱类别中心，利用散点图和类别间的距离等参数对其进行分析，然后对距离较近或散点图上基本重叠的类进行合并，形成新的中心，并把每一中心与信息建立联系。同时，利用 1992 年 1：10 万、2000 年 1：25 万土地利用现状图、2006 年陕西省系列地图，以及参照 PC1、RNDVI、Band4 波段假彩色合成线性增强图像，对照国土资源部采用的土地资源分类系统建立解译标志，对训练区样本进行定性监督判别。在判别时，可以将不同覆被类型合并定性为同一种土地利用类型，如长庄稼和不长庄稼的耕地，都定性为耕地，但在选择样本时要分别选取。最后将计算机自动分出的 40 类合并为耕地、园地、林地、草地、建设用地、水体、未利用土地这七大类 LUCC 类型。需要特别说明的是这里的未利用土地中除了包含沙地、盐碱地、裸地、戈壁等，还包括了滩涂地。在训练样本的判识中，为了提高分类精度，专门于 2007 年 6～7 月对研究区进行了野外考察和 GPS 样点采集。各样点数据采集内容主要包括：经纬度、高程、实地照片、时间、地名、景观类型、特征说明等。根据采集的样点和记录资料建立了 GPS 样点数据库，样点数为 152 个，建立的样点数据库格式见表6-12。在进行类别判识时，首先将野外考察的 GPS 点的坐标（属 WGS84 坐标系）及属性值整理转入 ArcGIS9.0，形成点层，然后将 GPS 点层 Coverage 重新投影为与遥感影像坐标一致的投影，最后将点层作为一个图层与影像叠加进行辅助识别和判读，这样可极大地提高分类精度。

表 6-12　GPS 样点数据库示例

	A. 样点数据格式库实例					B. 与样点数据库相对应的照片库实例			
序号	经度（E）	纬度（N）	高程(m)	地名	地物类型	序号	高程	地名	日期
1	108°44′07.9″	34°20′27.4″	377.6	古渡公园	建设用地	78	623.8m	渭南阳郭镇	2007.7.16
2	109°04′10.4″	34°17′56.6″	403	申家村	园地	地物类型	玉米	经度	E109°31′00.4″
3	109°03′53.1″	34°18′30.2″	392.7	灞河	水体	纬度		34°21′10.2″N	说明
4	109°03′22.9″	34°23′49.7″	360.8	半坡村	耕地				此地是麦子收割后又种的玉米，所以玉米矮小较稀，地里还能看见残余的麦秆
5	109°00′02.9″	34°27′08.7″	369	泾河	水体				
6	109°48′39.9″	34°34′30.6″	338.6	华县	草地				
...	......	......		......	......				
150	110°04′39.9″	34°31′21.9″	461.1	华山	林地				
151	110°19′28.8″	34°36′23.1″	344.4	黄河	水体				
152	110°05′30.8″	34°44′16.3″	348.8	大荔县沙底	未利用土地				

　　（3）分类后处理。主要包括类别集群、筛选、合并、一些错误类的纠正等。类别集群是运用形态学算子将临近的类似分类区域合并集群；类别筛选主要使用斑点分组方法来消除一些被隔离的分类像元，通常需要观察周围的 4 个或 8 个像元来判断一个像元是否与周围的像元同组；类别合并主要是对初级分类图像中的相同类别进行合并。在对相同的类进行合并、2×2 算子进行聚类、4-邻域方式进行筛选后，通过对分类后图像进行细心对比观察，为了提高分类精度，对一些错误分类的类别进行了人为正确的修改。

　　以上的分类操作都是在 ENVI4.3 软件的支持下进行的，分类后的图像如图 6-5（彩图 4）所示。

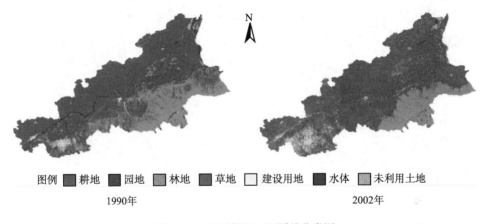

图例 ■耕地 ■园地 ■林地 ■草地 □建设用地 ■水体 ■未利用土地

1990年　　　　　　　　　　　　　　2002年

图 6-5　土地利用/土地覆盖分类图

2. 分类精度评价

　　对分类结果进行精度评价和精度分析是非常必要的，这是检验技术手段可行性的有效方法，同时还可以从精度分析中获取信息，使操作细节更加完善。不同的评价方法，得出的评价精度是不同的，常用的方法是通过选取若干地面真实数据（ground truth），计算其被正确分入相应类别的像元数所占的比例及计算混淆矩阵和 Kappa 系数等（梁玉喜等，2005）。对于研究区，由于已经拥有了一些专业的判读知识，加之借助野外采样点、土地利用数据和其他相关资料，通过提取各地类样本、采集相应的光谱特征值，就可以在遥感影像上建立作为自动分类精度检验标准的感兴趣区（region of interest，ROI），然后计算出以下一些判断分类精度的评价参数。

1) 总体分类精度

总体分类精度（overall accuracy）等于被正确分类的像元总和除以总像元数。地表真实图像或地表真实感兴趣限定了像元的真实分类。通常，被正确分类的像元沿着混淆矩阵的对角线分布，它显示出被分类到正确地面真实分离中的像元数。像元总数等于所有地表真实分类中的像元总和。

2) Kappa 系数

Kappa 系数（Kappa coefficient）是另外一种计算分类精度的方法。它是通过把所有地表真实分类中像元总数乘以混淆矩阵对角线的和，再减去某一类中地表真实像元总数与该类中被分类像元总数之积对所有类别求和的结果，再除以像元总数的平方减去某一类中地表真实像元总数与该类中被分类像元总数之积对所有类别求和的结果得到的。

3) 混淆矩阵（像元数）

混淆矩阵（confusion matrix）是通过将每个地表真实像元的位置和分类与分类图像中的相应位置和分类相比较计算而得到。混淆矩阵的每一列代表了一个地表真实分类，每一列中的数值等于地表真实像元在分类图像中对应于相应类别的数量。

4) 错分和漏分误差

错分误差（commission error）是指被分为用户感兴趣的类，而实际上属于另一类的像元。漏分误差（omission error）是指本属于地表真实分类，但没有被分类器分到相应类别中的像元数。

5) 制图和用户精度

制图精度（producer accuracy）是指假定地表真实为某一类，分类器能将一幅图像的像元归为这一类的概率。用户精度（user accuracy）是指假定分类器将像元归到某一类，相应的地表真实类别是这一类的概率（李小娟等，2007）。

对 1990 年图像，共建立了 7 类 321 块多边形 ROI，其中耕地 2947 个像元、园地 2170 个、林地 2718 个、草地 2110 个、建设用地 1883 个、水体 2246 个、未利用土地 2020 个。其总体分类精度为 85.4977%（13 760/16 094），Kappa 系数为 0.8307，混淆矩阵、错分、漏分误差、制图和用户精度统计见表 6-13 和表 6-14。

表 6-13　1990 年混淆矩阵统计　　　　（单位：个像元）

类别	水体	建设用地	未利用土地	园地	草地	林地	耕地	合计
水体	2 215	28	3	0	0	0	0	2 246
建设用地	0	1 863	20	0	0	0	0	1 883
未利用土地	0	192	1 792	10	26	0	0	2 020
园地	0	7	5	1 750	206	6	196	2 170
草地	0	39	43	198	1 803	5	22	2 110
林地	0	24	4	24	163	2 320	183	2 718
耕地	0	93	419	260	76	82	2 017	2 947
合计	2 215	2 246	2 286	2 242	2 274	2 413	2 418	16 094

表 6-14　1990 年分类误差和精度统计　　　　（单位：%）

类别	错分误差	漏分误差	制图精度	用户精度
水体	1.38	0	100	98.62
建设用地	1.06	17.05	82.95	98.94
未利用土地	11.29	21.61	78.39	88.71
园地	19.35	21.94	78.06	80.65
草地	14.55	20.71	79.29	85.45
林地	14.64	3.85	96.15	85.36
耕地	31.56	16.58	83.42	68.44

　　对 2002 年图像，共建立了 7 类 395 块多边形 ROI，其中耕地 3085 个像元、园地 2579 个、林地 2603 个、草地 2769 个、建设用地 2744 个、水体 2373 个、未利用土地 2582 个。其总体分类精度为 90.0987%（16 880/18 735），Kappa 系数为 0.8845，混淆矩阵、错分、漏分误差、制图和用户精度统计见表 6-15、表 6-16。

表 6-15　2002 年混淆矩阵统计　　　　（单位：个像元）

类别	水体	草地	未利用土地	建设用地	园地	林地	耕地	合计
水体	2 368	0	0	1	0	4	0	2 373
草地	0	2 519	62	17	48	43	80	2 769
未利用土地	30	33	2 382	109	18	8	2	2 582
建设用地	8	39	102	2 529	37	7	22	2 744
园地	0	25	8	3	2 293	82	168	2 579
林地	11	0	9	26	12	2 495	50	2 603
耕地	8	216	86	135	212	134	2 294	3 085
合计	2 425	2 832	2 649	2 820	2 620	2 773	2 616	18 735

表 6-16　2002 年分类误差和精度统计 （单位：%）

类别	错分误差	漏分误差	制图精度	用户精度
水体	0.21	2.35	97.65	99.79
草地	9.03	11.05	88.95	90.97
未利用土地	7.75	10.08	89.92	92.25
建设用地	7.84	10.32	89.68	92.16
园地	11.09	12.48	87.52	88.91
林地	4.15	10.03	89.97	95.85
耕地	25.64	12.31	87.69	74.36

从表 6-13 至表 6-16 可以看出，两期图像的分类精度都较高，完全达到了最低允许判别精度 70% 的要求，而且在混淆矩阵主对角线上的数值越大，则分类的精度越高。1990 年和 2002 年水体的分类精度都最高，分别为 100% 和 97.65%；林地次之，为 96.15% 和 89.97%；其他几种地类的分类精度相对较低，但差别不太大。通过分析 2002 年混淆矩阵可以发现：建设用地错分的 215 个像元中有 102 个被分到了未利用土地，而未利用土地中错分的 200 个像元中有 109 个像元被分到了建设用地；园地错分的 286 个像元中有 168 个像元被分到了耕地，有 82 个像元被分到了林地；草地错分的 250 个像元中有 80 个像元被分到了耕地；林地错分的 108 个像元中有 50 个像元被分到了耕地；耕地错分的 791 个像元中有 216 个像元被分到了草地，有 212 个像元被分到了园地，有 134 个像元被分到了林地。以上分析说明建设用地和未利用土地之间、耕地、林地、草地和园地之间在分类时会相互影响，造成混分，从而影响精度，1990 年的错分情况也基本与此雷同。虽然研究在前期分析和准备时就已经考虑到了这种可能的混分现象，并在最优波段的组合上引入了 RND-VI、主成分分量，但由于这些类别在光谱特征上的不易区分性，所以还是影响了它们的分类精度，但从整体上还是完全达到了研究所需要的精度，不影响后续的分析。

第二节　土地利用/土地覆盖变化分析

LUCC 既受自然因素的影响，又受社会、经济、技术、政策等人为因素的影响，是目前全球变化研究的核心主题之一。如今人们已越来越认识到 LUCC 是包括气候气体、生态过程、生物化学循环、生物多样性等全球变化的主要原因。由于自然因素与人文社会经济的影响，LU/LC 以及土地资源的质量不断地发生变化，从而影响到区域生态环境质量和区域生态系统服务功能的发挥。正因为如此，国际地圈与生物圈计划（IGBP）和全球环境变化中的人文领域计划（IHDP）于1995年联合提出的"土地利用/土地覆盖变化"已成为目前全球变化研究的前沿和热点课题（Turner et al.，1995；李秀彬，1996）。由于LUCC研究的机制对解释LU的时空变化和建立土地覆盖变化的预测模型能起关键作用，所以是目前LUCC研究的焦点。当前进行LUCC的机制研究，主要是通过遥感图像分析和监测资料、区域性案例研究，了解过去不同时段LU/LC的空间变化过程，并将其与改变土地利用方式的自然和经济主要驱动因子联系起来，建立解释土地覆盖时空变化的经验模型，同时再结合土地利用的地面调查，建立区域性的驱动因子（LUCC的诊断模型）来进行。目前，众多的研究表明，LUCC过程、发展趋势、驱动力以及环境影响评价在LUCC研究中占有重要地位，构成了LUCC研究的主要内容（陈佑启和杨鹏，2001）。

　　以下部分将重点从LUCC的涵义出发，借助一些变化指数描述模型，主要研究渭河下游河流沿线区域1990～2002年LU/LC的变化过程和发展趋势。

一、LUCC 差异检测分析

　　将两期影像的LU/LC分类结果进行各类型的面积统计，并将同一类型的统计面积进行差值计算，所得结果见表6-17和图6-6。

表 6-17　LU/LC 类型面积统计　　　　（单位：km²）

年份	耕地	园地	林地	草地	建设用地	水体	未利用土地
1990	2528.03	1089.52	2266.60	1099.89	282.08	189.873	573.75
2002	3323.35	833.42	1510.68	859.03	966.67	74.20	462.37
差值	795.32	−256.10	−755.92	−240.85	684.59	−115.67	−111.39

　　从表6-17和图6-6各LU/LC类型的面积统计和所占的比重结构可见：1990年耕地为2528.03km²，占总量的31.48%；园地为1089.52km²，占总量的13.57%；林地为2266.60km²，占总量的28.23%；草地为1099.89km²，占总量的13.70%；建设用地为282.08km²，占总量的3.51%；水体为189.873km²，占总量的2.36%；未利用土地为573.75km²，占总量的7.15%。2002年耕地为3323.35km²，占总量的41.39%；园地为833.42km²，占总量的10.38%；林地为1510.68km²，占总量的18.81%；草地为859.03km²，占总量的10.70%；建

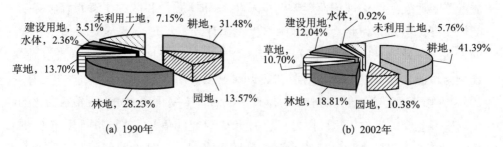

图 6-6　LU/LC 类型面积比重

设用地为 966.67km²，占总量的 12.04%；水体为 74.20km²，占总量的 0.92%；未利用土地为 462.37km²，占总量的 5.76%。下面进行对比分析。

(1) 1990～2002 的 13 年，耕地始终占据绝对优势，而且面积比重最大，有 795.32 km²（9.91%）的增加。通过研究认为引起这个时期耕地增加的原因主要有以下几方面。

a. 人口大幅度递增。由于研究区位于"八百里秦川"关中盆地内，是陕西主要的粮食生产基地，而关中是陕西省人口最集中的地区，在全省 26.9% 的土地上养活了陕西省近 60% 的人口。人口压力定会促使粮食需求量不断上升，耕地增加，垦荒面积扩大，而关中人口具有以下几个特点（康慕谊和巨军昌，1997）。

a) 密度高：关中人口密度超过全省 1.2 倍，超过全国近 2 倍（表 6-18）。

表 6-18　关中人口密度与省内及全国比较（1995 年）

	人口（万）	面积（万 km²）	人口密度（人/km²）
关中	2 048	5.5	372
陕西省	3 432	20.56	167
全国	121 121	960	126

b) 基数大：1995 年关中人口已达 2048 万，占全省人口的 59.7%，占全国人口的 1.69%。如此基数，即使人口自然增长率很小，也可造成绝对数量很大的人口增长。

c) 年龄轻：从人口的年龄构成上看，0～34 岁的人口较多，属于增长型人口种群。

d) 增长快：新中国成立以来，陕西省人口增长一直较快，且始终快于全国，1995 年人口为 1954 年的两倍多。近年关中自然人口增长率与全省基本持平（1995年分别为9.10‰和9.36‰，前者为关中各市平均值），但若加上流动人口增加数，关中人口增长率远高于全省。

b. 农村劳动力文化素质低，城市化发展相对较慢。研究时段前期由于经济较落后，农村劳动力文化素质低，关中地区劳动力资源素质城乡分布极不平衡，农村劳动力资源中，初中以上文化程度比重小，流动人口中流入人口大于流出人口，而且主要以传统农业为主。后期随着国家对农民政策的优惠和2000年西部大开发战略的实施，为了提高农民的收入，农村产业结构进行了调整，农业科学技术得到了普及、推广和应用，农村经济得到了发展，从而促使当地农民大量开垦荒地、改变其他土地利用结构，使得耕地大量增加。由于本研究时段末正好处于西部大开发的前期，因此城市化发展相对较慢，文化素质低的农村劳动力向城市的移动不快，但土地利用类型的改变使得土地的风险增大，不合理的大量开垦使得生态环境日益恶化。

c. 三门峡库区的返迁移民。随着三门峡水库的改建和"蓄清排浑"控制运用方式的改变，水库的运用水位大幅降低，最高运用水位约在324m，从而导致潼关以上库区的土地逐渐出露，由此引发十几万移民返迁库区，而返迁移民主要安置在位于335m高程以下的黄、渭、洛河滩涂上，即华阴滩区、大荔沙苑滩区和大荔朝邑滩区，返迁移民使得三河湿地和滩区耕地面积大量增加。

（2）耕地面积的增加势必会引起其他土地类型，如园地、林地、草地、未利用土地在不同程度上整体的减少，从差值数据可知，它们减少的面积分别为 256.10km^2（3.19%）、755.92km^2（9.42%）、240.85km^2（3%）、111.39km^2（1.39%）。

（3）由于渭河河道变迁和上游来水量持续减少等原因，使得渭河下游的径流量不断减少，水体面积变小，减少面积为115.67km^2（1.44%）。

（4）随着撤乡变镇和城市化进程的不断发展，建设用地的面积增加较快，增加面积为684.59 km^2（8.53%）。

表6-19统计了从初始状态1990年到终止状态2002年的各LU/LC类型的变化情况，主要是关于初始类别中哪些像元面积发生了变化，以及变化为终止状态类别中的哪一类；类变化行显示出同一类型发生改变时，转变为所有其他类别的面积总数。图6-7（彩图5）直观显示了同一种LU/LC类型从

1990～2002 年的变化过程，其能够对表 6-19 的理解起到有力的辅助补充。例如，图 6-7（a）耕地演变，无变化的部分差值为 0，用白色表示；有变化的部分，即由耕地变为其他土地利用类型（园地、林地、草地、建设用地、水体、未利用土地）的，分别用图例所示的颜色进行显示，便于认识和理解。

表 6-19　1990～2002 年 LU/LC 类型面积差异检测统计（单位：km²）

2002 年 \ 1990 年	水体	草地	未利用土地	建设用地	园地	林地	耕地
水体	38.42	3.79	10.31	3.88	3.07	9.48	5.35
草地	19.10	178.39	100.53	25.13	150.91	151.43	233.68
未利用土地	47.45	84.81	88.90	18.14	64.53	53.56	105.07
建设用地	19.88	155.80	87.50	107.67	134.76	165.66	295.26
园地	6.92	118.13	44.55	19.41	134.06	186.58	323.87
林地	10.33	66.43	14.16	7.39	86.32	1070.04	255.70
耕地	47.77	492.54	227.79	100.47	515.88	629.84	1309.10
类变化	151.45	921.5	484.84	174.42	955.47	1196.55	1218.93

注：加"＿"表示该类型未改变部分面积

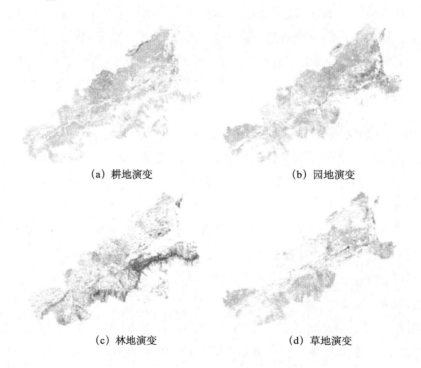

(a) 耕地演变　　　　　　　　　　(b) 园地演变

(c) 林地演变　　　　　　　　　　(d) 草地演变

 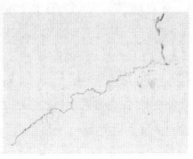

(e) 建设用地演变　　　　　　　(f) 水体演变

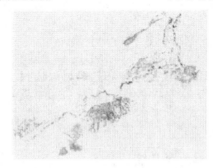

(g) 未利用土地演变

图例 □无变化 ■变耕地 ■变园地 ■变林地 ■变草地 ■变建设用地 ■变水体 ■变未利用土地

图 6-7　1990～2002 年 LU/LC 类型变化检测图

从表 6-19 和图 6-7 可以看出：从初始状态 1990 到终止状态 2002 年，①水体有 38.42km² 没有变化，有 151.45km² 发生变化，其中 19.10km² 变为草地，47.45km² 变为未利用土地，19.88km² 变为建设用地，6.92km² 变为园地，10.33km² 变为林地，47.77km² 变为耕地。②草地有 178.39km² 没有变化，有 921.5km² 发生变化，其中 3.79km² 变为水体，84.81km² 变为未利用土地，155.80km² 变为建设用地，118.13km² 变为园地，66.43km² 变为林地，492.54km² 变为耕地。③未利用土地有 88.90km² 没有变化，有 484.84km² 发生变化，其中 10.31km² 变为水体，100.53km² 变为草地，87.50km² 变为建设用地，44.55km² 变为园地，14.16km² 变为林地，227.79km² 变为耕地。④建设用地有 107.67km² 没有变化，有 174.42km² 发生变化，其中 3.88km² 变为水体，25.13km² 变为草地，18.14km² 变为未利用土地，19.41km² 变为园地，7.39km² 变为林地，100.47km² 变为耕地。⑤园地有 134.06km² 没有变化，有

955.47km² 发生变化，其中 3.07km² 变为水体，150.91km² 变为草地，64.53km² 变为未利用土地，134.76km² 变为建设用地，86.32km² 变为林地，515.88km² 变为耕地。⑥林地有 1070.04km² 没有变化，有 1196.55km² 发生变化，其中 9.48km² 变为水体，151.43km² 变为草地，53.56km² 变为未利用土地，165.66km² 变为建设用地，186.58km² 变为园地，629.84km² 变为耕地。⑦耕地有 1309.10km² 没有变化，有 1218.93km² 发生变化，其中 5.35km² 变为水体，233.68km² 变为草地，105.07km² 变为未利用土地，295.26km² 变为建设用地，323.87km² 变为园地，255.70km² 变为林地。

二、LUCC 的幅度和速度趋势分析

土地利用与土地覆盖变化的过程和趋势可以通过土地利用与土地覆盖的变化幅度、变化速度、单一和区域土地利用变化空间动态度及变化趋势指数等来表征。

（一）土地利用/土地覆盖变化幅度

土地利用与土地覆盖变化幅度指土地利用与土地覆盖类型在面积方面的变化幅度，反映了不同类型在总量上的变化。通过分析土地利用与土地覆盖类型的总量变化，可以了解土地利用与覆盖变化总的态势和土地利用结构的变化，其数学表达式为

$$U_d = (U_b - U_a)/U_a \times 100\% \tag{6-2}$$

式中，U_a、U_b 分别为研究初期和末期某一类型的面积；U_d 为研究时段内某一类型的变化幅度（赵小汛等，2007）。

（二）土地利用/土地覆盖变化速度和趋势分析

土地利用与土地覆盖变化度可定量描述 LUCC 的速度，对比较 LUCC 的区域差异和预测未来 LUCC 变化趋势都具有积极的意义。土地利用与土地覆盖变化度可划分为单一 LUCC 动态度和综合 LUCC 动态度两类。

1. 单一 LUCC 动态度

单一 LUCC 动态度用于表达区域一定时间内某一土地利用/土地覆盖类型数量的速度变化（王秀兰和包玉海，1999），其模型表达式为

$$R_{\mathrm{d}} = \frac{\Delta U_{\mathrm{in}} - \Delta U_{\mathrm{out}}}{U_{\mathrm{a}}} \times \frac{1}{T} \times 100\% \qquad (6\text{-}3)$$

式中，ΔU_{in}为研究时段 T 内其他类型转变为该类型的面积之和；ΔU_{out}为研究时段 T 内某一类型转变为其他类型的面积之和；T 为研究时段，当 T 设定为年时，R_{d}为研究时段内某一类型面积的年变化。

为了反映土地利用与土地覆盖类型变化的趋势和状态，可采用以下模型表达式：

$$P_{\mathrm{t}} = \frac{R_{\mathrm{d}}}{R'_{\mathrm{d}}} = \frac{\Delta U_{\mathrm{in}} - \Delta U_{\mathrm{out}}}{\Delta U_{\mathrm{in}} + \Delta U_{\mathrm{out}}} , \quad \left| \frac{R_{\mathrm{d}}}{R'_{\mathrm{d}}} \right| \leqslant 1 , \quad 即 \ -1 \leqslant P_{\mathrm{t}} \leqslant 1 \qquad (6\text{-}4)$$

式中，P_{t}为土地利用与土地覆盖类型的变化趋势和状态指数；R_{d}、ΔU_{in}、ΔU_{out}的参数含义同上；R'_{d}表示某一土地利用与土地覆盖类型空间变化的动态度，可用以下公式计算：

$$R'_{\mathrm{d}} = \frac{\Delta U_{\mathrm{out}} + \Delta U_{\mathrm{in}}}{U_{\mathrm{a}}} \times \frac{1}{T} \times 100\% \qquad (6\text{-}5)$$

对于 P_{t}，一般认为，当 $0 < P_{\mathrm{t}} \leqslant 1$ 时，则该土地利用与覆盖类型朝着规模增大的方向发展，该类型处于"涨势"状态。P_{t}越接近 0，表明该土地利用与覆盖类型的规模增长缓慢，且双向转换频繁，呈现平衡态势，但转换为其他类型的面积略微小于其他类型转换为该类型的面积；P_{t}越接近于 1，说明土地类型的转换方向主要为其他类型转换为该类型，呈现极端非平衡态势，致使该类面积稳定增加。当 $-1 \leqslant P_{\mathrm{t}} < 0$ 时，则土地利用与覆盖类型朝着规模减小的方向发展，该类型处于"落势"状态。P_{t}越接近 0，表明该土地利用与覆盖类型的规模处于缓慢减少的态势，呈现双向转换均衡态势，但转换为其他类型的面积略微大于其他类型转换为该类型的面积；P_{t}越接近于 -1，说明土地类型的转换方向主要为该类型转换为其他类型，呈现极端非平衡态势，致使该类型规模逐步萎缩（罗格平等，2003）。

2. 综合 LUCC 动态度

综合 LUCC 动态度用于表征整个研究区 LUCC 变化的速度（朱会义等，2001），其模型表达式为

$$R_{\mathrm{t}} = \frac{\sum\limits_{i=1}^{n} \left| \Delta U_{\mathrm{in}\text{-}i} - \Delta U_{\mathrm{out}\text{-}i} \right|}{2 \sum\limits_{i=1}^{n} U_{ai}} \times \frac{1}{T} \times 100\% \qquad (6\text{-}6)$$

式中，$\Delta U_{\text{out-}i}$ 为研究时段 T 内类型 i 转变为其他类型的面积之和；$\Delta U_{\text{in-}i}$ 为其他类型转变为第 i 种类型的面积之和；T 为研究时段；n 为土地利用/土地覆盖类型数。当 T 设定为年时，R_t 为研究时段内研究区所有类型面积变化的年综合变化率。

为了反映区域土地利用与土地覆盖变化的整体趋势和状态，可采用以下模型表达式：

$$P'_t = \frac{R_t}{R'_t} = \frac{\sum_{i=1}^{n} |\Delta U_{\text{out-}i} - \Delta U_{\text{in-}i}|}{\sum_{i=1}^{n} |\Delta U_{\text{out-}i} + \Delta U_{\text{in-}i}|}, \quad 0 \leqslant \frac{R_t}{R'_t} \leqslant 1, \quad \text{即 } 0 \leqslant P'_t \leqslant 1$$

(6-7)

式中，P'_t 为区域土地利用与土地覆盖类型的整体变化趋势和状态指数；R'_t 为研究区所有类型空间变化的综合动态度，其计算公式如下：

$$R'_t = \frac{\sum_{i=1}^{n}(\Delta U_{\text{out-}i} + \Delta U_{\text{in-}i})}{2\sum_{i=1}^{n} U_{ai}} \times \frac{1}{T} \times 100\%$$

(6-8)

当 P'_t 越接近 0，表明区域内所有的土地利用与土地覆盖类型的双向转换频繁，且呈现均衡转换的态势；当 P'_t 越接近于 1，说明每种土地覆盖类型的转换方向主要为单向的极端不均衡转换，或者是该类型转换为其他类型，或者是其他类型转换为该类型。对于 P'_t 有如下分级：当 $0 \leqslant P'_t \leqslant 0.25$，为平衡状态；当 $0.25 < P'_t \leqslant 0.50$，为准平衡状态；当 $0.50 < P'_t \leqslant 0.75$，为不平衡状态；当 $0.75 < P'_t \leqslant 1$，为极端不平衡状态。

利用式（6-2）～式（6-5）计算的各模型指数值见表 6-20。

表 6-20 1990～2002 年土地利用/土地覆盖变化指数

指数	耕地	园地	林地	草地	建设用地	水体	未利用土地
$U_d/\%$	31.46	−23.51	−33.35	−21.90	242.69	−60.92	−19.41
$R_d/\%$	2.42	−1.81	−2.57	−1.68	18.67	−4.69	−1.49
$\Delta U_{\text{in}}/\text{km}^2$	2014.29	699.46	440.33	680.78	858.86	35.88	373.56
$\Delta U_{\text{out}}/\text{km}^2$	1218.93	955.47	1196.55	921.5	174.42	151.45	484.84
P_t	0.25	−0.15	−0.46	−0.15	0.66	−0.62	−0.13

结果表明：1990～2002 年，随着人口的增加，城镇、居民点、工矿和交

通用地的不断发展和扩大，建设用地增加的幅度最大，达到 242.69%，耕地次之，为 31.46%；其余各 LU/LC 类型都在不同程度地减少，由于河道变迁和上游来水量的持续减少，减幅最大的是水体－60.92%，其次是林地－33.35%，其他园地、草地和未利用土地的减幅分别为－23.51%、－21.90%、－19.41%。相应的年均变化速度，即单一 LUCC 动态度，也是建设用地的年均增加速度最快，为 18.67%，耕地次之，为 2.42%；水体的年均减少速度最快，为－4.69%，其他林地、园地、草地和未利用土地的年均减少速度分别为－2.57%、－1.81%、－1.68%、－1.49%。而通过式（6-6）计算得到的综合 LUCC 动态度 R_t 为 1.42%，说明此时段内研究区所有类型面积变化的年综合变化率不高。

在研究时段 1990～2002 年内，由于耕地的面积最大，由其他类型转变为耕地的面积之和也最多，为 2014.29km²，建筑用地因为增幅最大，所以由其他类型转变为建筑用地的面积和次之为 858.86km²，其他依次是园地 699.46km²、草地 680.78km²、林地 440.33km²、未利用土地 373.56km²，由于水体的面积最小，所以转化面积也最少，为 35.88km²。而对于 ΔU_{out}，通过以上计算可知，仍然是耕地转变为其他类型的面积之和最大，为 1218.93km²，林地次之，为 1196.55km²，其他类型，如园地、草地、建设用地、水体和未利用土地，分别为 955.47km²、921.5km²、174.42km²、151.45km²、484.84km²。

在土地利用与土地覆盖类型的变化趋势和状态方面，由计算的 P_t 值和所代表的含义可知：①建设用地和耕地的值都在（0，1），说明这两种土地类型朝着规模增大的方向发展，处于"涨势"状态。耕地的 P_t 值为 0.25，相对较接近于 0，表明耕地的规模增长缓慢，且双向转换频繁，呈现平衡态势；建设用地的 P_t 值为 0.66，相对较接近于 1，说明建设用地的转换方向主要为其他类型转换为该类型，呈现极端非平衡态势。②园地、林地、草地、水体和未利用土地的值都在（－1，0），说明这几种土地类型都朝着规模减小的方向发展，处于"落势"状态。未利用土地、园地、林地和草地的 P_t 值分别为－0.13、－0.15、－0.15 和－0.46，都相对较接近于 0，表明这几种土地类型的规模处于缓慢减少的态势，呈现双向转换均衡态势；水体的 P_t 值为－0.62，相对较接近于－1，说明水体的转换方向主要为该类型转换为其他类型，呈现极端非平衡态势。③由式（6-7）～式（6-8）计算得到的研究区土地利用与土地覆盖类型的整体变化趋势和状态指数 P_i为 0.29，说明类型转换呈现双向的态势，整体 LUCC 处于准平衡状态。

第三节　本　章　小　结

本章在 ENVI4.3 软件的支持下，以 Landsat TM/ETM＋遥感影像为主要信息源，通过对影像数据的处理，主要进行了 1990～2002 年的土地利用与土地覆盖变化分析，得到的研究结果如下。

（1）为了能够很好地表达地物的类别特征，易于图像判读，在对 TM 和 ETM＋图像进行基本的几何校正、剪切、镶嵌、增强、研究区提取等预处理后，通过对各波段光谱特征、相关系数矩阵、最佳指数 OIF、植被指数 ND-VI、主成分变换进行分析后，认为原始 6 个波段分析得到的第一主成分分量 PC1、修正植被指数 RNDVI 和第 4 波段（Band4）为最优波段组合。在对这三个波段分量进行假彩色合成后，利用非监督的 ISODATA 和监督分类相结合的方法，通过设定一定的参数，根据研究目的，将研究区的土地利用和土地覆盖类型分为耕地、园地、林地、草地、建设用地、水体、未利用土地 7类。在利用野外 GPS 采样点和其他辅助数据资料对分类精度进行评价后，得到 1990 年总体分类精度为 85.4977％，Kappa 系数为 0.8307，2002 年总体分类精度为 90.0987％，Kappa 系数为 0.8845，说明通过以上处理方法获得的分类精度较高，能保证后续分析研究的精确度。

（2）土地利用/土地覆盖变化过程和差异检测分析是 LUCC 研究的主要内容之一。通过对两期遥感分类图像进行面积统计和差值分析可知，渭河下游河流沿线区域内耕地始终占据绝对优势，面积比重最大；水体的面积最小，比重最少。1990～2002 年，耕地没有发生变化的面积为 1309.10km²，由其他类型转变为耕地的面积为 2014.29km²，而由耕地转变为其他类型的面积为 1218.93km²；园地没有发生变化的面积为 134.06km²，由其他类型转变为园地的面积为 699.46km²，而由园地转变为其他类型的面积为 955.47km²；林地没有发生变化的面积为 1070.04km²，由其他类型转变为林地的面积为 440.33km²，而由林地转变为其他类型的面积为 1196.55km²；草地没有发生变化的面积为 178.39km²，由其他类型转变为草地的面积为 680.78km²，而由草地转变为其他类型的面积为 921.5km^2；建设用地没有发生变化的面积为 107.67km^2，由其他类型转变为建设用地的面积为 858.86km^2，而由建设用地转变为其他类型的面积为 174.42km^2；水体没有发生变化的面积为 38.42km^2，由其他类型转变为水体的面积为 35.88km^2，而由水体转变为其他类型的面积为 151.45km^2；未利用土地没有发生变化的面积为 88.90km^2，由其他类型转变为未利用土地的面积为 373.56km^2，而由未利用土地转变为其他类型的面积为 484.84km^2。

（3）1990～2002 年随着人口的增加和城市化进程的发展，研究区内建设用地增加的幅度最大（242.69%），年均增加速度也最快（18.67%），耕地次之，增幅和年均增速分别为 31.46% 和 2.42%。由于河道变迁和上游径流量的持续减少，水体减少的幅度最大（-60.92%），年均减少速度也最快（-4.96%），而其他类型，如林地、园地、草地和未利用土地也在不同程度地减少，相应的减幅和年均减速分别为（-33.35%，-2.57%）、（-23.51%，-1.81%）、（-21.90%，-1.68%）、（-19.41%，-1.49%）。通过综合 LUCC 动态度模型计算的 R_t 值为 1.42%，说明所有类型面积变化的年综合变化率不高。

（4）通过单一和综合 LUCC 动态分析模型，在研究区土地利用/土地覆盖变化的趋势和状态方面得到如下结论：耕地和建设用地的 P_t 值在（0，1），朝着规模增大的方向发展，处于"涨势"状态；而园地、林地、草地、水体和未利用土地的 P_t 值都在（-1，0），都朝着规模减小的方向发展，处于"落势"状态；整个研究区 LUCC 的状态和趋势指数 P_t' 为 0.29，说明土地利用与土地覆盖类型转换呈现双向的态势，整体处于一种准平衡发展状态。

第七章 基于景观结构的区域生态风险分析

第一节 景观和景观结构

一、景观的基本概念

关于景观（landscape）的定义，对于不同学科背景的人可以有不同的理解。在生态学中，景观可概括定义为狭义和广义两种。狭义的景观是指由不同的生态系统类型或者土地利用类型所组成的异质性地理单元；广义的景观则是指在从微观到宏观的不同尺度上，具有异质性或斑块性的空间单元。广义景观的概念突出空间异质性，其空间尺度随研究对象、方法和目的而变化，而且它强调了生态学系统中多尺度和等级结构的特征（邬建国，2007）。

二、景观结构的分析模型

景观结构一般是指不同生态系统或景观单元的空间关系，即指与生态系统的大小、形状、数量、类型及空间配置相关的能量、物质和物种的分布。其基本组成要素包括斑块、廊道和基质，它们的时空配置形成的镶嵌格局即为景观结构（landscape structure）（傅伯杰等，2001）。

景观结构的分析模型多种多样，主要有空间自相关分析、地统计学方法、空间局部插值、波谱分析、小波分析、聚块方差分析、趋势面分析、分维分析、亲和度分析和细胞自动机等。空间自相关分析是用来检验空间变量的取值是否与相邻空间点上该变量取值大小有关。地统计学方法是以区域化随机变量理论为基础，研究自然现象的空间相关性和依赖性，用以设计抽样方法，进行空间数据插值和估计，建立预测性模型。空间局部插值法是利用变异矩或相关矩分析的结果，估计空间未抽样点上区域随机变量的取值。波谱分析是一种研究系列数据周期性质的方法，其实质是利用傅里叶级数展开，把一个波形分解成许多不同频率的正弦波之和。小波分析是近年来引人注目的时空序列分析新方法，类似于波谱分析，主要用于测定和描述空间格局在多个尺度上的特征，它不要求系统平稳假设。聚块样方方差分析是在不同大小样方上的方差分析方法，它是一种简单和有效的生态学空间格局分析方法。趋势面分析是用统计模型来描述变量空间分析的方法，是一种构造等值线图和三维曲面图的工具，其最常用的计算方法是多项式回归模型。分维分析是一项发展迅速的数学方法，能把分维数作为一种指数率来描述景观的复杂性程度，分维数的自相似性使得可以选择最易观察的尺度来研究某个生态过程，推断该过程在其他尺度上的变化规律。亲和度分析是用于测定景观格局多样性和复杂性的一种方法，它提供了景观中各亚单元的相对位置及镶嵌多样性两个方面的信息。细胞自动机是一种时间、空间和状态均离散的格子动力学模型，具有描述局域相互作用，局部因果关系的多体系统所表现出的集体行为及时间演化的能力，能够用于模拟种群动态及其空间格局等。当前遥感（RS）和地理信息系统（GIS）技术的发展与应用也成为景观结构与动态分析的基本手段，能与其他方法紧密结合以提供能充分反映景观结构特征和动态变化的空间模型。

第二节　区域生态风险评价的方法和步骤

风险评价在尺度上应与其面对的环境问题相匹配，通常将环境问题和风险评价的空间尺度划分为两类——地方和区域，与区域尺度相对应的生态风险评价即区域生态风险评价（Wilson and Crouch，1987）。区域生态风险评价与单一地点的生态风险评价相比，其所涉及环境问题的成因及结果都具有区域性。区域生态风险评价主要研究较大范围的区域中各生态系统所承受的风险，所以在评价时，必须注意到参与评价的风险源和其危害的作用结果在区域内的不同地点可能是不同的，即区域具有空间异质性。这种地域分异现象在非区域风险评价中是不必考虑的，但在区域风险评价中却至关重要。

区域生态风险评价的方法基于风险度量的基本公式（付在毅和许学工，2001）：

$$R = P \cdot D \tag{7-1}$$

式中，R 为灾难或事故的风险；P 为灾难或事故发生的概率；D 为灾难或事故可能造成的损失。因此，对于一个特定的灾害或事故 x，它的风险可以表示为

$$R(x) = P(x) \cdot D(x) \tag{7-2}$$

对于一组灾害或事故，风险可以表示为

$$R = \sum P(x)D(x) \tag{7-3}$$

在有些情况下，灾害或事故可能被认为是连续的作用，它的概率和影响都随 x 而变化，则这种风险是一种积分形式，可以表示为

$$R = \int P(x)D(x)\mathrm{d}x \tag{7-4}$$

在式（7-2）至式（7-4）中，x 为一定类型的灾害或事故；$P(x)$ 为灾害或事故发生的概率；$D(x)$ 为灾害或事故造成的损失。针对具体的风险评价，要将一般通用的函数形式具体化。

区域生态风险评价是生态风险评价的分支，评价内容也主要包括危害评价、暴露评价、受体分析和风险表征等。目前，随着风险评价尺度的扩大，为了满足区域景观水平所涉及的多风险源、多压力因子、多风险影响的评价要求，最近出现的区域生态风险评价方法和模型主要有因果分析法、等级斑块动态框架法、生态等级风险评价法、相对风险模型等。

由于在小尺度上，传统的单因子风险定量评价方法多采用商值法和暴露-反应法，其在向大尺度多因子的外推过程中存在很多不确定性，已经不适于包括多风险源、多风险受体、复杂的区域景观的大尺度风险评价，因此在区域生态风险评价中，目前应用最多的评价模型是基于因子权重法的相对风险评价方法（Burton et al.，2002；Walker et al.，2001；Angela and Wayne，2002；Hayes and Landis，2002）。因子权重法被用于主观评价、定性评价和定量评价中，但多用于定性评价，定量评价较少；其种类很多，包括综合定性法、专家打分法、公众打分法、半定量打分法、定性分级法等；应用范围也很广，既可以单独用于回顾性评价、原因分析，也可以用于生态风险评价的整个过程。本书将采用基于因子权重法的相对风险评价方法，以及借鉴由我国学者许学工和付在毅等总结的区域生态风险评价的方法步骤在景观基础上对研究区进行分析。

　　付在毅和许学工等将区域生态风险评价的方法步骤具体概括为研究区的界定与分析、受体分析、风险识别与风险源分析、暴露与危害分析、风险综合评价以及生态风险管理对策6个部分（肖笃宁等，2001；付在毅和许学工，2001），其相应的评价流程见图7-1。

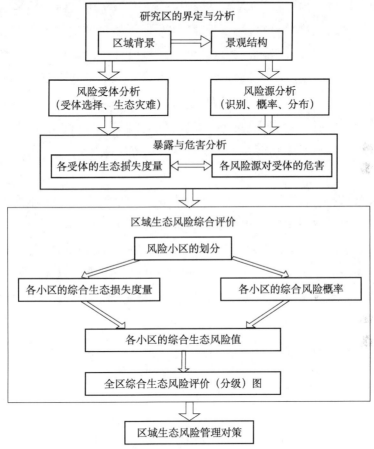

图 7-1　区域生态风险评价方法流程图

（一）研究区的界定和分析

　　区域是指在空间上伸展的非同质性的地理区。在进行区域生态风险评价之前，首先必须对所要评价的区域有所认识和了解。根据评价目的和可能的干扰及终点，恰当而准确地界定研究区的边界范围和时间范围，并对区域中的社会、经济和自然环境状况进行分析和研究。只有熟知评价区域的这些基本情况，生态风险评价才能顺利进行，评价结果也才更具有可信性。区域生态风险评价必须建立在对区域的充分认识之上。

（二）受体分析

受体，即风险承受者，在风险评价中指生态系统中可能受到来自风险源的不利作用的组成部分，它可能是生物体，也可能是非生物体。生态系统可以分为不同的层次和等级，在进行区域生态风险评价时，通常经过判断和分析，选取对风险因子的作用较为敏感或在生态系统中具有重要地位的关键物种、种群、群落乃至生态系统类型作为风险受体，用受体的风险来推断、分析或代替整个区域的生态风险。恰当地选取风险受体，可以在最大程度上反映整个区域的生态风险状况，又可达到简化分析和计算、便于理解和把握的目的。

生态灾难（生态终点）是与受体相关联的一个概念，指生态系统由于受危害性和不确定性因素的作用而导致的结果。对于生态风险评价，灾难必须是具有生态学意义或社会学意义的事件，它应具有清晰的、可操作的定义，便于预测和评价（Barnthouse et al.，1986）。这就要求生态灾难是可以量度和观测的。对陆地生态系统来说，潜在的生态灾难包括植被覆盖率的变化、森林生产力的变化及某一物种的出现和消失等。景观生态学中与干扰相关联的，能反映生态系统概念及过程的景观格局指标（如优势度、蔓延度、破碎度等），在区域生态风险评价中也可用以度量生态灾难。

（三）风险源分析

风险源分析是指对区域中可能对生态系统或其组分产生不利作用的干扰进行识别、分析和度量的过程，具体可分为风险识别和风险源描述两部分。根据评价的目的找出具有风险的因素，即进行风险识别。区域生态风险评价所涉及的风险源可能是自然或人为灾害，也可能是其他社会、经济、政治、文化等因素，只要它可能产生不利的生态影响并具有不确定性，即是区域生态风险评价所应考虑的。与局地生态风险评价不同的是，区域生态风险评价的风险源通常作用于较大的区域范围，影响的时间尺度也较长。风险源分析还要求对各种潜在风险源进行定性、定量和分布的分析，以便对各种风险源有更为深入的认识。这种分析一般根据区域的历史资料以及某一干扰发生的环境条件等因素进行。

（四）暴露和危害分析

暴露分析是研究各风险源在评价区域中的分布、流动及其与风险受体之间的接触暴露关系。区域生态风险评价的暴露分析相对较难进行，因为风险源与受体都具有空间分异的特点，不同种类和级别的影响会复合叠加，从而使风险源与风险受体之间的关系更加复杂。危害分析是和暴露分析相关联的，是区域生态风险评价的核心部分，其目的是确定风险源对生态系统及其风险受体的损害程度。区域风险评价的危害分析由于难以进行实验室观测，通常只能根据长期的野外观测，结合其他学科的相关知识进行推测与评估。

区域生态风险评价中的暴露和危害分析是一个难点和重点部分。在进行暴露和危害分析时要尽可能地利用一切有关的信息和数据资料，弄清各种干扰对风险受体的作用机理，提高评价的准确性。危害分析的结果要尽可能达到定量化，各种风险源的危害之间要具有可比性。

（五）风险综合评价

风险评价是评估危害作用的大小以及发生概率的过程（Pastorok and Sampson，1990）。风险综合评价是前述各评价部分的综合阶段，它将暴露分析和危害分析的结果结合起来，并考虑综合效应，得出区域范围内的综合生态风险值，然后再将区域生态风险评价的其他组分有机地结合起来，得出评价的结论。

（六）区域生态风险管理对策

根据风险评价的结果，进一步提出综合的以及针对某个风险源、某方面影响的区域生态风险管理对策。

第三节　区域景观生态风险分析

在人类活动占优势的景观内，不同土地利用方式和强度产生的生态影响具有区域性和累积性的特征，并且可以直观地反映在生态系统的结构和组成上，因此，生态风险分析可从区域生态系统的结构出发，综合评估各种潜在生态影响类型及其累积性后果。由于景观结构可以准确地显示出各种生态影响的空间分布和梯度变化特征，因此在缺乏生态监测资料的历史积累时，很多学者尝试利用景观结构和动态变化特征来揭示综合性生态影响的程度和分布范围（Hobbs，1993；Pungetti，1995；阎传海，1999）。区域景观生态风险分析是在景观基础上，描述人类活动或自然灾害对区域内生态系统结构、功能等产生不利生态效应的可能性和危害的程度（巫丽芸和黄义雄，2005）。区域景观生态风险评价的方法和流程来源于区域生态风险评价，但又有自己的独特性，主要确定干扰源对区域生态环境的作用效果。干扰源可能是对区域内各景观类型产生破坏性作用的污染物、人类开发活动或其他事物。干扰是景观异质性的主要来源之一，干扰改变景观格局，同时又受制于景观格局，干扰是景观的一种重要的生态过程（陈鹏和潘晓玲，2003）。参考前述区域生态风险评价的方法，本章基于景观结构的区域生态风险评价过程可以概括为研究区的界定和分析、景观类型划分及受体分析、风险源和生态终点的度量、基于景观格局指数对干扰的定性和定量化描述、运用恰当的生态风险指数模型估计风险的时空分布以及风险综合评价和分析。下面将根据这些步骤进行风险评价，通过分析识别可能的干扰对生态系统造成的不良后果，帮助发展比过去通常情况下更系统、更广泛、更安全、更深入的风险管理决策，从而减少人为破坏生态环境的概率和各种危害引起的人群、经济和环境后果或暴露事件，并尝试建立景观结构与区域生态环境问题之间的联系，为渭河下游河流沿线区域的开发建设及生态保护决策提供可靠的科学依据。

一、本章技术路线

本章基于景观结构的区域生态风险分析的研究技术流程如图 7-2 所示。

二、研究区的界定及分析

研究区为渭河下游河流沿线区域，即咸阳至潼关段，经度介于 108.56°～110.42°E，纬度介于 34.17°～35.03°N，包括 3 个市城区、1 个区、1 个市和 4 个县，分别是：咸阳市城区、西安市城区、高陵县、临潼区、渭南市城区、

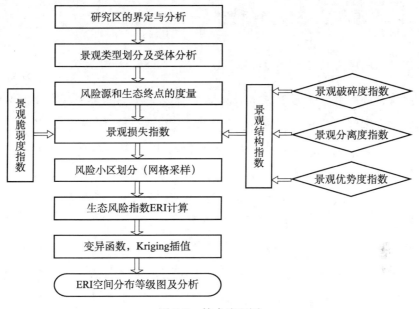

图 7-2　技术流程图

华县、华阴市、大荔县和潼关县，土地总面积为 8029.7km^2。具体的位置和区域中的社会、经济和自然环境状况等方面的介绍见第五章。

三、景观类型划分及受体分析

地球表层或者特定区域都是由各类景观单元组成的空间镶嵌体。在景观格局研究中，常常把镶嵌体类型视为土地利用类型，也就是说用一定级别的土地覆盖类型表述景观中的镶嵌体类型。因此，在景观生态学中空间镶嵌体与土地利用/土地覆盖类型可视为同义语，景观空间格局亦即为土地利用/土地覆盖空间格局。借用第六章关于土地利用/土地覆盖的分类，可以得到 7 种景观斑块类型，即耕地景观（包括水田、旱地）、园地景观（包括果园、桃园等各种园地）、林地景观（包括有林地、灌木林地、疏林地）、草地景观（包括高覆盖、中覆盖、低覆盖草地）、建设用地景观（包括城镇用地、农村居民点、工交建设用地）、水域景观（包括河渠、湖泊、水库坑塘）和未利用土地景观（包括沙地、盐碱地、滩涂地、裸地）类型。受体即风险的承受者，本章将以这 7 种景观类型所代表的生态系统作为风险受体进行分析。

四、风险源和生态风险指数

（一）风险源和生态终点的度量

区域景观生态风险源大体可以归纳为自然和人为两大类。自然生态风险源指区域性的气象、水文、地质等自然因素的骤变，这些变故具有不确定性，并可能对区域内的生态系统产生危害性影响，即通常所说的自然灾害；人为生态风险源为导致危害或严重干扰生态系统的人为活动。本章研究主要以 7 种景观类型为风险受体，分析以人类干扰为风险源的生态风险评价，自然生态风险源将在后续章节进行讨论。

在区域景观生态风险评价中，选择什么指标来表征渭河下游河流沿线区域 7 种景观受体受到风险源干扰后可能出现的损害情况是评价分析中相当关键的一个步骤。选择的评价终点既要将危害与生态影响联系在一起，又要呈现给人们一系列可测定的数据，准确地说明研究区各景观生态类型受干扰影响的大小。由于不同类型生境是不同物种生长发育、栖息繁衍的场所，各种类型生境在区域内所处的位置不同，所受人为干扰强度也有所差异。因此，不同生境类型在维护生物多样性、保护物种、完善生态系统的结构和功能、促进景观结构自然演替等方面是有差别的。相同强度的同一风险源作用于不同的生境类型，可能对整个区域的生态结构和功能产生不同强度的危害。同时，不同类型生境对外界干扰的抵抗能力是不同的，有些生境较为脆弱，对外界干扰敏感，在风险源的作用下极易受到损害，而另一些生境抗逆能力强，在相同的风险源作用下仍能够保持其基本的功能。

考虑到不同类型景观所具有的不同结构和功能，通过阅读大量文献，结合区域特点，本章将通过几种景观格局指数来建立生态风险指数，并以此作为生态终点度量的指标，然后通过利用地统计学中的空间分析方法，得到生态风险指数空间分布等级图，从而对研究区生态风险的空间特征进行研究。

（二）基于景观格局指数的生态风险指数

景观结构分析常常需要运用各种定量化的指标来进行景观结构的描述和评价，从而构建有关模型。而景观格局指数就是指能够高度浓缩景观格局信息，反映其结构组成和空间配置某些方面特征的简单定量指标。常用的景观指数有缀块形状指数、景观丰富度指数、景观多样性指数、景观优势度指数、景观均匀度指数、景观形状指数、景观聚集度指数、分维等（邬建国，2007）。

目前，在景观格局指数的计算方面，由美国俄勒冈州立大学森林科学系开发的 FRAGSTATS 软件是功能最强大的，可以计算出几十个景观指标。它有两种版本，矢量版本运行在 ARC/INFO 环境中，接受 ARC/INFO 格式的矢量图层；栅格版本可以接受 ARC/INFO、IDRISI、ERDAS 等多种格式的网格数据。两个版本的区别在于：栅格版本可以计算最近距离、邻近指数和蔓延度，而矢量版本不能；另一个区别是对边缘的处理，由于网格化的地图中，斑块边缘总是大于实际的边缘，因此栅格版本在计算边缘参数时，会产生误差，这种误差依赖于网格的分辨率。

FRAGSTATS 软件满足景观格局特征的要求，能计算的指标被分为三个级别，分别代表了三种不同的应用尺度：①斑块级别（patch-level）指标，反映景观中单个斑块的结构特征，也是计算其他景观级别指数的基础。②类型级别（class-level）指标，反映景观中不同斑块类型各自的结构特征。③景观级别（landscape-level）指标，反映景观的整体结构特征。由于许多指标之间具有高度的相关性，只是侧重面不同，因而需要在全面了解每个指标所表征的生态意义及其所反映的景观结构侧重面的前提下，依据所研究的目的和数据来源与精度来选择合适的指标和尺度（肖笃宁等，2001）。

为建立景观结构与区域生态风险之间的经验联系，利用景观组分的面积比重，引入了一个生态风险指数，用于描述一个样地内综合生态损失的相对大小，以便通过采样的方法将景观空间结构转化为空间化的生态风险变量，计算公式如下（臧淑英等，2005；曾辉和刘国军，1999）：

$$ERI = \sum_{i=1}^{N} \frac{A_i}{A} R_i \tag{7-5}$$

式中，ERI 为生态风险指数；N 为景观组分类型的数量；A_i 为区域（样地）内第 i 类景观组分的面积；A 为景观（样地）的总面积，R_i 为第 i 种景观组分所反映的景观损失指数。

景观损失指数 R_i 表示遭遇干扰时各类型景观所受到的生态损失的差别，

也即其自然属性损失的程度，是某一景观类型的景观结构指数 S_i 和脆弱度指数 F_i 的综合（陈鹏和潘晓玲，2003）。景观结构指数可用来反映不同景观所代表的生态系统受到干扰（主要是人类活动）的程度，可通过将景观破碎度指数 C_i、景观分离度指数 N_i 和景观优势度指数 D_i 根据权重叠加获得。景观破碎度指数是表述整个景观或某一景观类型在给定时间和给定性质上的破碎化程度。景观分离度指数是指某一景观类型中不同元素或斑块个体分布的分离程度，分离程度越大，表明景观在地域分布上越分散，景观分布越复杂，破碎化程度也越高。景观优势度指数表示一种或几种类型斑块在一个景观中的优势程度，也用来描述景观多样性对最大多样性之间的偏差。景观脆弱度指数表示不同生态系统的易损性，与其在景观自然演替过程中所处的阶段有关，一般情况下，处于初级演替阶段、食物链结构简单、生物多样性指数小的生态系统较为脆弱。针对研究区特点，由此判断，本区 7 种景观类型中，脆弱度的排序由低到高序号依次为：建设用地 1、林地 2、牧草地 3、园地 4、耕地 5、水域 6、未利用土地 7，进行归一化处理后得到各自的脆弱度指数，为便于分析和计算，归一化的值域范围为 $[0.1，0.9]$。各景观指数的计算方法见表 7-1（邬建国，2007；陈利顶和傅伯杰，1996）。

表 7-1 景观格局指数计算方法

序号	名称	计算方法
1	景观破碎度指数 C_i	$C_i = n_i/A_i$
2	景观分离度指数 N_i	$N_i = I_i \times A/A_i$ $I_i = \dfrac{1}{2}\sqrt{\dfrac{n_i}{A}}$
3	景观优势度指数 D_i	$D_i = H_{max} + \sum\limits_{i=1}^{N}[P_i \times \ln(P_i)]$，$H_{max}=\ln(N)$
4	景观结构指数 S_i	$S_i = aC_i + bN_i + cD_i$
5	景观脆弱度指数 F_i	由专家咨询法并归一化获得
6	景观损失指数 R_i	$R_i = S_i \times F_i$

式中，n_i 为景观类型 i 的斑块数；A_i 为景观类型 i 的面积；I_i 为景观类型 i 的距离指数；A 为景观总面积；H_{max} 是多样性指数的最大值；P_i 为每一斑块类型 i 所占面积的比例；N 为景观中斑块类型的总数；a，b，c 为相应各景观指数的权重，且 $a+b+c=1$，根据分析权衡，认为破碎度指数最为重要，其次为分离度和优势度指数，以上三种指数分别赋以 0.6、0.3、0.1 的权值。

五、地统计分析方法

由景观指数计算的区域景观生态风险指数本身是一种空间变量,反映了景观的空间格局,为了在综合生态风险的空间分析中研究景观的空间规律性和等级结构,可以利用景观结构分析模型中的地统计学方法来完成。该方法可以在生态风险系统采样的基础上,计算得出实验变异函数,然后通过进行理论变异函数的拟合,来进行生态风险空间结构的分析。同时,还可以利用局部插值法(克里格法)编制生态风险级别图,从而完成对生态风险评价空间分布情况的直观描述和对风险的综合评价及分析。

地统计学(geostatistics),又称地质统计学,是在法国著名统计学家 G. Matheron (1963) 大量理论研究的基础上逐渐形成的一门新的统计学分支。一般认为,地统计学是以区域化变量理论为基础,以变异函数为主要工具,研究在空间分布上既有随机性又有结构性,或空间相关性和依赖性的自然现象的科学(Webster, 1985;Issaks and Srivastava, 1989)。地统计学的应用领域非常广泛,已从开始的采矿学、地质学研究渗透到土壤、农业、水文、气象、生态、地理学等广阔领域。

地统计学的理论基础是区域化变量理论,主要研究分布于空间并显示出一定结构性和随机性的自然现象。而协方差函数和变异函数则是以区域化变量理论为基础建立起来的,是地统计学的两个最基本的函数。地统计学的主要方法之一的克里格法,就是建立在变异函数理论和结构分析基础之上的。

(一) 变异函数及理论模型

变异函数是用来描述区域化变量结构性和随机性的模型,其中块金值(nugget)、基台值(sill)、变程(range)是变异函数的重要参数,用来表示区域化变量在一定尺度上的空间变异和相关程度。变异函数 $\gamma(h)$ 的定义为

$$\gamma(h) = \frac{1}{2n(h)} \sum_{i=1}^{n(h)} \left[Z(x_i + h) - Z(x_i) \right]^2 \tag{7-6}$$

式中,h 为样本间隔距离;$n(h)$ 是抽样间距为 h 时的样点对总数;Z 为代表某一系统属性的随机变量;x 为空间位置;$Z(x_i)$ 和 $Z(x_i+h)$ 分别是变量在 x_i

和 $x_i + h$ 点的取值（邬建国，2007）。

当变异函数 $\gamma(h)$ 随着间隔距离 h 的增大，从非零值达到一个相对稳定的常数时，该常数称为基台值 $c_0 + c$；当间隔距离 $h = 0$ 时，$\gamma(0) = c_0$，该值称为块金值或块金方差（nugget variance）。基台值是系统或系统属性中最大的变异，变异函数 $\gamma(h)$ 达到基台值时的间隔距离 a 称为变程，当变程在 $h \geqslant a$ 时，区域化变量 $Z(x)$ 的空间相关性消失；块金值表示区域化变量在小于抽样尺度时非连续变异，其由区域化变量的属性或测量误差决定（徐建华，2002）。

由区域化变量理论和变异函数的性质可知，实际上，理论变异函数模型 $\gamma(h)$ 是未知的，往往要从有效的空间取样数据中去估计，对各种不同的 h 值可以计算出一系列 $\gamma * (h)$ 值。因此，需要用一个理论模型去拟合这一系列的 $\gamma * (h)$ 值，以便用来估计不同距离的变异值，进而对变量进行克里格插值，常用的模型有球状模型、指数模型、线性模型、高斯模型等。

1. 球状模型

其一般公式为

$$\gamma(h) = \begin{cases} 0 & h = 0 \\ c_0 + c\left(\dfrac{3h}{2a} - \dfrac{h^3}{2a^3}\right) & 0 < h \leqslant a \\ c_0 + c & h > a \end{cases} \quad (7\text{-}7)$$

式中，c_0 为块金（效应）常数；c 为拱高；$(c_0 + c)$ 为基台值；a 为变程。当 $c_0 = 0$，$c = 1$ 时，称为标准球状模型。球状模型是地统计学分析中应用最广泛的理论模型，许多区域化变量的理论模型都可以用该模型去拟合。典型的球状模型变异函数曲线如图 7-3 所示。

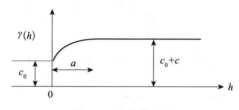

图 7-3　球状模型图

从图中可知，当 $h \leqslant a$ 时，任意两点之间的观测值有相关性，这个相关性随

h 的变大而减少；当 $h>a$ 时就不再具有相关性；当 $h=a$ 时，$\gamma(h)=c_0+c$，该模型的变程为 a。

2. 指数模型

其一般公式为

$$\gamma(h)=\begin{cases}0 & h=0\\ c_0+c(1-\mathrm{e}^{-\frac{h}{a}}) & h>0\end{cases} \tag{7-8}$$

式中，c_0 和 c 意义与前相同，但 a 不是变程。

3. 线性有基台值模型

其一般公式为

$$\gamma(h)=\begin{cases}c_0 & h=0\\ Ah & 0<h\leqslant a\\ c_0+c & h>a\end{cases} \tag{7-9}$$

该模型的变程为 a，基台值为 (c_0+c)。

4. 高斯模型

其一般公式为

$$\gamma(h)=\begin{cases}0 & h=0\\ c_0+c(1-\mathrm{e}^{-\frac{h^2}{a^2}}) & h>0\end{cases} \tag{7-10}$$

式中，c_0 和 c 意义与前相同，但 a 不是变程。

（二）变异函数检验

对选定的理论模型的检验采用交叉验证法，就是针对每一个实测点，用周围的 $n-1$ 个其他点数据对该点进行克里格估值（赵鹏大，2004）。设各点的实测值为 Z，估计值为 Z^*，求其误差平方的均值，该均值越小越好。另外，块金常数 c_0 与基台值 (c_0+c) 之比 $c_0/(c_0+c)$ 可表示空间变异性程度（由随机部分引起的空间变异性占系统总变异的比例），如果该比值较高，说明由随机部分引起的空间变异性程度较大；相反，则由空间自相关部分引起的空间变异性程度较大；如果该比值接近 1，则说明该变量在整个尺度上具有恒定的变异。从结构性因素的角度来看，$c_0/(c_0+c)$ 的比例可表示系统变量空间相关程度，如果比例＜25％，说明变量具有强烈的空间相关性；若比例在25％～75％，变量具有中等的空间相关性；当比例＞75％时，变量空间相关性很弱（Cambardella et al.，1994）。

（三）克里格插值法

克里格法（Kriging），又称为空间局部估计或空间局部插值法，是地统计学的主要内容之一，是根据待估样本点（或块段）有限领域内若干已测定的样本点数据，在考虑了样本点的形状、大小和空间相互位置关系，待估样本点的相互空间位置关系，以及变异函数提供的结构信息之后，对待估样本点值进行的一种线性无偏最优估计。其使用的条件是：如果变异函数和相关分析的结果表明区域化变量存在空间相关性，则可以运用克里格法对空间未抽样点或未抽样区域进行估计。其实质是利用区域化变量的原始数据和变异函数的结构特点，对未采样点的区域化变量的取值进行线性无偏、最优估计（徐建华，2004）。

一般来说，克里格法有以下几种类型：普通克里格法（Ordinary Kriging），包括对点估计的点克里格法和对块段估计的块段克里格法两种；泛克里格法（Universal Kriging），使用于样本存在非平稳或有漂移现象的区域化变量；协同克里格法（Co-Kriging），适用于有多个变量存在的协同区域化现象；对数正态克里格法（Logistic Normal Kriging），适用于样本服从对数正态分布的区域化变量。此外还有指示克里格法（Indicator Kriging）、折取克里格法（Disjunctive Kriging）等。

克里格法是一簇空间局部插值模型的总称，其一般原理如下。

设在一区域内位置 x_0 处某一变量的估值为 $Z_i^*(x_i)$（ $i=1$，2，3，…，n），现通过这 n 个测定值的线性组合来求估测值 $Z^*(x_0)$，即

$$Z^*(x_0) = \sum_{i=1}^{n} \lambda_i Z(x_i)$$

式中，λ_i 是与 $Z(x_i)$ 位置有关的加权系数，要使估测最优必须满足：

（1）无偏估计，即：$E[Z^*(x_0) - Z(x_0)]$；

（2）方差最小，即：$\sigma^2[Z^*(x_0) - Z(x_0)] = \min$。

由上式，利用拉格朗日极小原理，可以导出 λ_i 与变异函数之间的矩阵：

$$\begin{bmatrix} r_{11} & r_{12} & \cdots & 1 \\ r_{21} & r_{22} & \cdots & 1 \\ \vdots & \vdots & & \vdots \\ r_{n1} & r_{n2} & \cdots & 1 \\ 1 & 1 & \cdots & 0 \end{bmatrix} \begin{bmatrix} \lambda_1 \\ \lambda_2 \\ \vdots \\ \lambda_n \\ \phi \end{bmatrix} = \begin{bmatrix} r_{10} \\ r_{20} \\ \vdots \\ r_{n0} \\ 1 \end{bmatrix}$$

式中，r_{ij} 为 x_i 和 x_j 间距的半方差；ϕ 为拉格朗日算子。求解上式方程组和 ϕ 值后，可写出 x_0 点的最优估值 $Z^*(x_0)$。

拉格朗日中值定理：如果函数 $f(x)$ 在闭区间 $[a, b]$ 上连续，在开区间 (a, b) 内至少有一点 $\xi (a < \xi < b)$，使等式 $f(b) - f(a) = f'(\xi)(b-a)$ 成立（李广民等，2005）。

（3）精度估计。

了解空间变量的估值精度，有利于改进插值条件以及插值结果的进一步应用。Kriging 方法在提供无偏最优估计的同时，可以给出估值的精度（克里格方差），其计算公式为

$$\sigma_E{}^2 = E[Z - Z^*]^2 \ (\text{式中 } Z, Z^* \text{ 的含义同上})$$

克里格插值可为空间格局分析提供从取样设计、误差估计到成图的理论和方法，可精确描述所研究的变量在空间上的分布、形状、大小、地理位置或相对位置，这在确定空间定位格局方面是比较有效的方法（Webster，1993；王珂等，2000）。

六、评价结果与分析

由于研究区范围较大，每期的遥感数据量较多，在 ENVI 软件中首先将两期遥感影像的 7 种景观类型分别输出为矢量 shp 格式文件，然后在地理信息系统软件 ESRI ArcGIS9.0 中加载，通过把各类型景观进行合并后，对合并矢量文件建立拓扑结构，并重新定义投影，接着再将矢量要素格式重采样转为分辨率为 100m×100m 的栅格文件，最后利用景观指数计算软件 Frag-stats3.3 的栅格版本和 Excel2003 的统计分析功能计算前述所需要的各景观格局指数，所得结果见表 7-2 至表 7-3。

表 7-2　1990 年景观格局指数

景观类型	斑块数/个	面积/（$\times 10^4 hm^2$）	C_i	N_i	D_i	S_i	F_i	R_i
耕地	17 796	25.212	0.071	0.237	0.192	0.133	0.633	0.084
园地	34 217	10.939	0.313	0.758	0.135	0.428	0.500	0.214
林地	23 398	22.701	0.103	0.302	0.187	0.171	0.233	0.040
草地	29 540	10.995	0.269	0.700	0.126	0.384	0.367	0.141
水体	2 017	1.903	0.106	1.057	0.016	0.382	0.767	0.293
建设用地	7 826	2.815	0.278	1.408	0.033	0.592	0.100	0.059
未利用土地	13 046	5.732	0.228	0.893	0.061	0.410	0.900	0.369

表 7-3　2002 年景观格局指数

景观类型	斑块数/个	面积/（$\times 10^4 hm^2$）	C_i	N_i	D_i	S_i	F_i	R_i
耕地	11 749	33.259	0.035	0.146	0.228	0.088	0.633	0.056
园地	34 340	8.339	0.412	0.996	0.113	0.557	0.500	0.279
林地	16 569	15.090	0.110	0.382	0.123	0.193	0.233	0.045
草地	34 543	8.580	0.403	0.971	0.115	0.544	0.367	0.200
水体	1 711	0.734	0.233	2.525	0.008	0.898	0.767	0.689
建设用地	26 351	9.666	0.273	0.752	0.107	0.400	0.100	0.040
未利用土地	15 881	4.627	0.343	1.220	0.057	0.578	0.900	0.520

　　由以上数据可知，在 1990 年的 7 种景观类型中，耕地的面积最大（25.212×$10^4 hm^2$），斑块数为 17 796 个，计算得到的破碎度指数 C_i（0.071）和分离度指数 N_i（0.237）最小，优势度指数 D_i（0.192）最大，景观结构指数 S_i（0.133）最小；园地的面积不是很大，但斑块数最多（34 217 个），破碎度指数 C_i（0.313）最大，说明园地在地域分布上较分散，破碎化程度高；建设用地的面积小，斑块数不多，为 7826 个，但斑块个体的分离程度大，计算得到的分离度指数（1.408）和结构指数（0.592）都最大；在通过最后加乘得到的景观损失指数中，未利用土地的 R_i（0.369）最大，林地的 R_i（0.040）最小，说明在遭受人类活动干扰时未利用土地所受到的生态损失最大，林地的生态损失最小。

　　在 2002 年中，仍然是耕地的面积最大（33.259×$10^4 hm^2$），斑块数为 11 749 个，计算得到的破碎度指数 C_i（0.035）和分离度指数 N_i（0.146）仍然最小，优势度指数 D_i（0.228）最大，景观结构指数 S_i（0.088）最小；园地的面积不是很大，但斑块数却还是很多（34 340 个），破碎度指数 C_i（0.412）最大；水体的面积最小（0.734×$10^4 hm^2$），斑块数最少，为 1711 个，斑块个体的分离程度大，计算得到的分离度指数（2.525）和结构指数（0.898）都最大，优势度指数（0.008）最小；与 1990 年不同，景观损失指数中，水体的 R_i（0.689）为最大，建设用地的 R_i（0.040）为最小，说明在遭受人类活动干扰时水体所受到的生态损失最大，建设用地的生态损失最小。

　　根据研究区各景观单元的面积大小，先将研究区划分为 1km×1km 的采样单元网格，即风险小区，然后利用景观损失指数对每一个采样网格计算出一个综合生态风险值，并把这个值作为采样网格中心点的生态风险值。接着，在此基础上，利用地统计学方法，计算出实验变异函数，并运用球状模型进行拟合检验，然后再利用 Kriging 空间插值中的普通克里格法进行内插，从而得到整个研究区的生态风险指数空间分布图，最后通过对得到的 ERI 值进行属性分类符号设置，将研究区基于景观结构的生态风险划分为低风险区、较低风险区、中等风险区、较高风险区和高风险区 5 个等级，具体的空间分布等级如图 7-4 所示。

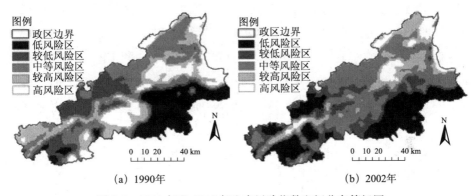

　　（a）1990 年　　　　　　　　　　（b）2002 年

图 7-4　1990 年和 2002 年生态风险指数空间分布等级图

　　由图可知，1990 年，低风险区主要位于秦岭北坡低山丘陵栎树、栓皮栎林区和秦岭北坡中山油松、华山松、栎树、锐齿栎栎林区（陕西师范大学地理系《陕西省渭南地区地理志》，1990）。这些地区在行政区划上主要包括华县、华阴市的大部分地区，以及潼关县和渭南市的部分地区。秦岭北坡中低山地带由于气候温湿，地势崎岖，人为影响较轻，还保留着相当面积的天然次生林，植被生长比较繁茂，景观的分离度、破碎度小，脆弱度低，生态环境较好，因此处于低生态风险区。

　　高风险区主要分布在黄河小北干流，北洛河、渭河和黄河的交界汇流区，大荔县沙苑农场和沙底的沙区，渭河以南方向——临潼区和渭南市交界的周边地区以及潼关县内的部分地区。黄河小北干流和三河交界的地区具有黄土层深厚、土质疏松、地形破碎、沟壑纵横、植被稀少、暴雨集中、强度很大的特点，同时由于是多泥沙水域，盐碱地和沼泽景观类型多，生态环境恶劣，因此景观的脆弱度高，优势度指数高，计算得到的景观损失指数和生态风险指数高；大荔县境内沙苑农场和沙底的沙区属于未利用土地类型，脆弱度高，对引起区域生态环境的进一步恶化有很大作用；渭河以南方向——临潼区和渭南市交界的周边地区及潼关县内的部分地区内，由于人类活动的干扰，各种景观类型交错分布，当风险小区，即划分的样地内景观构成类型的破碎度、分离度、优势度和脆弱度指数都较高时，计算得到的景观结构指数和损失指数就高，而以上所说渭河以南方向区就是通过综合计算后景观损失指数和生态风险指数较高的地区，因此这些区域都被划分为高生态风险区。

由于研究区内耕地面积最大，广大的农田集中区域都属于较低风险区，主要位于高陵县、渭河以北的临潼区和渭南市内。中等风险区主要分布在大荔县、西安市、渭南市和咸阳市城区内，其景观类型多为耕地、园地和草地，对生态环境的影响不显著。较高风险区主要位于自东向西流经研究区的渭河部分主河道区和景观类型较多的过渡带内。由于渭河下游地区降水的年内分配极不均衡，表现为夏秋多雨，冬春主旱，而且 7~10 月的降水量占年降水量的 60%，致使洪涝灾害频繁，因此河流水域在洪涝灾害发生时就极大地制约了研究区各项经济的发展，还严重威胁到了这些地区的生态平衡，因此属于较高风险区域。

2002 年，低风险区主要位于西安市城区、秦岭北坡海拔 1300m 以上的山地区和高陵县内部分地区。西安是陕西省的省会，城区内有以机械、电子、纺织、国防工业为龙头的大中型企业，而且高新技术产业和开发区都发展迅速，交通网络发达，文物古迹、风景名胜种类繁多，著名的文物古迹有半坡遗址、钟楼、大雁塔、清真大寺等，城区建设比较完备，景观脆弱度低，生态环境较好。秦岭北坡海拔 1300m 以上的山地区，即秦岭北坡中山油松、华山松、槲栎、锐齿槲栎林区，植被资源丰富，因此都处于低生态风险区。

高风险区主要分布在黄河小北干流区、潼关县内三河交界的汇流区和大荔县沙苑农场的沙区。较低风险区主要分布在秦岭北坡海拔 1300m 以下的低山丘陵地区，因为那里生长有大量的灌木和草本植物。由于耕地和园地景观的面积占整个面积的 50％以上，因此广大的耕地和园地的集中区域都属于中等风险区，而且区划面积较大。较高风险区主要位于咸阳—渭南段渭河部分主河道区、大荔县部分地区。渭河自西向东流经研究区，由于上游地区对水域的利用和部分截留，因此越往下游，如果没有支流的补充，水域将越来越少，咸阳—渭南段在本研究中相对是上游区，在此期图像研究时，由于水体和滩涂地较多，ERI 值较高，故被划分为较高风险区。大荔县内由于景观类型多样，而且交错分布，对于综合计算得到的 ERI 值较高的区域在空间结构上就属于较高风险区。

在同样的景观指数参数和划分标准下，通过对比，1990～2002 年，随着城市化进程的发展、人口和建设用地的增加、人类对林业和草业资源的开发和利用，秦岭北坡海拔 1300m 以下的低山丘陵地区（即秦岭北坡低山丘陵槲树、栓皮栎林区）由低风险区变为了较低风险区，西安城区及周边地区由 1990 年时的低、较低和中等风险区发展变为了低风险区。黄河小北干流地区以及潼关县内北洛河、渭河和黄河的交界汇流区从 1990～2002 年，虽然各流域的径流量有较大的减少，但多年（1952～2002）的平均径流量黄河北干流有 54.7 亿 m³，北洛河有 8.65 亿 m³，渭河有 59.9 亿 m³，在汛期时洪涝灾害频发，淹没农田，致使周边地区土地经常处于盐碱化和沼泽化状态，生态环境恶化，景观的脆弱度高，因此一直处于高风险区。

大荔县沙苑农场和沙底的沙区，由于沙土地较多，虽然近年来政府通过各种措施，如土质更换、植树造林、承包到户，但还没有完全改善，对周边的生态环境还有较大的影响，因此在空间分布上还不同程度地属于高和较高风险区，但明显可以看出处于高风险区内的面积有很大的减少，说明改善还是比较显著的。渭河以南方向——临潼区和渭南市交界的周边地区及潼关县内的部分地区在 1990 年时处于高风险区，到 2002 年这些地区都转变为了中等风险区。从这两期的土地利用/土地覆盖分类图上可以看出，1990 年时这些地区景观类型中多为未利用土地和草地，而且破碎度和分离度大，而到 2002 年由于人类的改造活动，耕地、建设用地、园地景观类型居多，风险小区内景观的优势度和脆弱度减小，因此风险值降低。

渭河下游水量 1990～2002 年有很大的减少，由于河道很宽、土质较好、容易灌溉、当地的农民在无水的河道内种植大量的庄稼和园地，使得河道内植被覆盖率增加，生态环境有所改善，采样计算时的 ERI 值有所降低，部分河道周围的风险由较高风险区变为了中等风险区。在研究的这十几年内，随着人口的不断增加和迁移，城乡的不断发展建设，当地政策的改变实施（如由早期的大量开荒开垦到后期的退耕还林还草）和一些自然灾害因素的影响，景观的类型和结构在不断发生着改变，因此基于景观结构的生态风险区也在发生着不同程度的转换，从两期生态风险指数空间分布等级图上可以看出这些变化。

第四节　本章小结

利用土地利用/土地覆盖分类图和一系列能检测、模拟和估计变量在空间上的相关关系和格局的地统计学分析方法，借助能反映景观结构组成和空间配置某些方面特征的景观格局指数，按照区域生态风险评价的方法和步骤可以定量化地揭示生态风险的空间分布特征，进一步建立在不同干扰下景观结构与区域生态风险的有机联系，为区域生态环境管理提供数量化的决策依据和理论支持。

由于区域生态风险指数能够较好地评价生态环境状况，本章在 1990 年和 2002 年两个时期土地利用分类图的基础上，以 7 类景观类型为风险受体，人类干扰为风险源，通过构建生态风险指数模型，划分风险小区，对两个时期的分类图进行采样计算。在此基础上，利用地统计学方法，运用球状模型对计算得到的实验变异函数进行拟合和检验，然后再利用 Kriging 空间插值法进行内插，从而得到整个研究区的生态风险指数空间分布图。在对 ERI 值分级区划后，将研究区基于景观结构的生态风险划分为低风险区，较低风险区，中等风险区，较高风险区和高风险区 5 个等级。

从两期风险等级图上可以看出，1990~2002 年，由于人口的不断增加，城市化进程的发展，当地政策的变化实施等原因，景观结构在人类活动的影响下不断发生变化，生态环境也在不同程度地变好或变坏，因此不同等级的风险区随着景观结构的变化也在发生着相互的转化。对研究得出的高和较高生态风险区应要引起高度重视，探求原因，力争改善，提高土地的生产功能，对中等、较低和低生态风险区要加强建设和保护，力求结构更加合理。

　　本章是基于景观结构进行分析，因此作为生态终点度量的指标都是以景观格局指数为基础进行构建。同时，在风险源的确定上，只考虑了人类干扰这一种，针对研究区特点，还有一些其他对生态系统造成损害的自然生态风险源，比如洪水、干旱、污染、水土流失等，这将在后面章节中分别进行研究和讨论。

第八章 区域洪水灾害生态风险评价研究

洪水灾害主要是指由于大气降水的异常不规则运动所引起的洪水给人类正常生活、生产活动带来的损失与祸患，在水利科学界主要是指水灾和涝灾（左大康，1990）。洪水灾害包括两方面的含义：一是发生洪水，二是形成灾害。洪水是指连续强降雨、暴雨或迅速的冰雪融化、水库溃坝等引起的江河、湖泊、水库水量迅猛增加和水位急剧上涨的自然现象，是自然环境系统变化的产物，其发生和发展受自然环境系统作用和制约。因洪水造成的滑坡、泥石流、农田淹没、房屋倒塌、交通电力中断、人员伤亡等现象则称为洪水灾害，简称洪灾。

风险评价（风险分析）最早盛行于金融界，风险评价应用于自然灾害这一不确定性事件，还是 20 世纪 80 年代中后期的事情。风险分析是研究在某一定区域、特定时间内可能遭受何种不利事件，并分析该事件发生的可能性大小，即产生的后果。洪水灾害风险分析是分析不同强度洪水发生的概率及其可能造成的洪水灾害损失，是洪水灾害管理的基础性工作，是制定各项防洪减灾措施，尤其是非工程防洪减灾措施的重要依据，洪水灾害风险评价对于减轻洪灾的损失具有重要意义（万庆，1999；胡政和孙昭民，1999）。

第一节 洪水灾害风险评价的理论与方法

一、洪水灾害系统

洪水灾害是自然界的洪水作用于人类社会的产物，是人与自然关系的一种表现，具有时间和空间的差异性、多样性、随机性、可预见性和可防御性的特点。一般而言，形成洪水灾害必须具有以下条件：①存在诱发洪水的因子（称为致灾因子）及形成洪水灾害的环境（称为孕灾环境）；②洪水影响区有人类居住或分布有社会财产（称为承灾体）。它们三者之间相互作用的结果形成了通常所说的灾情。从系统论的观点来看，孕灾环境、致灾因子、承灾体、灾情之间相互作用，相互影响，相互联系，形成了一个具有一定结构、功能、特征的复杂体系，这就是洪水灾害系统（Wei and Jin, 1997）。图 8-1 描述了洪水灾害系统的组成及其因果关系的逻辑结构。

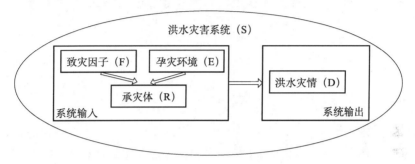

图 8-1 洪水灾害系统及其逻辑结构

由图 8-1 可知，洪水灾害系统是由孕灾环境、致灾因子、承灾体、灾情这四个子系统组成，而每一个子系统又包括其各自的子系统。其中，孕灾环境（E）又包括大气环境、水文气象环境以及地形地貌环境（又称为下垫面环境）。致灾因子（F）中包括暴雨、冰雪消融、冰凌、溃坝、水库洪水、城市洪水及其他洪水。承灾体（R）可划分为人、城市、工业及矿业、农业、环境等。灾情（D）可以包括人员伤亡、工农业直接经济损失、间接经济损失以及建筑的破坏量等（魏一鸣等，1997）。

洪水灾害系统内各个子系统或局部子系统之间相互作用，相互联系，形成了复杂的关联。这种关联的复杂性不仅表现在结构上，而且表现在内容上。洪水灾害系统是一个"人-自然-社会"系统，具有极高的维数。图 8-2 描述了洪水灾害系统内各子系统之间的复杂关联关系。

洪水灾害的形成受多种因素的影响，每一种因素又包含众多的表现形式，形成了洪水灾害系统内各因素之间复杂的因果表达关系，从而使得系统内部因素间因果层次关系不明确。例如，降雨作为直接影响径流的重要因素之一，由于其时空分布的不同对径流的影响作用也不同。在相同降雨量的情况下，降雨越集中（如暴雨），则径流量越大，径流过程越快；反之，降雨历时越长（如淫雨），则径流量越小，径流过程越缓。若降雨集中在流域的下游，洪水

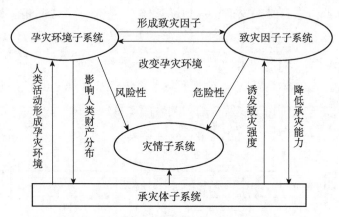

图 8-2　洪水灾害系统内各子系统之间关系

上涨往往较快，且涨洪历时短，洪峰流量较大。再如，暴雨中心移动方向顺流而下时，常会造成较大的流域洪水，从而可能形成较大的洪水灾害。

洪水灾害系统具有高维性、复杂性、不确定性、开放性、动态性和非线性的特点。因此，从系统科学的观点来看，它是一个动态复杂的大系统。针对这一复杂大系统的控制和管理，无论是采用经典的控制理论，还是采用传统的运筹学技术，都将遇到困难（魏一鸣等，1999）。

二、洪水灾害风险评价的内容

洪水灾害风险可定义为不同强度洪水发生的概率及其可能造成的洪水灾害损失。显然，这一定义确切地反映了洪水灾害本身的自然和社会属性。基于这一定义，洪水灾害风险概括起来具有以下特征：①客观性；②既是经济风险又是非经济风险；③由于洪水灾害带来的收益与其带来的损失相比是微不足道的，因此是纯风险；④空间性；⑤可测算性；⑥动态性。洪水灾害的风险分析和评价是洪水灾害风险管理和决策的依据，也是洪水灾害风险管理的核心和基础。图 8-3 是洪水灾害风险分析（FDRA—flood disaster risk analysis）、洪水灾害风险评价（FDRE—flood disaster risk evaluation）和洪水灾害风险管理与决策（FDRMD—flood disaster risk management and decision-making）三者之间的关系图（魏一鸣等，2001）。

由图 8-3 可知，洪水灾害风险分析是洪水灾害风险评价的基础，其主要工作是风险识别和风险估计。风险识别即是对可能引起洪水灾害的各种因素进

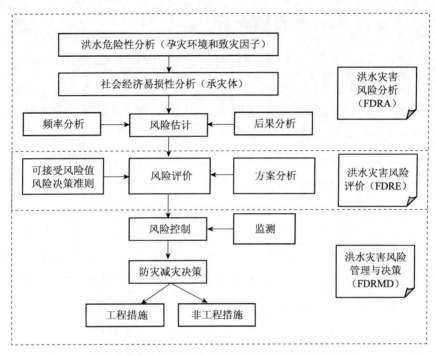

图 8-3　FDRA、FDRE 和 FDRMD 三者之间关系图

行辨别、归纳、推断和预测，并分析发生洪水灾害的原因过程，以鉴别出洪水灾害的特性等；风险估计即是根据历史资料，运用概率统计等方法对洪水灾害发生的概率和损失做出定量估计的过程。从系统的观点可将洪水灾害风险分析划分为洪水灾害危险性分析、洪水灾害易损性分析和洪水灾害损失评估三个部分。其中，危险性分析主要针对孕灾环境和致灾因子，易损性分析主要针对承灾体。

（一）洪水灾害危险性分析

危险性是指不利事件发生的可能性，危险性分析就是从风险诱发因素出发，研究不利事件发生的可能性，即概率。洪水危险性分析就是研究受洪水威胁地区可能遭受洪水影响的强度和频度，强度可用淹没范围、深度等指标来表示；频度即概率，可以用重现期（多少年一遇）来表示。概括地说，洪水危险性分析是研究洪水发生频率与洪水强度关系的方法。

（二）洪水灾害易损性分析

不同承灾体遭受同一强度的洪水时，损失程度会不一样，同一承灾体遭受不同强度洪水时，损失程度也不一样，即易损性不同。所谓洪水灾害易损性是指承灾体遭受不同强度洪水的可能损失程度，通常可用损失率来表示。

洪水灾害易损性分析是研究区域承灾体易于受到致灾洪水的破坏、伤害或损伤的特征。为此，首先识别洪水可能威胁和损害的对象并估算其价值，其次估算这些对象可能损失的程度。概括地说，洪水灾害易损性分析是研究洪水强度与损失率关系的方法。

（三）洪水灾情评估

洪水灾害灾情评估是在危险性分析和易损性分析的基础上计算不同强度洪水可能造成的损失大小（叶金玉，2003）。

目前国内外采用的洪水灾害风险评价的方法有专家评价法、成因分析法、因子叠加法、模糊数学法、经济分析法、加权综合评价法、运筹学和其他数学方法等。

三、GIS方法和研究进展

地理信息系统（GIS）是支持空间数据的采集、管理、处理、分析、建模和显示的技术系统。由于洪水灾害风险评价涉及气象因素、下垫面因素、洪水特征和社会经济发展状况，这些因素均具有较强的区域差异性，表现为具有空间特征的空间数据，而GIS作为空间数据管理和分析的重要技术方法，对洪水灾害风险评价有着极大的支持与辅助作用。主要表现在以下几个方面（周成虎等，2000）。

（1）集成化的空间数据。GIS为洪水灾害评价提供了各种可利用的基础数据（陈丙咸等，1996）。

（2）GIS提供了对数据层内部及相互间的操作能力，如根据数字高程模型生成坡度、坡向、水系等（Badji and Dautrebande，1997；Chen D Q et al.，1999）。

（3）构造分析单元的工具。GIS的空间拓扑叠加方法为构造性质均一的分析单元提供了强有力的工具（潘耀忠和史培军，1997）。

（4）构建集成系统的基础。目前有很多有关洪水灾害的评价与管理系统都是以 GIS 为基础而集成起来的（Leggett and Jones，1996）。

灾害风险评价是目前国内外灾害学研究的热点问题之一，也是灾害预测预报和减灾防灾工作中的重要内容。关于洪水灾害风险区划及评价分析，美、日等发达国家早在 20 世纪五六十年代就已开始研究，制作并发布了国家级的洪灾风险图（Correia et al.，1998）。Erich（2002）在研究灾害风险时就指出，洪灾风险分析可分为危害性判断、易损性分析和风险判断三个步骤来进行；Shanker 等（2002）通过水文和水力学模型与 GIS 的集成，使系统能自动生成洪灾风险图，并能提供洪水本身的特征以及流域内的社会经济状况等；瑞典学者 Eldeen 根据洪水危险度等级，将洪水易发区分为 4 个不同的危险区，每个区又分为 1~5 个亚区等；德国保险业为了确定一定区域内的保费需要，根据各地河流泛滥的风险程度不同，将整个德国划分为低风险暴露区、中风险暴露区和高风险暴露区 3 个地区（秦年秀和姜彤，2005）；Zerger 等（2002）利用 DEM、建筑物和道路网等估算了洪灾的风险程度。我国则从 20 世纪 80 年代中期开始开展这类研究，许多研究工作还局限于单一学科的探讨。李吉顺等（1996）基于历史灾情数据构建了"综合危险度"和"相对危险度"两种无量纲量，对全国暴雨洪涝灾害的危险性进行了评估和区划；汤奇成和李秀云（1997）根据洪灾形成的自然和社会因素，编制了以县为单位的中国洪灾危险程度图；张行南等（2000）以气象、径流和地形三大影响因素等考虑编制了中国洪水危险程度区划图；李辉霞和蔡永立（2002）根据生态风险评价原理，结合太湖流域的自然特点，提出成因分析法的指标模型，并通过分析太湖流域 8 个大中城市的汛期降雨量和地形地貌因子对洪涝灾害生态风险的影响度，得出各个城市洪涝灾害的生态风险度；何报寅等（2004）根据洪灾的影响因子等对湖北省洪涝灾害危险性进行了评价；田国珍等（2006）利用 GIS 软件的空间分析模块，基于高分辨率的全国降雨、地形坡度、河流湖泊缓冲区、人均 GDP、人口密度等影响水灾发生的风险因子图，采用水灾成因分析法和经验系数法，得到洪水的潜在危险区和经济易损区，进而得到中国洪水灾害风险区划。

第二节　历史洪灾概述

一、历史洪灾概述

渭河流域位于我国地形阶梯的第三级，绝大部分为开阔的平原，河道比降小。由于上游来水和下泄能力的矛盾突出，加之受季风气候影响，渭河流域降水主要集中在 7～10 月，因此较长时间的连阴雨、连续暴雨或大范围暴雨往往带来洪水灾害。近年来渭河下游泥沙淤积严重，淤积的重心不断向上游延伸，范围也不断向上游扩展，使渭河几乎每年汛期都有不同程度的洪灾出现（张琼华和赵景波，2006）。

经过对 20 世纪 50 年代以来渭河流域洪水灾害有关资料的统计分析发现，1954～2002 年共出现洪灾 45 次，年平均近 1 次，其中，50 年代出现 3 次，60 年代出现频次最多，达 14 次，占总次数的 31%，70 年代出现 9 次，80 年代出现 9 次，90 年代出现 9 次，如图 8-4 所示。同一年内出现 3 次（最多）洪灾的有 1962 年、1966 年、1970 年和 1996 年，其中 60 年代出现最多，其原因除了降雨本身偏多外，水利防洪设施较差，河道防洪能力不强也是重要原因；同一年内出现 2～3 次洪灾的年份数除 80 年代为 2 次外，60～70 年代、90 年代均出现了 3 次。因此，50～70 年代洪灾频次随年代变幅较大，从 70 年代开始变化不大，但同一年内出现洪灾的次数有增多现象。经过分析，45 次个例中有 8 次是全流域性的严重洪涝，其中 70 年代出现最多，为 3 次，90 年代次之，为 2 次，其余均为 1 次。

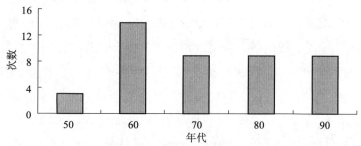

图 8-4　渭河流域陕西段各年代洪水灾害直方图

由表 8-1 可知，渭河流域洪水灾害最早出现在 5 月上旬，汛期出现频率最高，集中在 7 月和 8 月，均为 18 次，其中 7 月下旬可高达 11 次，以后逐旬减少，最迟出现在 10 月中旬。

表 8-1　渭河流域洪水灾害时间分布

时间/旬	5 月			6 月			7 月			8 月			9 月			10 月		
	上	中	下	上	中	下	上	中	下	上	中	下	上	中	下	上	中	下
次数	2	1	0	1	0	0	6	1	11	8	6	4	0	2	0	1	2	0
总计		3			1			18			18			2			3	

在将渭河流域陕西段分为三个区（宝鸡市所辖段称为上游，咸阳市、西安市所辖段称为中游，渭南市所辖段称为下游）后，对不同区域进行洪灾统计的结果见表 8-2。可知：渭河流域中下游出现洪灾的几率较高，占总数的 60%。其中，渭河中游单独出现洪灾 17 次，占总数的 37.8%，这是由于中下游的北部分别有泾河与北洛河两条主要支流，加之秦岭北麓渭河的南山支流也多于上游，所以容易发生洪灾；而中游多于下游，主要是由于泾河上游支流众多，降水强度大，中的泾河流域面积（4.54 万 km^2）大于下游的北洛河（2.69 万 km^2），泾河河道平均比降（2.47‰）大于北洛河（1.98‰），这样造成了中游洪灾的概率最高。黄河小北干流单独出现 3 次，全流域出现洪灾 8 次（暴雨日 27 个），这虽然只占 17.8%，但洪灾范围广、灾情重、损失大，造成的洪涝是全流域性的（王旭仙等，2003）。

表 8-2　渭河流域陕西段不同河段洪灾次数统计

区域	渭河上游	渭河中游	渭河下游	全流域	黄河小北干流	合计
次数	7	17	10	8	3	45
占比/%	15.6	37.8	22.2	17.8	6.7	

河流洪水通常分为一般洪水（10～20 年一遇）、大洪水（20～50 年一遇）、特大洪水（50～100 年一遇）、极大洪水（大于 200 年一遇）四级。渭河是黄河的最大支流，洪水一般主要由暴雨形成，危害极大。

三门峡水库建库前，渭河主河槽的泄洪能力为 4500～5000 m^3/s，1960 年三门峡水库蓄水运行后，渭河水流流速变缓，河道比降变缓，冲淤平衡失控，造成下游河道的大量淤积，导致下游河道主槽过流断面逐年萎缩，河道过流能力大幅度降低，使渭河下游由一条冲淤平衡的地下河逐渐沦为一条"悬河"。渭河河道淤积使潼关高程抬升，潼关位于渭河入黄的河口地段，潼关高程直接影响渭河的行洪能力，是控制渭河冲淤平衡的基准面。潼关高程居高不下，渭河河道淤积、洪水位高就是引发"92·8、96·7、03·8"等小流量高水位洪水，造成小水大灾的直接原因。

20世纪90年代以来，渭河下游河槽淤积加剧，洪水过程线由尖瘦逐渐变得矮胖，洪峰出现明显推后，洪水历时显著延长，峰现时刻比70年代滞后了许多。作为渭河下游主要控制站的华县水文站，其随时间变化的历史洪水特征值及相应的灾情统计见表8-3。由表可知：华县站1977年最大洪峰流量为4470m³/s，洪水过程陡涨陡落，从900m³/s起涨到回落，总历时56h；1992年洪峰比1977年洪峰小520m³/s，洪峰却比1977年推后了约48h，洪水历时延长了50h；2003年最大流量为3540m³/s，洪峰流量比1977年小930 m³/s，峰现时刻却比1977年推后了大约88h，洪水涨落时间为219h，洪水历时延长了2.92倍，洪水的涨落水段上都有明显的平台段，洪水历时为历史罕见。由此可见渭河下游洪水随着时间推移呈现出历时变长、水位变高和峰现时间错后以及灾害严重的显著特点（屠新武等，2006）。

表8-3　渭河华县站历史洪水特征值及灾情

年份	洪峰流量 / （m³/s）	历史排序	最高水位 /m	历史排序	最大含沙量 / （kg/m³）	次洪量 /亿 m³	历时 /h	受灾情况或财产损失
1954	7660	1	338.81	10	290.0	12.6		滩地淹没
1958	6040	2	338.46	11	60.1	19.6	216	滩地淹没
1966	5180	6	339.47	8	636.0	10.8	120	滩地淹没
1968	5000	9	340.54	6	76.0	17.8	192	滩地淹没
1973	5010	8	341.57	5	428.0	7.16	69	滩地淹没
1977	4470	13	340.43	7	795.0	1.53	56	滩地淹没
1981	5380	4	341.05	3	68.7	8.36	64	滩地淹没
1983	4160	18	339.37	9	38.3	8.68	144	滩地淹没
1992	3950	23	340.95	4	542.0	6.77	106	2.6亿元
1996	3450	32	342.24	2	565.0	3.19	48	2.74亿元
2003	3540	31	342.76	1	606.0	31.9	219	28亿元

1992年8月中旬，三门峡库区渭、北洛河下游发生洪水，渭河华县站最大洪峰流量为3950 m³/s，属于常遇洪水，重现期不足5年一遇。但这场洪水包括北洛河在内有4.6万hm²农田受灾，其中成灾面积3.6万hm²，绝收面积2.1万hm²。渭河围堤和4条南山支流方山河、柳叶河、罗夫河、长涧河倒灌决口，2.7万返库移民房屋倒塌，造成直接经济损失2.6亿元（李惠茹，2004）。

1996年7月29日至8月3日，渭河下游华阴、华县（简称二华）的"二

华夹槽"地带连遭洪水袭击，渭河华县水文站形成 3450 m³/s 的洪峰，水位
达 342.24m，是华县从建站到 2002 年的最高水位。渭河大堤全面临水，水深
2m，局部达 3m，渭河洪水严重倒灌南山支流，农作物受淹面积 2.7 万 hm²，
直接经济损失 2.74 亿元（唐山，2003）。

　　2003 年 8 月下旬至 10 月中旬，渭河流域出现了近 40 年未曾发生的连续
降雨过程，降雨以小到中雨为主，时间持续近 50 天，平均降雨量为 250～
280mm，最大降雨区超过 300mm，全过程雨量相当于当地平均雨量的 40%～
50%。连续的降雨过程造成渭河下游洪水不断，从 2003 年 8 月 24 日至 10 月
6 日，渭河干流共发生 6 次大洪量、长历时、高水位的连续洪水过程，洪水总
量近 46 亿 m³，相当于渭河多年平均径流量的 1/2（表 8-4）（张成等，2006）。

表 8-4　渭河"03·8"洪水主要站洪水特征值

序号	咸阳			临潼			华县		
	洪峰水位 /m	峰现时间	洪峰流量 / (m³/s)	洪峰水位 /m	峰现时间	洪峰流量 / (m³/s)	洪峰水位 /m	峰现时间	洪峰流量 / (m³/s)
1	383.24	—	81.5	357.80	08−27 T12：30	3200	341.32	08−29 T16：48	1470
2	387.86	08−30 T21：00	5170	358.34	08−31 T10：00	5090	342.76	09−01 T09：48	3540
3	387.08	09−06 T23：18	3600	357.95	09−07 T12：30	3820	341.70	09−08 T18：00	2160
4	386.79	09−20 T09：54	2760	357.92	09−20 T17：30	4270	342.03	09−21 T21：00	3020
5	385.76	10−02 T14：12	1690	356.96	10−03 T10：30	2630	341.30	10−05 T06：00	2680
6	385.14	10−11 T20：00	889	355.88	10−12 T17：00	1790	339.73	10−13 T05：00	2020

　　"03·8"洪水造成西安、咸阳、渭南 3 市 12 县（区）受灾，受灾人口
56.25 万人，迁移人口 29.22 万人；受灾农田面积 9.2 万 hm²，其中成灾面积
8.2 万 hm²，绝收面积 7.5 万 hm²；倒塌房屋 18.72 万间；损坏水利工程设施
6537 处，公路 158 条 558km，输电线路 296km；淹没学校、卫生所等公共设
施 205 所，使 4.9 万名学生无法上学，近 30 万人失去初级医疗条件，依靠医
疗队治病。洪水导致渭河秦岭北麓 8 条支流顶托倒灌，其中方山河、罗纹河、
石堤河 3 条支流 5 处决口。渭河下游两岸堤防工程、控导工程、险工等多处
出险，主要包括堤防塌陷、管涌、土石方冲塌等险情。据不完全统计和估算，

直接经济损失达 28 亿元。这次洪水是渭河下游新中国成立以来最严重的一次灾害（邱青文，2005）。

二、本章技术路线

洪水灾害具有自然和社会的双重属性。洪水灾害风险分析是洪水灾害风险评价的前提和基础。考虑到研究区引发洪水的各种因素，基于洪水灾害风险评价的理论和方法，将传统的洪灾研究方法和现代技术手段 GIS 相结合，将洪水灾害风险评价分为洪水灾害危险性评价和洪水灾害易损性评价两个部分。洪水灾害危险性评价主要是从形成洪水灾害的自然属性出发，通过选取降水、地形、水系、过境洪水和防洪工程几个因素，在分析评价了它们对洪水灾害危险性的影响后，得出了各因子的洪水灾害危险性影响度分布图。洪水灾害易损性评价主要是从承灾体遭受损失的社会属性出发，通过选取人口密度、GDP 密度、单位面积年粮食产量等指标，在分析评价它们对洪水灾害易损性的影响后，得到了各因子的洪水灾害易损性影响度分布图。而对区域洪水灾害生态风险的综合评价运用如下公式获得：

R（洪灾风险评价）＝H（危险性影响度评价）×L（易损性影响度评价）

对洪水灾害风险评价研究主要运用了层次分析法（AHP）和因子叠加法。AHP 法主要是确定各因子的权重，因子叠加法主要以栅格作为评价基本单元，利用 ArcGIS 软件工具将各因子的洪水灾害危险性影响分布图和洪水灾害易损性影响分布图进行叠加，从而得到研究区的洪水灾害风险评价图。

研究主要使用 ArcGIS 9 中具有的空间数据叠加分析、缓冲区分析、重分类、内插、邻域分析、空间统计、表面分析等功能。由于洪水灾害系统是一个复杂大系统，这种利用 GIS 工具进行的"自下而上"的空间分析方法是比较适用和简单易行的。

传统的风险评价都是以河流和洪泛区为主，以洪水实际淹没范围划定的边界来进行，但这样并不能完全反映具体所在的行政县域所受的灾害情况，也根本不可能获得该县域单元上经济价值和灾害损失情况。本章主要按行政区划将研究区分为咸阳市城区、西安市城区、高陵县、临潼区、渭南市城区、华县、华阴市、大荔县、潼关县 9 个区，以各区的行政边界为单位，通过综合分析对洪水灾害有影响的降水、地形、水系、过境洪水和防洪工程等自然致灾力的影响度，以及承灾体遭受不同强度洪水可能损失程度的易损性影响度，运用 AHP 法和因子叠加法，对渭河下游河流沿线区域的洪灾风险进行综合评价。其结果能为该地区洪灾可能损失估算提供基础，并为今后该地区洪水风险管理、防洪减灾规划、洪水保险保费的制定等提供依据。同时也为渭河下游洪水的合理调度运用提供理论基础，为渭河下游河流沿线地区长期的土地优化利用、远期社会经济发展规划等提供合理性参考。

综上所述，本章的技术路线如图 8-5 所示。

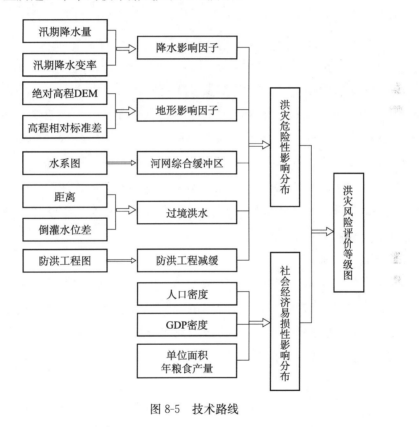

图 8-5　技术路线

第三节　洪水灾害危险性分析

一、降水对洪水灾害危险性的影响

渭河流域远离海洋，属大陆性气候，具有冬季雨雪少、无霜期短，春季升温快、昼夜温差大的特点，多年平均降水量 683.6mm，局部可达 1000mm。流域降水量及其年内分配受东亚大气环流和流域特殊地形的影响，形成每年 10 月至次年 3 月冬春少雨的环流背景，降水量仅占年总量的 20%。夏秋季随着太平洋副热带高压北展西延，西南季风盛行，并伴有地形动力抬升作用，使降水量大增，4～9 月降水量占年总量的 80%。流域内的降水量分布极不均匀，由东南向西北递减（张育生，2005）。

渭河流域的洪水主要由暴雨造成，具有区域性和季节性的特点。区域性是指陕南洪水，多由大面积暴雨形成，产流率高，峰体较胖，一次洪水过程一般在 5～7 天左右；陕北洪水多由局地暴雨形成，峰体尖瘦，洪峰陡涨陡落，一次洪水一般维持 1～2 天，甚至几个小时；关中因地势较缓，洪水特性呈陕南、陕北过渡状。季节性是指发生在不同季节的洪水各有差异，春秋两季降雨一般持续时间长，范围广，形成的春汛和秋汛洪水一般峰体胖、峰值小、洪量大、持续时间长；而盛夏洪水往往持续时间较短，峰值大、洪量小，两者形成鲜明对照。单次洪水所具有的共性是短历时、高流速、大含沙（党振业和周一敏，1993）。总之，在渭河流域内较长时间的连阴雨、连续暴雨或大范围暴雨往往带来洪水灾害，而降水量年内分配不均和年际变化强烈是形成渭河流域洪水的主要原因。

降水对洪水灾害的影响主要与降水多少有关，降水量以年降水深度表征，降水量越大则对洪水的形成所做的贡献也越大，因此，降水量多少与洪灾有密切关系。除了降水量之外，影响洪水发生的气象因素还有降水变率。降水变率是降水平均偏差与多年平均降水量的百分比，是衡量降水稳定程度的指标。降水变率越小，说明降水年际变化越小，降水量越稳定；降水变率越大，降水量年际变化大，往往引起旱涝灾害（黄民生和黄呈橙，2007）。由于研究区的降水量主要集中在 7～10 月，约占全年降水量的 60% 以上，而且也正处于汛期，所以，在分析过程中，根据研究区引起洪水灾害的降水特征，采用 9 个区的多年平均汛期雨季（7～10 月）降水量和降水变率来综合表征降水量对洪水危险性的影响。

降水资料主要来源于陕西省气象局和水文局，包括 9 个区气象站、渭河流域内相应水文站的 1961～2005 年的降水数据。渭河下游区间干流上有 3 个水文站，即咸阳站、临潼站和华县站。研究不仅采用了研究区范围内的测站降水资料，而且还采用了周边相关测站数据（表 8-5）。研究区范围内选取的各降雨量数据的测站地理位置见图 8-6。

表 8-5　降水量相关测站数据

序号	站名	纬度°（N）	经度°（E）	多年平均降水量（7～10 月）/mm	类别
1	咸阳	34.4	108.72	295.6	气象站
2	西安	34.3	108.93	320.9	气象站
3	高陵	34.52	109.08	304.6	气象站
4	临潼	34.4	109.23	346.8	气象站
5	渭南	34.52	109.48	327.6	气象站
6	华县	34.52	109.73	343.0	气象站
7	华阴	34.55	110.08	352.5	气象站
8	大荔	34.87	109.93	306.6	气象站
9	潼关	34.55	110.23	355.5	气象站
10	咸阳	34.32	108.7	315.8	水文站
11	临潼	34.43	109.2	339.0	水文站
12	华县	34.58	109.77	324.3	水文站
13	桃园	34.47	108.97	328.6	水文站
14	朝邑	34.77	109.87	310.2	水文站
15	马渡王	34.23	109.15	510.18	水文站
16	罗敷堡	34.53	109.95	504.12	水文站
17	华山	34.48	110.08	465.2	气象站
18	长安区	34.15	108.92	392.4	气象站
19	韩城	35.47	110.45	353.8	气象站
20	黑峪口	35.05	108.2	484.1	水文站
21	富平	34.78	109.18	315.9	气象站
22	白水	35.18	109.58	367.6	气象站
23	蒲城	34.95	109.58	327.9	气象站
24	澄城	35.18	109.92	334.8	气象站
25	合阳	35.23	110.15	334.6	气象站

本章首先计算多年平均汛期雨季（7～10 月）的降水量和降水变率，再通过各测站的经纬度坐标定位到地图上，形成平均汛期雨季降雨量和降水变率点状图，然后以该点状图为基础图，在 ArcGIS 9 的桌面软件 ArcMap 中采用以插值点与样本点间的距离为权重进行加权平均的反距离权重（inverse distance weighted，IDW）插值法进行空间插值，并采样得到分辨率为 90m×90m 的面状栅格图，空间分析中的范围以研究区的政区边界图为基准，投影也与边界文件相同。最后将多年平均汛期雨季降雨量和降水变率插值图进行

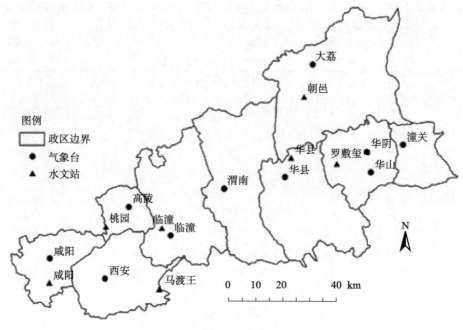

图 8-6 研究区范围内各测站地理位置

联合，通过其所属级别赋予不同的影响因子，从而制作得到综合降水因子对洪水灾害可能形成的影响度图。

对于不同量纲和不同级别的数据，标准化过程可选用以下两种方法进行（赵鹏大，2004）。

（1）公式法

$$N = \frac{I - I_{\min}}{I_{\max} - I_{\min}} \times (0.9 - 0.1) + 0.1 \qquad (8\text{-}1)$$

式中，I 是原始系列数据，$I_{\min}$ 和 $I_{\max}$ 分别为其中的最小值和最大值；N 是标准化后的值。经过标准化后的值域为 $[0.1, 0.9]$。

（2）专家分级赋值法

当数据的分布呈不规则分布时，采用上述方法会导致处理后的数据分布不均匀，这时可采用分级赋值法，其原则是尽量使数据呈正态分布。

图 8-7 和图 8-8 分别为分辨率为 $90m \times 90m$ 的多年平均汛期雨季降雨量和降水变率插值图。

根据降水量越大，影响度越高，降水变率越大，降水量越不稳定，洪水

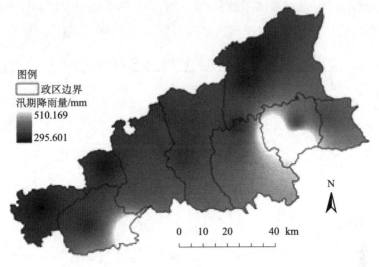

图 8-7　汛期降雨量插值图

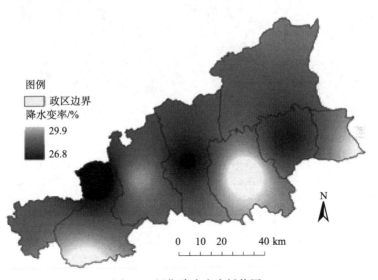

图 8-8　汛期降水变率插值图

危险性越高的原则，可以确定出降水因子对洪灾形成的影响度划分标准，影响度的值域定义在（0，1）（表 8-6）。在 ArcToolbox 中首先利用 Combine 函数将多年平均汛期雨季降雨量和降水变率插值图进行联合，并将属性数据输出，然后利用 IDL 语言按照影响度划分标准编写程序，最后将赋值计算结果存为 dbf 格式，在 ArcMap 中进行属性合并，通过分类符号设置，从而得到分辨率为90m×90m的综合降水因子对洪水灾害危险性的分级影响度（图8-9）。由图可知影响度值越高，对引起洪水灾害危险性的影响就越大。

表8-6　综合降水因子的影响度划分标准

降水变率/% ＼ 降水量/mm	＜329	329～340	340～355	355～377	＞377
＜28.3	0.3	0.4	0.5	0.6	0.7
28.3～28.6	0.4	0.5	0.6	0.7	0.8
＞28.6	0.5	0.6	0.7	0.8	0.9

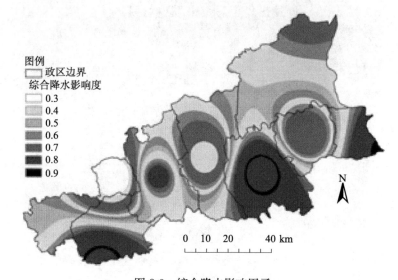

图例
政区边界
综合降水影响度
0.3
0.4
0.5
0.6
0.7
0.8
0.9

N

0　10　20　　40 km

图8-9　综合降水影响因子

二、地形对洪水灾害危险性的影响

渭河流域地形特点为西高东低，西部最高处高程3495m，自西向东，地势逐渐变缓，河谷变宽，入黄口高程与最高处高程相差3000m以上。主要山脉北有六盘山、陇山、子午岭、黄龙山，南有秦岭，最高峰太白山，海拔3767m。流域北部为黄土高原，南部为秦岭山区。

渭河中下游北部为陕北黄土高原，海拔900～2000m；中部为经黄土沉积和渭河干支流冲积而成的河谷冲积平原区——关中盆地（盆地海拔320～800m，西缘海拔700～800m，东部海拔320～500m）；南部为秦岭土石山区，多为海拔2000m以上的高山（渭河流域地形地貌，2007）。图8-10是研究区数字高程模型，该高程图是由美国国家图像和测绘局（NIMA）同美国宇航局（NASA）合作于 2000 年进行的航天飞机雷达拓扑测绘而得到的 SRTM-3 地面高度数据，分辨率为 3 弧秒，即 90m×90m。此图是经过镶嵌、投影转换、边界掩膜等后处理的分辨率为 90m×90m 的图像。由 DEM（digital elevation model）可知，研究区内的高程值范围介于 317～2632m，渭河以北和以南的平原区海拔多在 317～500m；海拔 1000m 以上的地区主要位于渭南、华县、华阴、潼关四县南部的山地，即太华山北坡低山中山区，其中五岳之一的华山就在华阴市内，最高海拔 2160m；其余地区多在海拔 500～1000m，主要包括临潼区、渭南和潼关的部分地区，著名的骊山风景名胜区位于临潼区内，最高海拔 1302m。

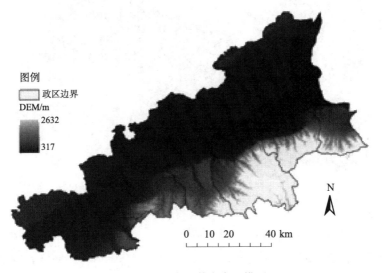

图 8-10 研究区数字高程模型

地形与洪水危险程度是密切相关的。地形对形成洪水的影响主要表现在两个方面：地形高程及地形变化程度。地形高程越低，地形变化越小，越容易发生洪水。地形变化可以用坡度来表示。在 ArcMap 软件中，对坡度的计算原理是仅考虑相邻栅格的高程变化程度，实际上影响洪水危险程度大小的是一定范围的地形变化，因此仅仅考虑相邻栅格是不合理的。由于 ArcMap 软件的空间分析模块提供了计算某一栅格一定邻域内相对标准差的功能，而高程相对标准差能很好地反映栅格处的地形变化程度（张念强，2006）。综合考虑软件的计算功能和对地形变化程度的需要，研究通过数字高程模型来确定绝对高程，而采用高程相对标准差来取代坡度。高程相对标准差的计算主要以 DEM 为底图，采用 ArcMap 空间分析模块 Neighborhood Statistics 中的 Standard Deviation 方法，通过计算每个栅格周围 5×5 邻域内的 25 个栅格（相当于 0.2025km^2）的高程标准差，从而得到数字高程相对标准差分布（图 8-11）。一般认为，标准差越小，表明该栅格附近地形变化越小，越容易发生洪水。

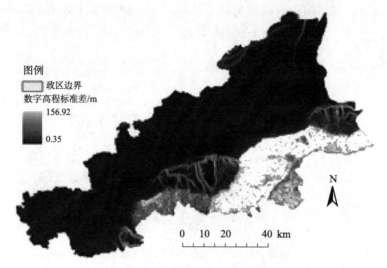

图 8-11　数字高程标准差分布图

根据绝对高程越低，相对高程标准差越小，洪水危险程度越高的原则，可以确定综合地形因子与洪水危险程度的关系（表 8-7）。同样，在 ArcMap 中综合叠加 DEM 和数字高程标准差栅格图，进行属性合并，然后依据关系表利用 IDL 编程分级赋值，可以计算出每一栅格的地形综合影响因子，从而得到分辨率为 90m×90m 的综合地形因子对洪水灾害危险性的分级影响度（图 8-12）。

表 8-7　综合地形因子影响度关系

绝对高程/m 高程标准差/m	< 348	348~368	368~416	416~706	>706
一级（< 1.23）	0.9	0.8	0.7	0.6	0.5
二级（1.23~10.42）	0.8	0.7	0.6	0.5	0.4
三级（> 10.42）	0.7	0.6	0.5	0.4	0.3

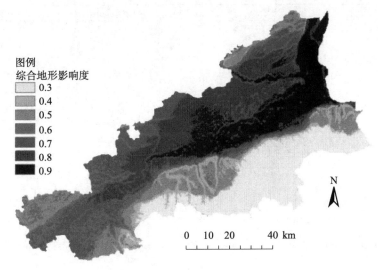

图 8-12 综合地形影响因子图

三、水系对洪水灾害危险性的影响

水系主要包括河流、湖泊和水库，水系的分布在很大程度上决定了评价区域遭受洪水侵袭的难易程度。距离河道越近，就越容易遭受洪水的侵袭，洪水的危险程度就越高。同时，不同级别的河流其影响力也是不同的，级别越高，其影响范围越大；同一级别的河流如果其所处地形不同，影响范围也会不一样，地势低的河流（平原区）具有更强的影响力。因此研究水系对洪水灾害危险性综合影响因子的评价时，需要综合考虑河湖的不同、河与河之间的不同、评价点与河湖距离的不同，以及河湖所处地形高程的不同等多种因素。

渭河流域两岸支流众多，其中，南岸的数量较多，但较大者集中在北岸，集水面积 1000km² 以上的支流有 14 条。北岸支流多发源于黄土丘陵和黄土高原，源远流长，比降较小，含沙量较大；南岸支流均发源于秦岭山区，源短流急，径流较丰，含沙量较小。渭河最大支流——北岸的泾河，干流全长 4551km，流域总面积 45 421km²；第二大支流——北岸的洛河，干流长 680km，流域面积 26 905km²。二华（华县和华阴）南山支流的基本水文特性见表 8-8。

表 8-8　二华南山支流基本水文特性

河名	流域面积/km²	河长/km	年径流量/10⁴ m³	设计流量/m³/s
白龙涧	28.5	8.8	1 412	—
长涧河	118.6	29.4	2 389	128
柳叶河	134.9	30.6	2 887	174
罗夫河	140.0	45.6	3 942	257
葱峪河	12.3	9.2	—	—
方山河	17.1	20.8	—	43
构峪河	16.7	17.8	—	—
罗纹河	115.1	32.8	2 180	207
石堤河	134.8	36.8	1 780	232
遇仙河	141.5	41.5	2 140	197
赤水河	300.0	40.2	4 500	422
沈河	252.0	45.4	4 262	—

注：根据防汛管理资料汇编而成

　　根据历史洪水资料统计，研究区内的洪水主要来源于渭河干流、泾河、北洛河和南山支流，而洪水发生最大的区域为干流和它们的一级支流。水系对洪水危险性的影响可以通过建立水系的不同级别缓冲区来表示，做缓冲区时不仅要考虑河流的干、支流的区别，还要考虑地形的因素，缓冲区的宽度就是为综合考虑这些因素而设置的，不同的缓冲区宽度代表了不同地段受洪水侵袭的难易程度。

　　在 ArcGIS 中将栅格格式的水系图进行数字化后，从研究区内主要河流的

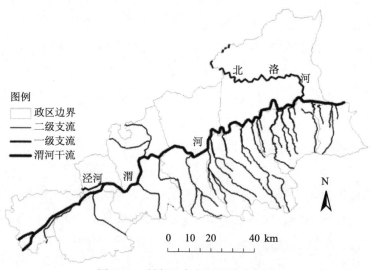

图 8-13　研究区内主要河流分布图

分布（图 8-13）可以看出，从咸阳到潼关为渭河下游干流，渭河干流的一级河流支流主要是泾河和北洛河，相对二级河流支流主要为南山支流部分。研究首先将前面的数字地形高程模型分级图（栅格格式）转换为矢量格式，然后与河流分布矢量图叠加，这样就可以利用 ArcInfo 中的 BUFFER 功能将河流图按不同的干、支流、不同的地形高程来做不同级别的缓冲区。

对河流建立二级缓冲区，缓冲区的宽度主要综合考虑了河流的级别和所处的地形，为了更加符合客观实际，根据历年洪水淹没资料和发生特大洪水期间的遥感影像所确定的缓冲区宽度值划分标准见表 8-9。

表 8-9　河流缓冲区等级和宽度值的划分标准

河流级别	绝对高程/m	<348	348～368	368～416	416～706	>706
一级缓冲区	干流	6	5	4	3	2
	一级支流	5	4	3	2	1
	二级及其他支流	4	3	2	1	0.75
二级缓冲区	干流	12	10	8	6	4
	一级支流	10	8	6	4	2
	二级及其他支流	8	6	4	2	1.5

研究区内没有湖泊，水库只有两个——位于临潼区的零河水库和渭南市临渭区城关镇的沈河水库，由于集水面积都不大，因此在这里不予考虑。将根据绝对高程范围得到的所有河流级别缓冲区图与政区边界分层进行合并，建立拓扑、属性关联，然后转换为 90m×90m 单元大小的栅格文件。根据距离河流越近，洪水危险性越大的原则，可以确定各级缓冲区对洪水危险性的影响度：一级缓冲区为 0.9，二级缓冲区为 0.8，非缓冲区为 0.5，通过对研究区范围内的缓冲区级别进行洪水危险性影响度再分类，就可以得到综合水系对洪水危险性的影响因子图（图 8-14）。

四、过境洪水对洪水灾害危险性的影响

渭河是黄河的最大支流，在陕西潼关注入黄河，潼关断面是三门峡水库由宽浅进入峡谷段的卡口，潼关高程对渭河下游起着局部侵蚀基准面的作用（图 8-15）。通常把北起蒙晋交界的河口镇到潼关段称为黄河北干流，而禹门口到潼关段称为黄河小北干流，禹门口位于山西省河津县西北和陕西省韩城县北部的黄河峡谷中，是黄河晋陕峡谷的南端出口。历史洪灾资料显示，对

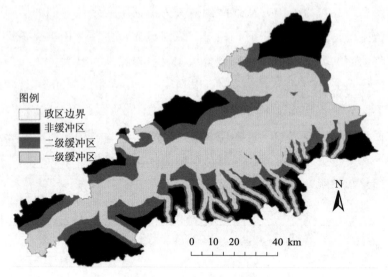

图 8-14　综合水系影响因子图

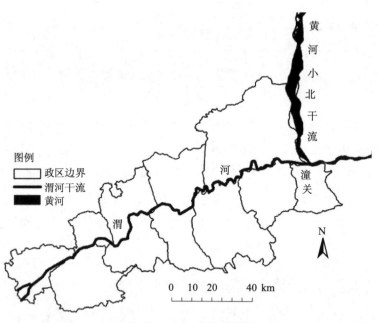

图 8-15　渭河入黄河示意图

渭河下游河流沿线区域洪水影响较大的水系主要有两部分，一部分为下游流域内的水系，主要包括渭河干流和它的支流，它们对研究区洪水灾害的影响在前述已进行了分析；而另一部分对洪水灾害影响较大的水系是黄河小北干流，主要表现在对渭河洪水的顶托与倒灌上。

潼关下游120km是黄河三门峡水利枢纽，黄河小北干流及渭河咸阳以下是水库回水区。在三门峡水库未建前，渭河下游的冲淤基本上是平衡的，而黄河小北干流则为微淤。潼关河道天然卡口在汛期高水位时虽卡水、滞洪滞沙，或发生黄河洪水倒灌渭河，但未形成固定拦门沙坎，淤积只在主槽中进行，黄河倒灌对渭河下游的影响是暂时的。三门峡水库建成运用后，确实对黄河下游防洪减淤起到了巨大作用，但由于最初几年水库的高泄流规模不足和运用方式不当等原因，使得潼关高程抬高，引起渭河下游比降变缓，淤积量增加，潼关升高近4~5m，形成拦门沙，华县淤高超过3m。1960~1995年，潼关以上库区已淤积近33亿m³，其中黄河北干流23亿m³，渭河下游10亿m³，渭河已成地上河，河道泄洪能力降低、洪水位抬高，虽然堤防几度加高，但因淤积导致防洪能力不断下降，常遇洪水也可能造成灾害（张玉芳等，1995）。

潼关河道淤积使渭河入黄口已上移了5km，潼关高程的抬升与渭河入黄口不断上移，加剧了黄河对渭河洪水的顶托和倒灌作用。每当汛期黄、渭同时出现洪水，或渭河小水、黄河大水时，受潼关卡口的影响，黄河便对渭河产生顶托和倒灌。以华阴站出现负流量或吊桥水位显著变化判定倒灌淤积情况来看，建库后黄河倒灌渭河的次数达70次以上，即每当黄河发生洪水时均会倒灌渭河。另外，当黄河、渭河同时出现洪水，一般当黄河洪水较大时，黄河洪水顶托渭河洪水，顶托的位置视其两河洪水的大小而不同，顶托持续的时间和淤积的厚度也不相同。当黄河洪水越大时，渭河倒灌淤积的范围越大，渭河下游各站水位抬升值越大，反之倒灌范围和影响程度也小，且黄河、渭河洪水的比例大小与倒灌距离也有一定的关系。例如，1977年8月7日，潼关站洪峰流量15 400m³/s，相应华县站流量60m³/s，华阴站倒灌流量达810m³/s，倒灌距离77km，到达陈村以上的渭淤10至渭淤9之间，同时吊桥、华阴、陈村各站水位分别抬升4.3m、4.2m、3.3m。黄河中型洪水（5000~8000m³/s）一般倒灌达陈村附近，小型洪水（5000m³/s以下）达华阴附近。目前因倒灌已形成固定拦门沙，使得渭河口泥沙淤积日益严重，淤积量的增加势必又抬高渭河下游的河床高程和洪水位，更加重渭河下游的防洪工作（杨平东和田建文，2003）。

由于黄河洪水对渭河的顶托与倒灌加剧了渭河下游的洪水灾害，因此对研究区的洪水灾害危险性进行分析时必须要充分考虑过境洪水的影响，在这里，过境洪水就是指黄河洪水。当然，影响过境洪水灾害危险性的因子有许多，由于离河道越近的地方，越快也越容易受到洪水的袭击，而地面高程与洪水水位之差则可以反映受淹没的可能性及可能淹没的深度。本章将根据研究区的地理位置及常受黄河洪水的顶托与倒灌等因素，选取与黄河小北干流主河道的距离和地面高程与洪水水位之差作为主要研究对象进行分析。其主要过程为：首先利用 ArcGIS 的 Spatial Analyst Tools 计算研究区内各栅格与黄河在该段的距离，通过标准化赋值后就可以用来表征距离对研究区内洪水灾害危险性的影响程度。然后选择黄河在该段上的某一典型年或历史最高洪水水位及同时刻的研究区内各水位站的水位，通过内插，利用 DEM 图来计算各个栅格水位与高程值之差，并进行重分类赋值来确定某一典型年洪水对研究区洪灾危害的影响度。最后，综合各栅格与黄河小北干流主河道在该段的距离图层和各栅格高程值与洪水水位之差图层就得到了过境洪水对研究区内洪水灾害危险性的影响因子图。

利用 Spatial Analyst Tools 中的 Euclidean Distance 函数首先计算研究区内各栅格与黄河的距离，然后根据距离黄河越近，由黄河直接引起的洪水灾害危险性越大的原则，利用 Raster Calculator 通过式（8-1）进行标准化处理并赋值得到的距离影响度分级结果如图 8-16 所示。

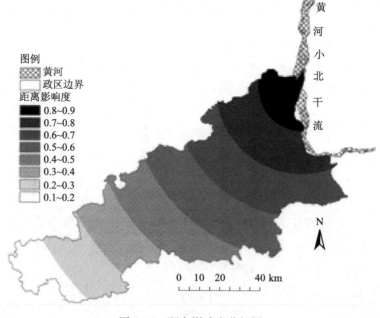

图 8-16　距离影响度分级图

　　黄河洪水对渭河的顶托与倒灌，往往造成三门峡水库回水区内水位得到抬高，黄河洪水越大，对渭河的顶托将会越久，抬高的水位也越大，造成洪水灾害的危险性也越大。本章将以研究区内各栅格 DEM 与典型年洪水水位的差来近似表示洪水灾害危险性的大小，典型年选三门峡水库控制运用以来，黄河洪水倒灌渭河最远的 1977 年 8 月。由于洪水表面可能是水平平面、倾斜平面、甚至是一个复杂的曲面，对于水库、蓄滞洪区和局部低洼地，水面可以近似看成水平平面，而对于河滩地，在洪水泛滥时洪水与河流水体连为一体，水面多为倾斜平面或复杂曲面，处理时可以将离散的水面高程信息采用空间插值技术，插值成连续的水面（张念强，2006）。

　　由于不同的测量数据采用的高程基面可能不同，目前渭河下游各水文、水位站采用的高程基面主要是大沽基面和黄海基面，因此在使用数据前需利用转换系数将其处理在同一高程基面下。与处理降水资料方法相同，根据 1977 年同时刻的各相关站实测水位数据先进行内插，得到整个研究区的洪水水面，然后用水位图在同一高程基面下与 DEM 做差值，所得图层为可能的淹没水深，最后利用 Reclassify 赋值功能得到的某一典型年黄河小北干流洪水倒灌渭河对研究区洪灾危害的影响度分级结果见图 8-17。由图可知，由于黄河

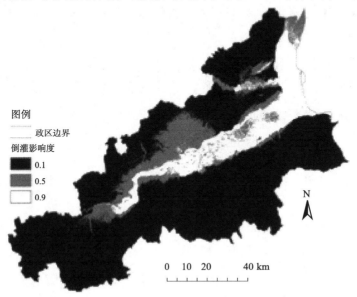

图 8-17　1977 年黄河小北干流洪水倒灌渭河影响度分级图

洪水的顶托和倒灌，使得渭河下游河流水位抬高，河流沿线部分区域均有被洪水淹没的危险性。

五、防洪工程对洪水灾害危险性的影响

20世纪60年代初，三门峡水库蓄水运用初期，库区淤积严重，淤积末端不断上延，渭河下游洪水位抬升，为此在渭河下游先后修建了堤防。60年代中期，为了保护堤防的安全，并结合改善河势，开始修建河道整治工程。截至2005年，渭河下游共建有干流堤防192km；河道整治工程65处，工程总长度129km。随着渭河下游干流防洪工程的建设，南山支流也修建了部分工程。2005年，渭南以下南山支流共有堤防146km（其中335m高程以上堤防83km），堤防护坡18km，防渗斜墙4.4km；"二华"地区修建排水库13座，排水干沟10条，长122.16km。1985年以来，国家为了改善返迁移民的生产、生活条件，先后建设了防洪围堤、撤退道路、避水楼等公用设施。2005年，渭河下游共有防洪围堤88km，撤退道路12条，避水楼9000余座；泾河中下游现有堤防2km，丁坝22座，磨盘坝20座；北洛河下游现有堤防74km和部分护岸工程。渭河流域现状防洪工程主要有干支流堤防和河道整治工程、三门峡库区防洪保安工程、"二华"地区排水除涝工程等。2005年渭河流域主要防洪工程见表8-10（陕西省江河水库管理局，2007）。

表8-10　渭河流域现状主要防洪工程表

	河段	堤防/km	整治工程	护岸/km
	渭河下游	192	65处/129km	—
	三门峡库区移民围堤	88	—	—
	渭河中游	270	坝2895座	—
	渭河上游	63	坝垛61座	58.7
主要支流	南山支流	146		护坡17.9
	泾河	2	坝42座	44.6
	北洛河	74	—	—

防洪工程在防洪减灾和保护渭河下游人民生命财产安全中起着重要作用，渭河下游主要靠堤防进行防洪，但目前存在很多问题，主要表现在干流堤防实际防御能力低，防洪标准普遍不高，南山支流堤防质量差，抗渗能力低，而且整体防御体系不够健全，尚有不少险工段和无堤段。

由于资料的限制及非工程措施的防洪减灾作用难以量化等原因，本章选

取工程措施中的堤防密度来作为抗灾能力的度量指标，用以表示防洪工程对研究区洪水灾害危险性减缓的影响因子。堤防密度（D）的定义为单位面积内堤防的总长度，可表示为

$$D = \frac{L}{A} = \frac{nl}{na} = \frac{l}{a} \tag{8-2}$$

式中，L 为流域内堤防总长度；A 为流域面积；n 为流域内堤防总段数；l 为平均堤防长度；a 为平均相邻面积。

堤防对洪灾风险影响的计算公式（詹小国等，2003）如下。

$$D_d = \frac{\sum l_i w_i}{A} \tag{8-3}$$

式中，D_d 为行政单元（县或乡）或格网的堤防密度度量指标；l_i 为某一级别堤防长度；w_i 为该级别堤防权重；A 为行政单元或格网的面积。

本章研究以县级行政区为单元来计算每个区的堤防密度。渭河下游堤防总计 242.214km，渭河大堤合计 191.554km（其中大堤左岸合计 100.364km，右岸合计 91.19km），渭河移民防洪围堤合计 50.66km。干流的堤防防洪标准有防御 100 年一遇和 50 年一遇的，而支流堤防的防洪标准有防御 20 年一遇、10 年一遇和 5 年一遇的，利用专家分级赋分法首先对各堤防赋予权重，各级堤防标准的权重为：100 年一遇 10、50 年一遇 5、20 年一遇 2、10 年一遇 1、5 年一遇 0.5；然后参阅 2001 年 1：10 万渭河中下游防洪工程现状图、渭河中下游堤防工程基本情况和堤防现状统计数据、二华南山支流堤防现状和堤防工程统计数据、三门峡库区北洛河下游堤防工程基本情况等数据，通过统计渭河中下游干流、一级支流、南山支流以及黄河部分干流的堤防长度、防洪标准，利用式（8-3）对研究区和周边县区分别统计计算；最后对得到的值进行内插，通过标准化、重分类赋值处理后就可以获得堤防对洪灾风险的影响度分级。图 8-18 是由堤防密度计算得到的防洪工程对研究区洪水灾害危险性减缓的影响度分级结果。

六、洪水灾害危险性影响的综合分析

本研究区的洪水灾害被人为地分为两个部分——本地洪水引起的洪水灾害和过境洪水引起的洪水灾害，它们共同影响着该区。为研究方便，这里对

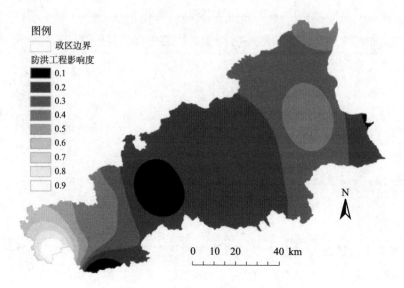

图 8-18　防洪工程影响度分级图

研究区的洪水灾害危险性也进行分类，即由本地洪水确定的洪水灾害危险性影响部分和由过境洪水确定的洪水灾害危险性影响部分，它们均由属于自身的致灾因子（影响因子）所确定，将两种类型洪水的各个致灾因子对洪水灾害危险性的影响相叠加，得到的就是洪水灾害对研究区的危险性影响的综合分析结果。其致灾因子对洪水灾害危险性影响叠加的模型如下：

（降水因子 $\times W_1$ ＋地形因子 $\times W_2$ ＋水系因子 $\times W_3$ －防洪工程 $\times W_4$）＋

（栅格距黄河小北干流距离因子 $\times W_5$ ＋栅格与黄河洪水倒灌渭河典型年水位差因子 $\times W_6$ －防洪工程 $\times W_7$）

$$(8-4)$$

式中，前一部分是本地洪水的致灾因子所引起的危险性影响度叠加；后一部分是过境洪水的致灾因子所引起的危险性影响度叠加；W_i 为各致灾因子的权重。

（一）AHP 法确定权重

AHP 决策分析法（analytic hierarchy process，AHP）是一种定性与定量相结合的决策分析方法，是将决策者对复杂系统的决策思维过程模型化、数量化的过程。运用这种方法，决策者通过将复杂问题分解为若干层次和若干因素，通过在各因素之间进行简单的比较和计算，就可以得出不同方案重要性程度的权重，为最佳方案的选择提供依据。这种方法的特点是：①思路简单明了，将决策者的思维过程条理化、数量化，便于计算，容易被人们接受；②所需要的定量化数据较少，但对问题的本质、问题所涉及的因素及其内在关系分析得比较透彻和清楚。

AHP决策分析方法的过程，大体可以分为6个基本步骤（徐建华，2002）。

（1）明确问题。即弄清楚问题的范围，所包括的因素，各因素之间的关系等，以便尽量掌握充分的信息。

（2）建立层次结构模型。要求将问题所含的要素进行分组，把每一组作为一个层次，按照最高层（目标层）、若干中间层（准则层）、最低层（措施层）的形式排列起来。

（3）构造判断矩阵。此方法中的一个关键步骤，判断矩阵表示针对上一层次中的某元素而言，评定该层次中各有关元素相对重要性（B_{ij}）的状况。其判断值一般取1，3，5，7，9这5个等级标度，其意义为：1表示B_i与B_j同等重要；3表示B_i较B_j重要一点；5表示B_i较B_j重要得多；7表示B_i较B_j更重要；9表示B_i较B_j极端重要。而2，4，6，8表示相邻判断的中值，当5个等级不够用时，可以使用这几个数。

（4）层次单排序。其目的是对于上一层次中的某元素而言，确定本层次与之有联系的各元素重要性次序的权重值，是本层次所有元素对上一层次某元素而言的重要性排序的基础。

（5）层次总排序。利用同一层次中所有层次单排序的结果，就可以计算针对上一层次而言的本层次所有元素的重要性权重值，这就称为层次总排序。需要从上到下逐层顺序进行，对于最高层，其层次单排序也就是总排序。

（6）一致性检验。为了评价层次排序计算结果的一致性，对单排序和总排序都需要进行一致性检验，直到达到要求为止。

考虑到本章的研究目的和AHP决策分析方法的特点，这里使用AHP法来确定本地洪水和过境洪水以及各致灾因子对洪水灾害危险性的权重W_i。

依据AHP法的基本步骤，将研究区的洪水灾害危险性作为评价目标，将本地洪水和过境洪水作为准则层，将相应的降水、地形、水系、防洪工程、栅格距黄河小北干流的距离、栅格与黄河洪水倒灌渭河典型年水位差作为措施层，其层次和附属关系，即决策层次结构模型如图 8-19 所示。

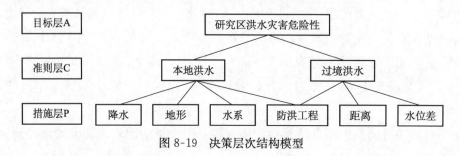

图 8-19　决策层次结构模型

根据实际数据统计资料、专家意见和分析者的认识，将判断矩阵的数值加以平衡给出后，利用 Mathpro 小型数量方法专家系统软件，通过求解判断矩阵的最大特征值和它所对应的特征向量，并进行一致性检验，最后得到的各权重：①对于本地洪水，$W_{降水}=0.2262$、$W_{地形}=0.1594$、$W_{水系}=0.5104$、$W_{防洪工程}=0.1040$；②对于过境洪水，$W_{距离}=0.2970$、$W_{水位差}=0.5396$、$W_{防洪工程}=0.1634$；③$W_{本地洪水}=0.8333$ 和 $W_{过境洪水}=0.1667$；④最终确定的 $W_{1降水}=0.1885$、$W_{2地形}=0.1328$、$W_{3水系}=0.4253$、$W_{4本地防洪}=0.0867$、$W_{5距离}=0.0495$、$W_{6水位差}=0.0899$ 和 $W_{7过境防洪}=0.0272$。

（二）洪灾危险性影响综合分级图

（1）对于本地洪水，利用模型计算式：

降水因子×0.2262 ＋ 地形因子×0.1594 ＋ 水系因子×0.5104－防洪工程×0.1040

进行叠加后就可得到本地洪水对洪灾危险性影响的分布图（图 8-20）。

（2）对于过境洪水，利用模型计算式：

栅格距黄河小北干流距离因子×0.2970 ＋ 栅格与黄河洪水倒灌渭河典型年水位差因子×0.5396－防洪工程×0.1634

进行叠加后就可得到过境洪水对洪灾危险性影响的分布图（图 8-21）。

（3）将最终确定的各权重值分别代入式（8-4）就得到了致灾因子对洪水灾害危险性影响的综合模型计算式，即

（降水因子×0.1885 ＋ 地形因子×0.1328 ＋ 水系因子×0.4253－防洪工

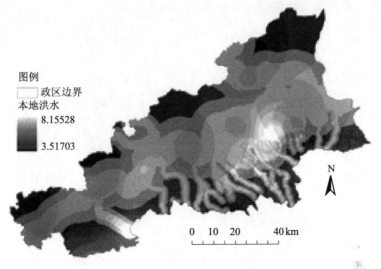

图 8-20　本地洪水对洪灾危险性影响分布图

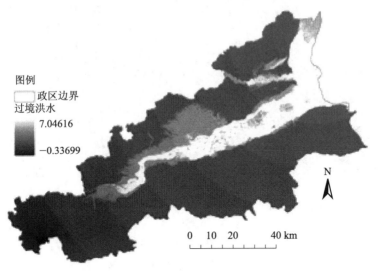

图 8-21　过境洪水对洪灾危险性影响分布图

程×0.0867）＋（栅格距黄河小北干流距离因子×0.0495 ＋ 栅格与黄河洪水
倒灌渭河典型年水位差因子×0.0899－防洪工程×0.0272）

　　在前面的研究中，由于已经将各致灾因子的数据集都统一到相同的范围
[0.1，0.9]，在这里为了便于计算和显示，将各数据集重新分类到 [1，10]
值域内，然后利用 ArcInfo 的 GRID 模块根据以上模型计算式进行叠加，分级

后就得到了洪灾危险性影响综合分级图（图 8-22）。

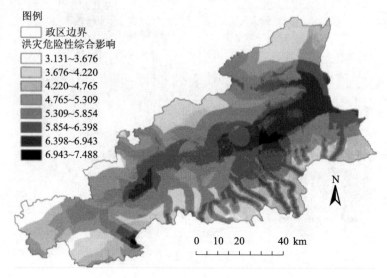

图例
政区边界
洪灾危险性综合影响
3.131~3.676
3.676~4.220
4.220~4.765
4.765~5.309
5.309~5.854
5.854~6.398
6.398~6.943
6.943~7.488

0 10 20   40 km

图 8-22　洪灾危险性影响综合分级图

第四节　洪水灾害易损性分析

洪灾具有自然和社会的双重属性，同样的洪水发生在不同的地区，可能会导致完全不同的结果。洪灾风险是洪水危险性和社会经济易损性的综合函数，洪灾风险评价必须考虑区域洪灾易损性特征。

（一）社会经济易损性指标

一般认为社会经济条件可以定性反映区域的灾损敏度，即易损性的高低。社会经济发达的地区，人口、城镇密集，产业活动频繁，承灾体的数量多、密度大、价值高，遭受洪水灾害时人员伤亡和经济损失就大。值得注意的是，社会经济条件较好的地区，区域承灾能力相对较强，相对损失率较低，但区域绝对损失率和损失密度都不会因此而降低。同样等级的洪水，发生在经济发达、人口密布的地区可能造成的损失往往要比发生在荒无人烟的经济落后的地区大得多。社会经济易损性分析一般以一定行政单元为基础，从而可直接利用各类统计报表与年鉴。关于采用何种社会经济指标来反映区域社会经济易损性大小，目前尚无统一标准，会因区域的不同而不同（周成虎等，2000）。

为减小研究的复杂性，考虑到研究区特点和资料的有限性，本书以行政区为单位，选取 2002 年研究区内各县市的人口密度、GDP 密度和单位面积年粮食产量作为社会经济易损性的评价指标，根据《陕西统计年鉴 2003》统计的各指标数据见表 8-11。

表 8-11 2002 年社会经济统计指标

市（县）	人口密度/（人/km²）	GDP 密度/（万元/km²）	单位面积年粮食产量/（t/km²）
咸阳市城区	1565.22	2482.70	178.23
西安市城区	3826.05	1716.46	378.96
高陵县	806.11	386.21	695.02
临潼区	747.27	422.27	363.49
渭南市城区	741.34	298.94	272.95
华县	304.51	91.30	91.88
华阴市	311.32	129.13	57.88
大荔县	392.73	115.80	128.01
潼关县	284.00	143.35	87.78

资料来源：《陕西统计年鉴 2003》

（二）社会经济易损性分析

在 Microsoft Access 中将表 8-11 中 2002 年三个统计指标的值导出为 *.dBASE 5 格式数据，然后在 ArcMap 中根据关键字即各县市名字，利用 JOIN 功能，将 dBASE 库中的统计数据与行政区图的属性数据相连接，再分别以各县市的人口密度、GDP 密度和单位面积年粮食产量为分析字段，利用 Features to Raster 转换功能将各属性字段的空间分布图转化成 90m×90m 栅格图。为了将这三个评价指标的空间分布图转换成各自对洪灾经济易损性的影响度分布图，从统计特征分析出发，参考各指标的均值和标准差（计算时将各指标的最大和最小值两个异端点除去），分别把各指标范围分为 5 类，并赋予相应的影响度（表 8-12 至表 8-14），就得到如图 8-23 至图 8-25 所示的经济易损性三因子影响度分布栅格图。为综合评价研究区社会经济的洪水灾害易损性，设各因子对其影响的权重相同，利用 ArcInfo 的 GRID 模块，将三因子影响度分布图进行叠加，最后得到如图 8-26 所示的渭河下游河流沿线区域社会经济易损性综合影响度分布图。由图 8-26 可以看出，西安市城区、咸阳市城区的洪水灾害易损性较大，华县、华阴市和潼关县的较小，其余介于中间。

表 8-12　人口密度分类表

分类号	分类范围/（人/km²）	影响度
1	0 ～ 347.75	5
2	347.75 ～ 695.50	6
3	695.50 ～ 1136.25	7
4	1 136.25 ～ 1577.01	8
5	≥ 1577.01	9

注：均值：695.50；标准差：440.75

表 8-13　GDP 密度分类表

分类号	分类范围/（万元/km²）	影响度
1	0 ～ 229.44	5
2	229.44 ～ 458.88	6
3	458.88 ～ 1027.46	7
4	1027.46 ～ 1596.05	8
5	≥ 1596.05	9

注：均值：458.88；标准差：568.58

表 8-14　单位面积年粮食产量分类表

分类号	分类范围/（t/km²）	影响度
1	0 ～ 107.22	5
2	107.22 ～ 214.14	6
3	214.14 ～ 338.65	7
4	338.65 ～ 462.86	8
5	≥ 462.86	9

注：均值：214.44；标准差：124.21

图 8-23　人口密度易损性影响度分布图

图 8-24　GDP 密度易损性影响度分布图

图 8-25　单位面积年粮食产量易损性影响度分布图

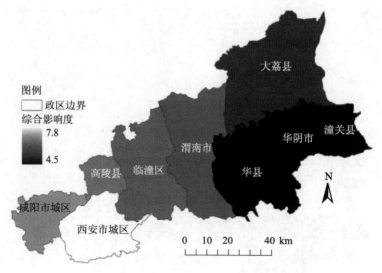

图 8-26　社会经济易损性综合影响度分布图

第五节　洪水灾害风险评价与分析

洪水灾害的危险性影响度分布图主要反映了洪水灾害的自然属性，洪水灾害的易损性影响度分布图主要反映了洪水灾害的社会经济属性，而洪水灾害综合风险评价分布图是自然属性和社会属性的叠加，即

R（洪灾风险评价）＝H（危险性影响度评价）×L（易损性影响度评价）

利用 ArcInfo 中 GRID 模块的地图代数功能，采用以上公式进行叠加就得到了该地区的洪水灾害风险评价等级图（图 8-27）。

从洪灾风险评价等级图可以发现研究区的洪水灾害风险整体上以渭河下游干流为中心逐渐向两边递减，即离主干河流越近，风险越高，反之较低。从行政区划上来看，由于西安市城区的社会经济易损性影响度最高，而且境内除了渭河干流，还有灞河等小支流，河流的缓冲区较宽，影响度较大，因此综合叠加的风险影响度高，大部分处于高风险区。临潼区内除了渭河干流，还有不少二级支流，在河流的缓冲区范围内洪水灾害的危险性较大，由于社会经济易损性影响度也较高，因此综合得到的整体风险影响度大，属于高和较高风险区。华县和华阴市由于降水量丰富，发源于秦岭北麓的南山支流也

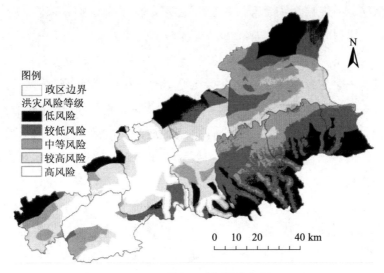

图 8-27　洪灾风险评价等级图

较多，有 12 条，洪灾的危险性影响度较高，但由于这两个县的社会经济易损性影响度最低，因此综合得到的风险影响度低，除渭河干流周边外，大部分都处于中等、较低和低风险区。其余咸阳市城区、高陵县、渭南市、大荔县和潼关县基本都呈现从渭河干流的高风险区逐渐向两边过渡为低风险区的趋势。总之，在某些地区，虽然从洪水灾害的危险性影响度来看，其值较高，但由于相应的社会经济易损性影响度低，那么整体的洪灾风险影响度可能就低，反之如果洪水灾害的危险性影响度较低，但由于社会经济易损性影响度高，那么整体得到的洪灾风险影响度可能就高，主要因为发生洪水时造成的损失较大。

第六节　本章小结

通过对本章的研究，主要得到以下结论。

（1）渭河下游洪水主要来源于渭河干流咸阳以上、泾河、北洛河和南山支流，其洪水具有暴涨暴落、洪峰高、含沙量大的特点。由于受季风气候影响，降水主要集中在 7～10 月，汛期降水量约占年降水量的 60% 以上，往往汛期内较长时间的连阴雨、连续暴雨或大范围的暴雨会带来洪水灾害。近年来由于渭河下游泥沙淤积严重，淤积重心不断向上游延伸，范围也不断向上游扩展，几乎每年汛期渭河都有不同程度的洪灾发生。

（2）渭河下游河流沿线区域洪水灾害危险性大，属于洪水灾害频发地区。研究将洪水灾害的致灾因子对研究区的危险性影响分为两个部分，即分别由本地洪水引起和过境洪水引起。对本地洪水，主要选取了降水、地形、水系三个因子，通过计算影响度，分别评价了本地洪水的致灾因子对研究区洪水灾害危险性的影响；对过境洪水，主要考虑了黄河小北干流洪水对渭河的顶托与倒灌作用，通过选取与黄河小北干流主河道的距离因子和计算某一典型年黄河洪水倒灌渭河时的水位差因子，分别评价了过境洪水的致灾因子对研究区洪水灾害危险性的影响。由于防洪工程在防洪减灾和保护渭河下游人民生命财产安全中起着重要作用，因此通过计算堤防密度度量指标，选取防洪工程因子，评价了其对由本地洪水和过境洪水引起的灾害危险性的减缓影响。

（3）研究根据实际情况和历年洪水灾害资料，利用 AHP 法对洪水灾害的各因子进行专家赋值，并通过权重，利用模型计算式对由各致灾因子引起的洪水灾害危险性影响进行叠加，从而得到了研究区洪灾危险性影响综合分级图。结果表明：由于本地洪水比过境洪水引起的洪灾危险性大的多，而对于本地洪水，水系对研究区洪水灾害危险性的影响较大，降水和地形次之，因此影响综合分级图中洪灾影响分布的大小与水系分布关联度较大，其他依权重大小而分布关联度依次排列。

（4）洪灾具有自然和社会的双重属性，一般认为社会经济条件可以定性地反映区域的易损性高低。研究以行政区为单位，选取 2002 年研究区内各县市的人口密度、GDP 密度和单位面积年粮食产量作为社会经济易损性的评价指标，通过对各指标范围进行影响度赋值，并将权重叠加，得到研究区社会经济易损性综合影响度分布图。结果发现，西安市城区、咸阳市城区的洪水灾害易损性较大，华县、华阴市和潼关县的较小，其余介于中间。

（5）通过将反映危险性影响度评价的自然属性和反映易损性影响度评价的社会属性进行叠加就得到了洪水灾害综合风险评价等级图。从结果图来看与实际情况基本上相吻合，洪水灾害风险整体上以渭河下游干流为中心逐渐向两边递减，即离主干河流越近，风险越高，反之较低；从行政区划上来看，西安市城区和临潼区基本处在高风险区，华县、华阴市和潼关县基本处于低风险区。

第九章　区域主要风险源生态风险综合评价

第一节　主要生态风险源的描述

区域生态风险源大体可以归纳为自然和人为两大类。自然生态风险源指区域性的气象、水文、地质等方面的自然灾害。渭河流域陕西段的自然灾害主要包括干旱、洪水、冰雹、大风、冻害、地震、崩塌、泥石流、病虫害等。人为生态风险源指导致危害或严重干扰生态系统的人为活动。由于生活污水和工业废水的直接排放而导致的污染，以及大量的毁林草、过度开垦、开荒、进行开发建设活动所引起的水土流失、草场退化、土地沙化、盐碱化等是渭河流域陕西段的主要人为生态风险源。

在区域尺度内往往存在多种风险源，要对区域内的每一种自然或人为引起的风险源进行生态风险评价是不切实际的，也是没有必要的，关键是要有所侧重，只有对那些能够给生态系统或人类带来重大生态负效应的风险源进行生态风险评价和对策研究才真正具有现实意义。因此根据历史资料考证不同生态风险源发生的概率、强度及范围，忽略那些强度小、发生范围不大、对生态系统影响较为轻微的次要风险源，从而确定干旱、洪水、污染、水土流失为本章研究区的主要生态风险源。

一、干旱

据史料记载，陕西历史上旱灾发生的频次、范围、危害程度，均比其他灾害严重。据统计，几种主要气象灾害对农业生产的总危害程度中，其平均比例：旱灾占50%，涝灾占25%，冻灾占10%，冰雹、大风等灾占15%。旱灾是陕西各种自然灾害之首，故有"十年九旱"之说。历史上著名的连续大旱有公元1527～1533年、1582～1588年、1627～1641年、1927～1929年。

新中国成立后发生有影响的连年干旱有：1960～1962 年、1971～1972 年、1978～1980 年、1986～1987 年、1994～1995 年、1997～1998 年。

干旱不仅给农业生产和人民生活造成极大困难，而且也给经济发展和社会稳定带来影响。以 1995 年为例，全省因严重干旱，有 66 万 hm² 粮食作物无法播种，占应播种面积的 13％，已播种的 450 万 hm² 粮食作物中，受干旱影响的占 70％，其中有 85 万 hm² 绝收，全省因粮食一项直接经济损失达 72 亿元（张忠元，1998）。

干旱程度或旱灾的指标多以旱期降水量的多寡和土壤湿度的大小来衡量。根据陕西省几十年的旱灾实况，结合相应的气象资料归纳的干旱指标趋势为：在春耕春播、盛夏、秋播等农作物的生育关键期，约一个月，其他农事季节在两个月以上，若降水量比常年同期偏少 30％～40％，土壤相对湿度（田间持水量）小于 60％或土壤湿度（土壤含水率）小于 16％，为小旱；若降水量偏少 50％～60％，土壤相对湿度小于 50％或土壤湿度小于 14％，为中旱；若降水量偏少 70％以上，土壤相对湿度小于 40％或土壤湿度小于 12％，为大旱（陕西省干旱灾害年鉴，1999）。陕西干旱灾害的特征表现在以下几个方面。

（一）频率高

据历史记载，从公元 1 年至 1949 年，共有 314 年发生旱灾。按三大自然区以关中最多，陕北其次，陕南最少。新中国成立后至 2002 年的 54 年中，干旱灾害年份占 83％，与历史相比近代发生干旱频次多，不同程度的干旱灾害几乎年年有。按三大自然区分别统计得关中最多为 51 年、陕北次之为 43 年、陕南为 39 年。

（二）范围广

在 54 年（1949～2002 年）中发生的大范围不同程度的旱灾平均每年都有 1 次，三大自然区均受波及，其间陕北与关中同旱 43 年次，关中与陕南同旱 39 年次，陕北与陕南同旱 34 年次；干旱受灾面积大于 3000 万亩的年份有 19 年（图 9-1）。

（三）季节性强

受气候控制，旱灾发生的季节性很强。在 54 年（1949～2002 年）中，单

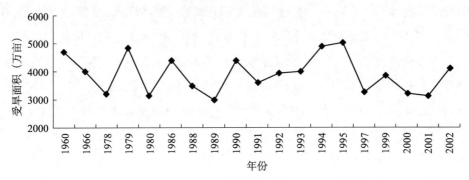

图 9-1　1949～2002 年陕西受旱面积大于 3000 万亩的年份

季旱灾以夏季（6～8 月）旱灾频次高、旱情重、危害最大；其次为春季（3～5 月）、秋季（9～11 月）旱灾；冬季（12 月至次年 2 月）旱灾最少。双季旱灾以春夏连续旱灾最多，其次为冬春连旱，夏秋季与秋冬季连续旱灾较少。三季连续旱灾，以秋冬春连续旱灾较多，冬春夏连续旱灾较少。四季连续旱灾只发生过 2 次，分别是 1995 年和 1997 年（同海丽，2005）。

（四）区域差异明显

陕西省多年平均降水量为 676.4mm。从北到南三大自然区年平均降水量相差较大：陕北为 463.4mm，关中为 670.9mm，陕南为 925.3mm。因而区域干旱灾害以陕北北部最多；其次是渭北和关中东部；再次是陕北南部、关中西部和陕南地区的安康市、商洛市和汉中市。其详细的 47 年间（1949～1995 年）干旱分布见表 9-1。

表 9-1　1949～1995 年地区季度干旱表

地区	陕北北	陕北南	渭北	关中西	关中东	商洛	汉中	安康	合计
总旱次	108	91	98	85	97	78	67	82	706
平均	2.29	1.93	2.08	1.8	2.06	1.66	1.43	1.74	15
等次	1	4	2	5	3	7	8	6	

陕西干旱灾害是自然和社会多种因素综合作用的结果，在自然因素中降水偏少是主要原因，而干旱造成灾害的大小则是由于社会等原因造成的。从自然因素来考虑，具体主要有以下几个方面：①陕西全省跨越三个气候带，但大部分都处于干旱、半干旱气候区。②全省各地年降水量相差悬殊，累计年平均降水量中汉江流域大部分为 800～1000mm，关中地区为 500～600mm，

陕北北部为300～400mm，而且多数地区降水量一般不能满足农作物全生育期的水分需要。③大部分地区年际降水量最大变幅500mm左右，最少年往往只有最多年降水量的一半，距平偏差较大，容易出现大旱。④年降水量分布极不均匀，一年四季都有旱灾的可能，而且往往形成持续性长期旱灾。⑤陕西历年降水多寡不等，多数年份为少雨干旱年，而且农业基本尚属气候型农业，大部分地区灌溉条件较差，抗御旱灾的能力较弱，有旱易成灾。⑥全省水土流失面积占土地总面积的66%，旱地面积多，抗旱难度大（杨新，1998）。

二、洪水

陕西省暴雨相当频繁，24h降雨量在100mm以上的大暴雨几乎每年都有发生。新中国成立以来，实测或调查的24h降雨量在200mm以上的特大暴雨达50余次。陕西省洪水主要由暴雨形成，并随着暴雨大小、河流流域面积、流域形状、地形、植被等因素的不同而不同。表9-2是陕西省1991～2001年洪水灾害情况统计表。

表9-2　1991～2001年陕西省洪水灾害情况表

年份	受灾县市/个	受灾人口/万人	死亡人口/人	受灾面积/万亩	倒塌房屋/间	经济损失/亿元
1991	81	410.9	71	1 568	7 033	2.86
1992	79	575.7	116	603	22 000	13.82
1993	73	353	75	1 116	10 600	11.28
1994	66	417.6	65	968.6	14 282	16.07
1995	67	296	54	330	120 000	7.52
1996	75	487.3	84	744	10 514	30.04
1997	62	104.8	22	130	6 217	2.73
1998	88	650	314	612	99 000	43
1999	92	186	16	291	2 400	4.94
2000	52	279	345	297	38 288	20.09
2001	48	111.4	8	128	3 925	3.63
以上合计	783	3 871.7	1 170	6 787.6	334 259	156.34
1950～2001年累计	2 385	10 927.5	12 713	22 337.4	1 576 886	238.65

资料来源：《陕西水利年鉴2002》

造成陕西省灾害性洪水的原因主要是：①气候条件。受季风气候的影响，降水量年内分配不均匀，大部分降水量集中在5～10月，最大降水量一般出现在7～9月。受西太平洋副热带高压的影响，将孟加拉湾和太平洋水汽输送到陕西省,在副热带锋区往往形成大暴雨。受青藏高原东麓西南低涡的袭击,中低层中小系统的辐合,以及地形对气流的抬升作用常形成局部暴雨。②地形条件。陕西省的地形条件对暴雨的空间分布影响很大,秦岭山脉东西横亘,将陕西省分为长江流域和黄河流域。由于山脉和谷道的交替出现,给水汽的输送提供了条件。长江流域(陕南)降雨的水汽主要来自西太平洋和孟加拉湾,入流路径主要有嘉陵江谷道、任河谷道、汉江谷道,由于秦岭山脉的阻挡,水汽产生凝结,从而产生强的降雨过程,这也是陕南降雨量大于关中、陕北的主要原因。③社会因素。首先,近几年来,滥垦乱伐现象屡禁不止,森林植被遭到破坏,生态环境恶化,导致严重的水土流失,从而导致水库河道淤积严重。其次,沿河滩地和洼地由于被过量开垦造成河道蓄洪、滞洪功能退化,城镇建设和工业布局不断向沿河地带扩展,改变了地貌、地形和原有排洪通道,加上矿山的开采,在一定程度上损害了植被,而且废弃的矿渣导致河道堵塞,使洪水水流难以畅通,暴雨洪水成灾。最后,河道堤防工程标准低,抗洪能力差,有的地方无设防或堤防只有 5～10 年一遇设防标准(李桃英,2004)。

三、污染

渭河是关中地区唯一的废污水接纳和排泄的通道,陕西 80% 以上的工业废水和生活污水通过渭河排放。随着流域内工业飞速发展和沿岸人口的急速膨胀,排入渭河的污水量也由 1980 年的 4.9 亿 m^3 剧增到 2000 年的 9.29 亿 m^3,由于径流水量显著减少,污径比不断攀升,使得渭河污染状况日益严重。表 9-3 是渭河陕西段排污口数量和污水统计分析表(陕西省江河水库管理局,2007)。

表 9-3　渭河陕西段排污统计分析表

地区	宝鸡市	咸阳市	西安市	渭南市	铜川市	合计
排污口数量/个	15	11	9	1	0	36
污水/$10^8 m^3$	18 682	17 568	14 762	1 444	0	52 456
COD/10^4 t	3.29	2.05	2.42	0.03	0	7.79
氨氮/T	0	461.8	14.74	105	0	581.54
支流数量	8	3	11	8	3	33
污水/$10^8 m^3$	1 733	256	12 629	6 833	721	22 172
COD/10^4 t	2.55	2.53	2.43	3.48	0.02	11.01
氨氮/T	169.47	0	76.88	239.08	2.17	487.6

地区	宝鸡市	咸阳市	西安市	渭南市	铜川市	合计
入渭数量统计	23	14	20	9	3	69
总污水/$10^8 m^3$	20 415	17 824	27 391	8 277	721	74 628
总COD/$10^4 t$	5.84	4.58	4.85	3.51	0.02	18.80
总氨氮/T	169	462	92	344	3	1070

据2003年陕西省水资源公报,全年渭河流域评价河长1006.5 km,水质达到和优于Ⅲ类水的河长仅172.4 km,占评价河长的17.1%;而水质劣于Ⅳ类水质标准的河长有834.1km,占评价河长的82.9%,其中Ⅴ类及劣Ⅴ类水标准的河长为773.3 km,占评价总河长的76.9%(表9-4)。这充分说明渭河流域大部分河段已严重污染,部分河段已完全丧失了使用价值,特别是干流咸阳以下河段已丧失了基本的水体功能。这样的水通过各种途径进入社会经济循环部分环节或进入食物链中,将严重制约经济的发展和危害人们的身体健康(刘燕和李佩成,2006)。

表9-4 2003年渭河水质分类河长统计表

河名	评价河长/km	Ⅰ、Ⅱ、Ⅲ类占比/%	Ⅳ类占比/%	Ⅴ类占比/%	劣Ⅴ类占比/%
渭河干流	168.8	0.0	36.0	35.5	28.4
黑河	91.0	100.0	0.0	0.0	0.0
沣河	14.8	0.0	0.0	0.0	100.0
灞河	81.4	100.0	0.0	0.0	0.0
泾河	238.8	0.0	0.0	62.3	37.7
北洛河	411.7	0.0	0.0	38.4	61.6
合计	1006.5	17.1	6.0	36.5	40.4

陕西省环保局在渭河干流上共设省控水质监测断面13个,第一个林家村为进入陕西省对照断面,其余12个断面控制宝鸡、咸阳、西安、渭南四地市河段的水质状况。监控河长495km,每年取得监测数据1500个。根据陕西省环境统计年鉴水质监测数据,2002年渭河13个监测断面的详细监测平均值见表9-5。表中依据监测资料,参考国家地面水环境质量标准(GB 3838—2002)进行了水质类别划分。

表 9-5　2002 年渭河水质监测断面水质分级表　　（单位：mg/L）

断面名称	溶解氧	高锰酸盐指数	生化需氧量	氨氮	亚硝酸盐氮	挥发酚	总氰化物	汞	六价铬	石油类	综合类别
林家村	8.8	4.9	2.2	1.21	0.146	0.001	0.001	0.00002	0.002	0.02	Ⅳ
卧龙寺桥	6.0	8.5	18.7	15.95	0.772	0.002	0.004	0.00014	0.002	0.11	＞Ⅴ
虢镇桥	5.3	8.8	14.2	15.87	0.558	0.002	0.007	0.00002	0.002	0.40	＞Ⅴ
常兴桥	6.9	9.9	15.4	1.65	0.315	0.002	0.003	0.00002	0.002	0.05	＞Ⅴ
兴平	2.0	37.9	1.1	8.19	0.100	0.050	0.018	0.00002	0.002	0.40	＞Ⅴ
南营	1.9	37.2	11.9	7.5	0.081	0.050	0.015	0.00002	0.002	0.84	＞Ⅴ
咸阳铁桥	0.4	53.1	18.8	11.01	0.068	0.067	0.009	0.00035	0.025	5.30	＞Ⅴ
天江人渡	0.2	58.4	26.5	12.21	0.211	0.062	0.020	0.00029	0.031	6.19	＞Ⅴ
耿镇桥	0.7	37.4	14.9	8.19	0.106	0.062	0.004	0.00039	0.014	5.92	＞Ⅴ
新丰镇桥	0.9	33.9	12.5	10.68	0.104	0.077	0.007	0.00064	0.015	5.90	＞Ⅴ
沙王渡	2.9	38.2	49.5	11.38	0.105	0.022	0.004	0.00007	0.001	1.52	＞Ⅴ
树圆	3.5	43.4	47.5	10.79	0.036	0.017	0.002	0.00006	0.001	0.85	＞Ⅴ
潼关吊桥	6.0	31.4	39.7	9.26	0.081	0.014	0.002	0.00006	0.002	0.82	＞Ⅴ

从表 9-5 中可以看出，除对照断面林家村外，均为Ⅴ类或劣Ⅴ类水质，其中 78% 的断面为劣Ⅴ类，主要污染指标为溶解氧、高锰酸盐指数、生物化学需氧量、挥发酚、氨氮及石油类，基本属有机型污染（陈亚萍，2005b）。

渭河流域是陕西省水资源短缺地区，并且由于治污力度很弱，城市、工业废水直排入河，水质严重污染，同时由于地表污染水体的下渗和固体废物淋滤入渗等原因，又造成区内重要城镇和重点工业区的地下水污染日益突出，从而更加剧了水资源供需矛盾，危及人们的健康，因此处理水污染、保护水资源是关系到陕西省能否成为西部大开发"桥头堡"的重要举措。

四、水土流失

渭河流域地势西高东低，西部发源地鸟鼠山海拔 3495m，东西部高差达3000 余米。流域内地质、地貌复杂多样，主要有四大地貌类型区，即黄土丘陵沟壑区、黄土阶地区、河谷冲积平原区和土石山区。土壤大多是在黄土母质上发育而成的，黄土分布广泛，主要有黄绵土、黑垆土、棕壤褐土等。

渭河流域地处黄土高原南缘，是我国水土流失较为严重的地区之一。全流域水土流失面积 10.36 万 km²（其中渭河干流地区 4.47 万 km²，泾河 3.95万 km²，北洛河 1.94 万 km²），占流域总面积的 76.9%。其中以黄土丘陵沟壑区为主的侵蚀类型区，主要分布在流域的上游，约占流域面积的 50% 左右，为泥沙的集中产区；年均土壤侵蚀模数 5000～15 000 t/ km² · a，局部地区高达 30 000 t/km² · a。渭河流域水土流失具有侵蚀类型复杂、过程集中、强度大等特点。土壤侵蚀类型大致可以分为自然侵蚀和人为侵蚀两类。自然侵蚀主要有水力侵蚀、重力侵蚀、风力侵蚀。人为侵蚀分为直接和间接两种方式。直接侵蚀主要是由于开矿、修路、城镇庄院建设等一些社会经济活动所产生的弃土、石、渣、垃圾等，被直接倾倒、堆积在沟道、河道中，一遇暴雨洪水就会被冲走，从而增加了河流的含沙量；间接侵蚀是指由于人们对土地资源的过度开垦和开发建设活动对地面的破坏，如毁林、毁草、开荒等破坏了天然植被，降低了地表抗蚀性，引起了新的水土流失（冉大川等，2006）。

渭河流域多年平均年降水量 613.4 mm，径流量 59.93 亿 m³，输沙量1.339 亿 t，流域面积与径流量分别占黄河的 17.9％和 16.5％，而输沙量占了32.5％。渭河是黄河洪水与泥沙的主要来源。陕西境内渭河流域水土流失面积 4.8 万 km²，中度以上侵蚀强度面积 3.43 万 km²，约占水土流失面积的71％，是渭河泥沙的主要来源区（表 9-6）（张勇和王会让，2005）。

表 9-6   陕西省渭河流域水土流失情况

地市	流失面积	轻度		中度		强度		极强度		剧烈		侵蚀量/万 t
		面积/km²	占比/%	面积/km²	占比/%	面积/km²	占比/%	面积/km²	占比/%	面积/km²	占比/%	
西安	4 429	2 027	45.8	1 346	30.4	1 056	23.8	—	—	—	—	1 061
铜川	2 067	468	22.6	1 466	70.9	131	6.3	2	0.1	—	—	360
宝鸡	9 621	3 300	34.3	4 228	43.9	1 471	15.3	478	5.0	144	1.5	3 797
咸阳	7 813	2 204	28.2	2 645	33.9	2 236	28.6	535	6.8	193	2.5	1 891
渭南	11 134	4 183	37.6	6 270	56.3	681	6.1	—	—	—	—	2 149
延安	11 792	1 664	14.1	3 247	27.5	2 923	24.8	2 851	24.2	1 107	9.4	9872
榆林	1 313	34	2.6	126	9.6	321	24.4	348	26.5	484	36.9	1 560
合计	48 169	13 880	28.8	19 328	40.1	8 819	18.3	4 214	8.7	1 928	4.0	20 640

水土流失导致上游土壤被侵蚀，侵蚀的泥沙被搬运到流域的中下游，淤积河道，使河道的行洪能力和水库的减洪作用大大降低，从而堤坝不断被加高、河床不断被抬高；再由于三门峡水库抬高水位，最终导致渭河在下游华阴一带成为地上悬河，洪灾发生几率大大提高。根据 1972 年和 1999 年咸阳以上渭河近 20 年河道纵断面分析可知，眉县常兴桥以下均发生淤积，扶风、武功、兴平段最大淤厚分别为 10cm、31cm、46cm，咸阳西兰公路桥上游处最大淤厚达 49cm，因河床淤积，魏家堡站 20 世纪 90 年代 1000 m³/s 洪水位

比 70 年代最大抬高 0.4 m（赵俊侠等，2001）。

新中国成立以来，渭河流域社会经济的不断发展和人口的增长，激化了人地矛盾，由于人们不注意保持水土，土壤侵蚀的加速作用日趋明显，流域内水土流失的影响范围不断扩大和加剧。近年来，随着社会经济的高速发展，相应的铁路、公路、供水、供电等基础设施和小城镇建设迅猛发展，使开挖面、弃土、弃渣堆积面逐步扩展。据调查分析，仅修公路一项，平均每年约有 280 万 t 的泥沙输入渭河，而且多是粗沙。通过查阅大量参考文献可知，陕西省境内对河川径流泥沙影响较为突出的人类活动项目主要有：陡坡开荒、修路、城镇庄院建设、开采、毁林毁草等。20 世纪 50 年代至 70 年代，开荒、铲草皮、挖药材、毁林毁草等现象比较突出，这些活动主要破坏了原来的地形和植被，降低了地表的抗蚀能力，加剧了土壤侵蚀和新的水土流失。80 年代以来，随着经济体制的改革，开发建设项目迅速发展，人为造成的损坏水土保持设施的面积和数量急剧增加。人为造成的水土流失的主要特点是流失量大、因素复杂、范围广泛、类型多样、破坏速度快、防治难度大。主要危害一是流失表层土壤，削弱地力，蚕食耕地；二是淤塞水库及河道，抬高河床，影响防洪；三是造成山洪泥石流灾害频繁发生；四是导致生态环境恶化（王宏等，2007）。渭河流域内各项人类活动影响和所引起的增沙量统计见表 9-7 和表 9-8（安乐平等，2002）。

表 9-7 渭河流域各项人类活动影响统计

时段	开荒/hm²	修路/km	挖窑/孔	建设庄院/处	挖药材/hm²	铲草皮/hm²
1954~1959 年	54 145	9 246	—	—	—	—
1960~1969 年	58 864	11 264	49 123	11 107	163 200	605 500
1970~1979 年	57 126	34 213	62 731	147 093	40 400	961 400
1980~1989 年	111 334	15 200	76 151	243 743	94 800	545 400
1990~1996 年	58 961	23 949	63 344	238 275	66 400	90 600
1954~1996 年	340 431	93 876	251 349	640 218	364 800	2 202 900

表 9-8 渭河流域人类活动增沙量 （单位：10^4 t）

时段	开荒	修路	庄院建设	挖药材铲草皮	其他	合计	平均
1954~1959 年	211.2	1 199.7	—		10.63	1 421.53	2 36.9
1960~1969 年	229.6	1 460.9	125.0	2 198.5	421.7	4 435.7	443.6
1970~1979 年	222.8	4 437.5	226.7	2 865.1	1 792.1	9 544.2	954.4
1980~1989 年	434.2	1 971.4	308.1	1 831.0	1 128.3	5 673.0	567.3
1990~1996 年	229.9	3 106.2	274.3	449.1	789.8	4 849.3	692.8
1954~1996 年	1 327.7	12 175.7	934.1	7 343.7	4 142.4	25 923.6	602.9

第二节　本章技术路线

由于生态风险源从种类上大体可以归纳为自然和人为两大类，而当对基于景观结构的生态风险源进行评价时，不仅要考虑它们的自然属性，还要考虑它们的社会属性。根据研究区实际情况，在 2002 年 ETM＋遥感影像景观分类的基础上，主要选取干旱、洪水、污染和水土流失 4 种风险源，通过对这 4 种风险源进行描述、度量、暴露和危害分析、确定终点、划分风险小区，根据区域生态风险评价中风险度量的基本原理和流程框架，本章研究主要通过计算每个风险小区内的综合风险概率、综合生态损失度、综合社会经济易损度，再利用 AHP 层次分析法对每个风险小区内的三个指标进行不同权重的叠加后，最后获得每个风险小区内的综合生态风险值和区域主要生态风险源综合评价空间分级图。在此过程中充分利用了地理信息系统的空间分析和栅格计算功能，具体的处理流程见图 9-2。

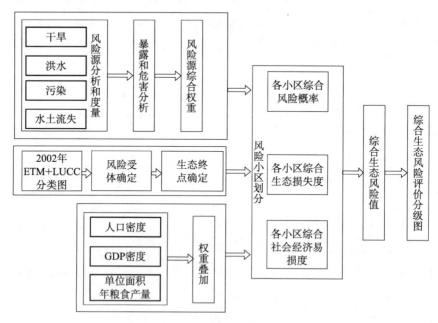

图 9-2　技术流程图

第三节 主要风险源生态风险综合评价

一、风险受体和风险源的分析

（一）风险受体分析

与第七章的风险受体分析相同，本章仍然以耕地、园地、林地、草地、建设用地、水域和未利用土地这 7 种景观类型所代表的生态系统作为风险受体进行研究。

（二）干旱和洪水两种风险源的分析和度量

风险源以其发生的概率和强度来描述，与局地生态风险评价不同的是，区域生态风险评价的风险源还应描述其作用的强度范围。考虑到研究区内单季旱灾以春季（3～5 月）、夏季（6～8 月）、秋季（9～11 月）三个季节的旱灾发生频次高、旱情重、危害大，研究以行政区划为单位，根据干旱划分标准，参考 2002 年《陕西历史自然灾害简要纪实》、1996～2004 年《陕西救灾年鉴》、历年降水量等数据，通过分别收集统计 9 个区从 1971～2000 年历史上发生春、夏、秋季中旱以上灾害的频次、范围和危害程度，以旱年发生频率作为干旱风险源的频率进行度量，其得到的三季中旱以上灾害发生频率分布等级如图 9-3 所示。

在第八章区域洪水灾害生态风险评价的研究中，对具体引起洪水灾害的多种因素已经进行了详细的分析，鉴于某些数据资料的缺乏，这里直接应用由本地洪水和过境洪水叠加的综合洪灾危险性影响结果，并以此作为度量洪水灾害风险源的概率指标进行后续的分析。

（三）污染风险源的分析和度量

渭河水体的主体功能是灌溉，同时也是沿岸城镇饮用水的主要补给源，然而近年来随着渭河沿岸城镇工业的迅速发展，三废排放量也与日俱增。大部分生活及工业废污水没有集中处理就直接排入渭河，使得渭河水域、城镇

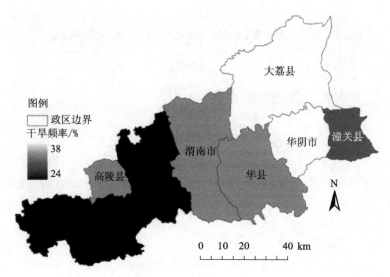

图 9-3　干旱频率分布图

附近饮用水源和农业灌溉用水都受到了较严重污染。目前，渭河干流的主要
污染物为耗氧有机物、生化需氧量、氨氮、石油类等，均为Ⅴ类或劣Ⅴ类水
质；渭河支流中，除小水河、通关河属Ⅲ类水质、黑河黑峪口以上属Ⅱ类水
质、灞河马渡王段属Ⅲ类水质外，其余均为超Ⅴ类水质；泾河基本属Ⅲ类水
质，但入渭口为Ⅴ类；北洛河基本为超Ⅲ类水质，状头段属Ⅳ类水质，下游
王谦段为Ⅴ类，基本属有机污染。

　　研究将根据渭河主要污染源和水体污染状况的特点，结合河流水体质量评
价标准，选用溶解氧（DO）、生化需氧量（BOD）、氨氮（NH₃—N）、亚硝酸盐
氮（NO₂—N）、挥发酚这 5 个评价参数，以各污染物的含量为评分依据，评分
标准参照 2002 年国家公布的地面水环境质量标准（GB 3838—2002），将不同水
体分为Ⅰ、Ⅱ、Ⅲ、Ⅳ、Ⅴ级，相应的评分依据和标准见表 9-9（陈亚萍，2005a）。

表 9-9　主要污染物评分依据和标准

项目	Ⅰ		Ⅱ		Ⅲ		Ⅳ		Ⅴ	
	mg/L	评分	mg/L	评分	mg/L	评分	mg/L	评分	mg/L	评分
DO	≥6	2	≥5	4	≥3	6	≥2	8	<2	10
BOD	≤3	2	≤4	4	≤6	6	≤10	8	>10	10
NH₃-N	≤0.5	2	≤1.0	4	≤1.5	6	≤2	8	>2	10
NO₂-N	≤0.06	2	≤0.1	4	≤0.15	6	≤1.0	8	≥2	10
挥发酚	≤0.002	2	≤0.005	4	≤0.01	6	≤0.1	8	>0.1	10

依据这个评分标准，对 1991～2002 年研究区内由渭河和黄河部分水质监测断面获得的 5 种污染物的平均监测数据进行评分，然后通过插值、分级后可以得到各指标的影响空间分布图，最后将这 5 种指标分布图等权重叠加后就得到了主要污染物的影响空间分布栅格等级图（图 9-4），由于这些数值总体上可以反映水质污染给研究区所带来生态风险的范围和强度大小，因此将以此综合分级结果作为污染风险源的概率度量指标参与后续的分析。

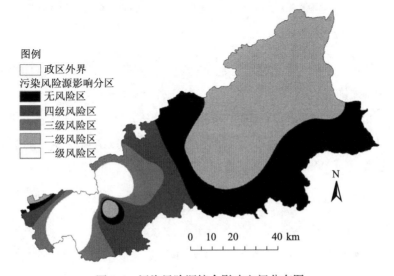

图 9-4　污染风险源综合影响空间分布图

（四）水土流失风险源的分析和度量

水土流失是发生在地表的过程，其不仅是多因子综合影响的一个复杂时空变异过程，而且也是一个典型的多重尺度变异过程。由于水土流失的概率无法直接得到，因此必须用其他数值加以替代。一般来说，降水是侵蚀产生的驱动力因子，植被盖度和地形坡度是侵蚀的最重要控制因素。在植被和地形相互作用的关系中，认为植被与地形是此消彼长的关系。植被覆盖度和地形坡度正是水利部颁布标准（水土保持司，1997）所采用的坡面侵蚀的主要分级指标（周为峰，2006）。为了相对快速、简便地得到区域的土壤侵蚀风险分布情况，在影响土壤侵蚀过程的众多因素中，根据因子的重要性和数据的可获取性，研究选择了植被覆盖度和坡度信息两个要素，通过植被和坡度信息的不同组合来评价区域的土壤侵蚀风险程度，并将其组合值在进行归一化处理后作为研究区水土流失风险源的度量指标。具体的处理过程见图 9-5。

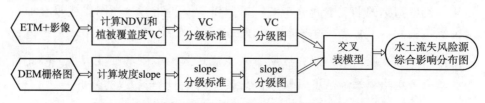

图 9-5　利用植被和坡度信息进行水土流失度量的计算流程

1. 植被覆盖度的计算和分级

植被对水土流失具有抑制作用。良好的植被覆盖可以有效地抑制土壤侵蚀，破坏植被则加剧土壤侵蚀。由于 ETM＋遥感数据适用于在区域、景观尺度上测量植被覆盖度，因此研究选用前述分辨率为 30m×30m 的 2002 年 Landsat ETM＋影像来估算研究区的植被覆盖度。其计算主要是通过归一化差值植被指数 NDVI 转换法来获得，具体见式（9-1）。

$$V_C = \frac{NDVI - NDVI_{soil}}{NDVI_{veg} - NDVI_{soil}} \times 100\% \tag{9-1}$$

其中，V_C 是某一分辨率下单个栅格像元的植被覆盖度；$NDVI_{soil}$ 为裸露地表，即无植被像元的 NDVI 值；而 $NDVI_{veg}$ 则代表完全被植被所覆盖像元的 NDVI 值。研究主要通过参考已计算得到的各栅格 NDVI 值、土地利用图和土壤图来辅助综合确定 $NDVI_{soil}$ 和 $NDVI_{veg}$。

在已计算出的植被覆盖度结果基础上，依据部颁标准（水土保持司，1997）和研究区实际情况对植被覆盖度进行分级，分级阈值标准见表 9-10，不同的植被覆盖度值域范围以不同的分值代码来表示，相应的分级结果见图 9-6。

表 9-10　植被覆盖度分级标准

植被覆盖度分级标准	代码
< 50%	1
50% ~ 55%	2
55% ~ 60%	3
60% ~ 70%	4
> 70%	5

2. 地形坡度的计算和分级

首先将 2000 年 DEM 数据在 ArcGIS 软件中利用 Spatial Analyst 工具中

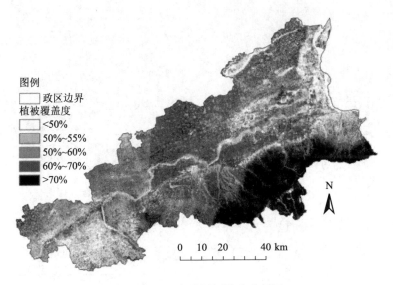

图 9-6 2002 年植被覆盖度分级图

的 Surface Analysis 功能来计算坡度 slope。然后依据部颁标准（水土保持司，1997）和研究区实际情况将计算得到的坡度结果进行分级，分级阈值标准见表 9-11，不同的坡度值域范围以不同的分值代码来表示，相应的分级结果见图 9-7。

表 9-11 坡度分级标准

坡度分级标准	代码
< 2°	1
2°～4°	2
4°～10°	3
10°～20°	4
> 20°	5

3. 交叉表

植被覆盖度和地形坡度信息可以结合起来进行区域水土流失状况的描述，两个要素的组合关系可以形成如表 9-12 所示的交叉表模型。根据坡度越小，植被覆盖度越大，水土流失的级别越低，而坡度越大，植被覆盖度越小，水土流失级别越高的原则，可以对交叉结果进行等级划分，表 9-12 中不同的等级用不同的代码和灰度来表示。为了便于这些信息的空间化，利用地理信息系统的空间分析功能，将植被覆盖度和坡度分级图重采样后进行叠加，然后

· 165 ·

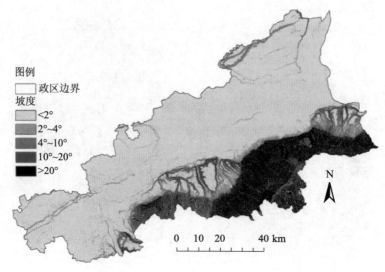

图 9-7　坡度分级图

对不同的交叉级别进行赋值和归一化，最后可以得到分辨率为 $90m \times 90m$ 的综合影响空间分布等级图（图 9-8），以此空间分布图来作为水土流失风险源的概率度量指标进行后续的分析。

表 9-12　指标交叉表

指标	坡度	< 2°	2°～ 4°	4°～ 10°	10°～ 20°	> 20°
植被覆盖度	代码	1	2	3	4	5
< 50%	1	11	12	13	14	15
50%～ 55%	2	21	22	23	24	25
55%～ 60%	3	31	32	33	34	35
60%～ 70%	4	41	42	43	44	45
> 70%	5	51	52	53	54	55
注：度量等级分级设色为		微度	轻度	中度	强度	极强

二、暴露和危害分析

陕西省是自然灾害频繁而危害严重的省份，其中干旱和洪涝灾害居各项自然灾害之首（年均灾害损失 19.91 亿元）。前述讨论的研究区 4 种主要生态风险源产生的危害是多方面的。干旱灾害不仅给农业生产和人民生活造成困难，而且严重的干旱还影响工业生产、城乡供水、生态环境，给经济发展和社会稳定带来重大影响和损失。洪水灾害通常能造成滑坡、泥石流、农田淹

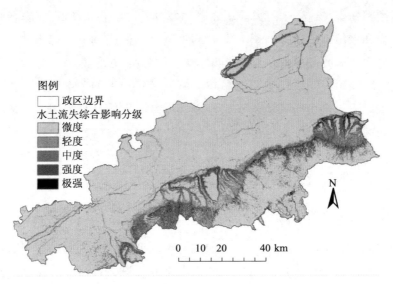

图 9-8　水土流失风险源综合影响空间分布图

没、房屋倒塌、交通电力中断、人员伤亡等现象。自三门峡水库高水位运行以来，由于河道淤积致使渭河下游泄洪能力下降，洪涝灾害不断扩大，"小洪水，大灾害"现象频繁出现，造成的损失和危害更为巨大。渭河流域的水体污染可以导致城镇附近饮用水源和农业灌溉用水都受到污染，同时由于地表污染水体的下渗和固体废物淋滤入渗等原因，能造成区内重要城镇和重点工业区的地下水受到污染，从而加剧水资源供需矛盾，危及人们的健康。水土流失导致土壤不断被侵蚀，侵蚀的泥沙被搬运到渭河流域中，淤积河道，使河道的行洪能力和水库的减洪作用大大降低，从而堤坝不断被加高、河床不断被抬高，使洪灾的发生几率大大提高。

　　一直以来，人口的不断增加和人类生产、生活活动范围的不断扩大，不仅对水旱灾害和水体污染的发生和发展产生了严重的影响，而且由于过度垦殖，尤其是耕地陡坡，导致地表植被被破坏，引起了生态失调；而过度的樵采、放牧、开矿、不合理的修路等活动使得地表裸露，加剧了水土流失。以上 4 种风险源的存在对研究区的生态环境有极大的威胁，严重阻碍了渭河下游河流沿线区域的可持续发展。

　　对于这 4 种主要生态风险源来说，研究区每种景观生态系统暴露于风险源之下的状况各不相同。干旱灾害发生时一般影响范围较广，研究区内所有景观类型都暴露在这种生态风险源之下，使得各种生态系统都可能受到损害。洪水灾害和水污染一般都与研究区内的水系有关，通过水系的不同缓冲区和不同流向而对这些范围内的景观类型产生不同的影响。而水土流失一般只对水土流失区及附近的景观类型有影响。由于许多景观生态系统是暴露于多重生态风险之下，所受的风险是多重风险源风险强度的叠加，而各风险源在不同的分布区有不同的影响强度，因此不同的景观类型所面临的风险强度不尽相同，相同的景观类型分布于不同的区域所面临的风险强度也不相同，而对它们的综合叠加评价可以具体反映这些问题。

三、生态终点的确定

考虑到不同类型景观所具有的不同结构和功能，本章采用由景观格局指数构建的生态风险指数来作为生态终点度量的指标，具体的计算和处理方法见第七章。

四、风险源的综合权重

各主要风险源对形成区域性景观生态风险的作用大小有所差异，因此这里仍然采用 AHP 层次分析法对研究区主要生态风险源进行综合评价，对各风险源赋予各自不同的权重。通过将各主要风险源进行两两相互比较，将比较重要性大小按照判断标度进行仿数量化后，得到的数量值构成一个判断矩阵（表 9-13），在通过一致性检验后，最后得到的研究区 4 种生态风险源的权重分别为：干旱（0.3205）、洪水（0.4547）、污染（0.1394）、水土流失（0.0855）。

表 9-13 主要生态风险源层次分析判断矩阵

生态风险源	干旱	洪水	污染	水土流失	权重
干旱	1	1/2	3	4	0.3205
洪水	2	1	3	4	0.4547
污染	1/3	1/3	1	2	0.1394
水土流失	1/4	1/4	1/2	1	0.0855

五、风险小区的划分和风险值的度量

（一）风险小区的划分

区域生态风险评价的一个重要特征即受体和生态风险源在区域内的空间

异质性。由于研究区受 4 种主要风险源的共同作用，每一种生态风险源在整个区域内影响的范围不同，且每一种风险源在不同范围内的风险强度大小也不同，因此区域内不同地点有可能是不同风险源的多重影响区，由于受不同强度的风险源影响，它们所受到的综合风险存在着差异。为了反映这种差异，需要将 4 种生态风险源的影响分级范围通过 GIS 进行叠加、划分风险小区。这样，每个风险小区内部具有一致的综合风险源的作用，而不同风险小区的风险源种类或发生概率、强度则可能不同，即就生态风险源而言，风险小区具有区内同质性和区间异质性。

（二）风险值的度量

风险值是区域景观生态风险的表征，风险值应包含风险源的强度、发生概率、风险受体的特征、风险源对风险受体的危害等信息，风险值即为这些信息指标的综合（巫丽芸和黄义雄，2005）。

1. 综合风险概率

每个风险小区内由于受到不同种类、不同级别风险源的叠加作用而有着一致的综合风险源，因此可以求出每个风险小区的综合风险概率。由于各主要风险源对风险受体的作用强度不同，对形成区域性景观生态风险的作用大小也有差异，因此必须将每种生态风险源的权重计算入内。各风险小区的综合风险概率的计算公式如下：

$$P_k = \sum_{j=1}^{n} \beta_j P_{kj} \tag{9-2}$$

式中，P_k 是第 k 个风险小区的综合风险概率；P_{kj} 是第 k 个风险小区内 j 类不同级别生态风险源的概率；β_j 是 j 类风险源的权重；j 是风险源的类别；n 是风险源的数量。

2. 综合生态损失度

虽然每个风险小区内风险源状况是一致的，但风险受体状况却不一致，其中可能存在不同的景观生态系统类型，将各个景观生态系统的生态损失度按面积比例合成，可以得到该风险小区的综合生态损失度，即前面第七章中介绍的生态风险指数 ERI，这里用 D_k 来表示，但计算方法同 ERI，具体见第七章。

3. 综合社会经济易损度

由于不同的灾害发生在不同的风险小区内，可能会导致完全不同的结果，因此当对基于景观结构的生态风险源进行评价时，不仅要考虑各种生态风险源的自然属性，还要考虑它们的社会属性。由于社会经济条件可以定性地反映区域的灾损敏度，因此可以利用社会经济易损性指标来反映各风险小区内社会经济易损性的大小，即这里定义的综合社会经济易损度 S_k，鉴于一些数据资料的缺乏，其计算和处理方法同第八章中的 L，具体参看第八章。

4. 综合生态风险值

最后，根据前述区域生态风险评价中基于风险度量的基本原理，构造如下模型公式来计算每个风险小区的风险值：

$$R_k = P_k \cdot D_k \cdot S_k \tag{9-3}$$

式中，R_k 是第 k 个风险小区的综合生态风险值；P_k 是第 k 个风险小区的综合风险概率；D_k 是第 k 个风险小区的综合生态损失度，即前述的生态风险指数 ERI；S_k 是第 k 个风险小区的综合社会经济易损度，即前述的易损性影响度 L。

六、区域综合生态风险评价分级

由于 4 种生态风险源的概率度量指标不在同一值域范围内，首先利用公式将 4 种风险源的值域范围转换到（1，10），然后利用 ArcGIS 的 Raster Calculator 功能和式（9-2），通过权重值将 4 种风险源进行叠加，从而得到各栅格所受到综合风险源概率的空间分布图。

根据研究区 2002 年土地利用/土地覆盖图中各景观单元的面积大小，首先将研究区划分为 1km×1km 的采样单元网格，即风险小区，然后利用景观损失指数对每一个采样网格计算出一个综合生态损失度值 D_k，并把这个值作为采样网格中心点的生态损失度值。接着，在此基础上，利用地统计学方法，计算出实验变异函数，并运用球状模型进行拟合检验，最后利用 Kriging 空间插值中的普通克里格法进行内插，就得到了整个研究区的综合生态损失度空间分布图，这部分计算过程同第七章。

以行政区为单位，首先选取 2002 年研究区内各县市的人口密度、GDP 密度和单位面积年粮食产量作为社会经济易损性的评价指标，然后利用 GIS 的空间分析功能，通过将各因子等权重叠加，风险小区划分，就得到了综合社会经济易损度 S_k 的空间分布图，这部分处理过程同第八章。

最后根据式（9-3）和 GIS 的栅格计算功能就得到了各风险小区内的综合生态风险值 R_k。图 9-9 是通过属性分类符号设置而得到的主要生态风险源综合评价分级图，这里主要将结果分为了低风险区，较低风险区，中等风险区，较高风险区和高风险区 5 个级别。

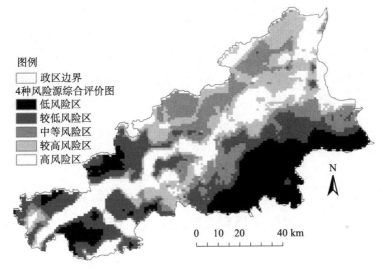

图 9-9　主要生态风险源综合评价分级图

从图 9-9 可以看出，由于洪水灾害频发、水质污染严重，又是水土流失区，因此高风险区主要位于这些综合风险概率和综合生态损失度都高的渭河干流、黄河小北干流、泾河和灞河的一级缓冲区内。由于大荔县是干旱灾害发生的高频率区，而二华地区南山支流众多，洪水灾害也频繁，因此较高风险区主要位于大荔县、二华夹槽区和渭河干流与支流的部分一级和二级缓冲区内。由于耕地、草地这两种景观类型的综合生态损失度较低，且对于远离渭河干流和一级支流的平原地区来说，洪水灾害、水质污染和水土流失的影响也不大，即综合生态风险概率较低，因此中等风险区和较低风险区主要位于离渭河干支流和黄河小北干流较远、而且有植被覆盖的耕地区、耕地和园地交错种植区和植被覆盖度较好的秦岭北坡海拔 1300m 以下的低山丘陵草地区，这些区域都是综合叠加生态风险值较低区。

秦岭北坡海拔 1300m 以上的山地区有大量的油松、华山松、槲栎等天然林木，因此植被资源丰富，综合生态损失度低，而其所处的华县、华阴县和潼关县也是综合社会经济易损度低值区，同时该区又处于水系的非缓冲区内，是洪水灾害、水质污染和水土流失的低影响区，即综合风险概率低，因此综合叠加的生态风险值低，属于低风险区。

西安市城区内景观类型主要是建设用地，相对生态建设较好，由于建设用地的景观脆弱度低，因此综合生态损失度也低；西安市是陕西的省会，防洪工程相对比较完备，防洪措施比较受重视和多样化，因此城区内远离水系的地方都属于洪灾综合影响的非高值区，同时西安市也是旱灾发生的低频区和水土流失的低值区，即综合风险概率较低；西安市城区内有许多龙头大中型企业，经济发达、人口密集，因此综合社会经济易损度高，而综合生态风险值是综合风险概率、综合生态损失度、综合社会经济易损度三指标的叠加，虽然三指标中综合社会经济易损度较高，但综合整体分析后从图上可以看出西安市城区部分风险小区内存在低风险区和较低风险区。

第四节　本 章 小 结

在风险度量的基本原理和区域生态风险评价流程框图的基础上，构造了综合生态风险值的计算模型公式，即综合生态风险值是综合风险概率、综合生态损失度和综合社会经济易损度的叠加。

生态风险源从种类上大体可以归纳为自然和人为两大类，在研究区历史资料考证的基础上，主要选择了一些危害强度和范围较大的风险源，即干旱、洪水、污染和水土流失。通过对这些生态风险源进行描述和分析，分别以不同的空间分布发生结果来作为其概率度量指标，由于这几种风险源对研究区造成的灾害程度不同，在对它们进行暴露和危害分析后，利用 AHP 层次分析法就可以确定 4 种主要风险源的权重，而所有风险源不同权重的叠加就获得了区域主要风险源的综合风险概率。

以 2002 年 ETM＋ LUCC 分类图为数据源，耕地、园地、林地、草地、建设用地、水域和未利用土地所代表的生态系统为风险受体，采用第七章中基于几种景观格局指数建立的生态风险指数来作为生态终点的度量指标，在风险小区划分的基础上，计算了每个风险小区内各个景观生态系统的综合生态损失度。

当对基于景观结构的生态风险源进行评价时，不仅要考虑各种生态风险源的自然属性，还要考虑它们的社会属性。由于社会经济条件可以定性地反映区域的灾损敏度，因此可以利用社会经济易损度来反映社会经济易损性的大小。第八章以行政区为单位，通过选取2002年研究区内各县市的人口密度、GDP密度和单位面积年粮食产量得到了社会经济易损性影响度分布图，由于资料的缺乏，本章主要就利用这些结果来反映每个风险小区内的综合社会经济易损度。

当综合风险概率、综合生态损失度和综合社会经济易损度都确定后，利用GIS的空间分析和栅格计算能力，就可以获得每个风险小区内的综合生态风险值和区域主要生态风险源综合评价空间分级图，对研究获得的低风险区，较低风险区，中等风险区，较高风险区和高风险区，本章进行了一定的分析，其结果对生态风险管理和防灾减灾措施的提出和应用有很大的意义。

第十章　生态风险管理及防灾减灾措施

第一节　生态风险管理对策

由于生态风险评价的目的是为区域生态风险和环境管理提供数量化的决策依据和理论支持，因此第九章对渭河下游河流沿线区域进行的生态风险综合评价结果，明确了研究区内各风险小区在 4 种主要生态风险源下所具有的景观生态风险的差异及其区域分异规律。为了促进区域生态环境的不断改善，维持区域生态结构和功能的稳定，从而达到社会、经济和生态环境的可持续发展，对于不同级别的风险区需要采取不同的风险管理对策。

一、高风险区的风险管理对策

第九章中图 9-9 关于主要生态风险源综合评价分级结果展现了研究区 5 个级别的风险区，对各个级别的风险区应采取相对应的风险管理对策，通过降低风险值来降低风险级别，从而减少灾害，达到人类与生态环境的和谐统一。

高风险区的综合风险值最高，主要分布在渭河干流、黄河小北干流、泾河和灞河的一级缓冲区内，主要风险源是洪水和污染。由于离黄河和渭河干支流水系最近，属于洪泛区，因此本区域遭受洪水灾害和由水污染引起的土地、农业、饮用水源和地下水污染的风险最大，对本区所采取的主要相应风险管理对策包括如下几种。①使用有效措施降低潼关高程，减少河道淤积，增大河道泄洪能力，减少洪水发生频率。具体方式有：通过工程措施增加可塑造河床的洪水；改变三门峡水库运行方式；进行黄河小北干流放淤，充分利用小北干流滩区，将来自黄河中游的粗泥沙排出河道；利用水库进行调水调沙，引进客水冲刷渭河下游等。②由于研究区内水库少，调洪能力低，堤防是主要的防洪措施，因此要除险加固防洪工程，提高防洪标准与抗洪能力，要严格按照国家批准的渭河大堤 50 年一遇、渭河围堤 5 年一遇防洪标准，实施加固工程建设，全面培厚堤防断面，满足渭河防汛减灾的实际需要。③加强滩区的综合治理，增大滩地的过流能力，对咸阳以下的滩区要严禁种植高秆作物，消除滩区的生产堤和非法建筑。④由于本区内的景观类型中存在有大量的盐碱地、滩地和湿地，景观脆弱度较高，因此对这几种景观类型要采取不同的措施进行改良和保护。例如，要针对盐碱地的成因和特征，科学合理地利用水沙资源，采取地下水调控、合理灌溉、修建排碱渠、淤灌稻改、冲洗脱盐和其他农业措施分别对大面积的次生盐碱地、碱化盐土地和盐土地进行治理和改良；而对大面积的湿地资源，要通过建立湿地自然保护区进行挽救和分区保护。⑤要通过加固河道整治工程，加固现有移民围堤，修建撤退路和避水楼等防洪工程来保证大荔朝邑滩区返迁移民安置区人民的生命和财产安全。⑥要加强渭河下游河流沿线区域沿岸企业的废污水治理工作，控制生活污水的排放量，严格依据水污染防治法和渭河水污染防治条例，加强监督管理，依法治污。

二、较高风险区的风险管理对策

较高风险区主要位于大荔县、二华夹槽区和渭河干流与支流的部分一级和二级缓冲区内，主要风险源是干旱、洪水和污染。对本区所采取的主要相应风险管理对策有如下几种。①由于大荔县是干旱灾害发生的高频率区，因此要针对该县干旱的特点，科学调度水源，计划用水，采取各种措施做好抗旱减灾工作。②针对大荔县沙苑农场中还有不少沙土地景观类型的特点，政府可以通过采取各种优惠政策，提高农民的积极性，通过转换土质，调整种植结构来改良土壤结构，变未利用土地为农业土地。③由于二华地区南山支流众多，容易发生洪水，加之潼关高程的居高不下，引起渭河下游河槽不断淤积，目前渭河发生小流量洪水即可漫滩倒灌南山支流，使得洪水灾害频繁，防洪形式十分严峻，因此要加强和加大对南山支流的治理。④要加强对渭河干流与支流一级和二级缓冲区内的防洪和水污染治理，并做好该区内华阴滩区和大荔沙苑滩区返迁移民安置区的防洪安全工作。

三、中等和较低风险区的风险管理对策

中等风险区和较低风险区主要位于离渭河干支流和黄河小北干流较远、而且有植被覆盖的耕地区、耕地和园地交错种植区和植被覆盖度较好的秦岭北坡海拔 1300m 以下的低山丘陵草地区，主要风险源是干旱、水土流失、洪水和污染。对本区所采取的主要相应风险管理对策包括如下几种。①由于干旱灾害在整个研究区普遍存在，而且发生频率较高，严重时往往导致农作物大幅度减产、甚至绝收，而在本区内的主要景观类型是耕地、园地和草地，因此为了保证粮食产量和农民的基本收入和生活，对本区首先要做好旱情预报和预防工作，变被动抗旱为主动抗旱；要大力发展节水灌溉和集水技术，加快水利基础设施建设，保障旱期内的农业用水。②秦岭北坡海拔 1300m 以下的低山丘陵草地区，原本植被覆盖度高，水土资源丰富，但自 20 世纪 80 年代以来，随着人口的不断增加，陡坡开荒、铲草皮、挖药材、修路、城镇庄院和道路建设及开采等人类活动的日益增加，从而破坏了原来的地形和植被，降低了地表抗蚀能力，加剧了土壤侵蚀和水土流失，因此对本区域应加强水土保持工程建设，实施退耕还林还草政策，植树造林，恢复原生自然植被状态，遏制水土流失。③针对近年来由于小城镇建设的迅猛发展，而导致本区内开挖面、弃土、弃渣堆积面逐步扩展，并淤塞水库及河道，抬高河床，破坏生态环境，从而影响防洪的现象，应采取措施加强因城市建设和发展而导致的水土流失，控制和减少因人类活动引起的入渭泥沙。④由于本区离渭河干支流和黄河小北干流较远，因此中等以下洪水对本区的影响不大，但也要做好能抵御大型洪水的准备，同时也应加强对由渭河水系污染而引起的面源污染范围区的治理。

四、低风险区的风险管理对策

低风险区是综合计算风险低值区，主要位于植被覆盖度高的秦岭北坡海拔 1300m 以上的山地区和西安及高陵县内的部分地区，对本区所采取的主要相应风险管理对策包括如下几种。①加强对秦岭北坡海拔 1300m 以上山地区动植物资源的保护，通过植树造林，控制砍伐，加强防护林建设，并依照法律规定通过建立封山育林、群众护林和森林防火制度等方式尽量保持生态环

境的原生自然态。②西安是综合社会经济易损度最高区，因此当遭遇洪水时，损失会很大，但周恩来总理在 1958 年 4 月在三门峡召开的现场会议上提出了三门峡水利枢纽改建工程所遵循的重要原则是"确保西安，确保下游"，因此在这个思想的指导下，西安的防洪减灾措施比较完善，相对发生洪水灾害的概率较小，但由于河床淤积，部分河段堤防工程的防洪能力降低，加之有些坝垛工程年久失修，隐患较多，因此要重点加强渭河西安段的堤防工程和河道整治建设，实施《渭河西安辖区防洪预案》，针对不同量级的洪水制定不同套的度汛方案，以防御可能出现的渭河洪水，确保西安城区安全度汛，最大可能的减低洪水风险。③对于其他的低值风险区，要加强生态化建设，降低各种风险源的影响。

第二节　主要风险源的防灾减灾措施

本节研究区仅是渭河下游河流沿线区域，为了减少灾害风险和损失，不仅要加强本区域的防灾减灾措施，也要加强对渭河上中游的灾害预防和治理，从而由点到面、从局部到整体、从自然控制到人为控制，使研究区的社会经济发展与生态环境相协调，走可持续发展道路。由于针对不同的风险源，所采取的防灾减灾措施不同，因此本节对 4 种主要风险源提出了一些具体的防灾减灾措施。

一、干旱灾害

干旱灾害为陕西各种自然灾害之首，频率高，时间长，范围广，危害大，往往给工农业生产及国民经济造成重大损失。其具体的抗旱减灾措施如下。

（一）加强旱灾宣传，做好旱情预报，变被动抗旱为主动抗旱

要大力宣传旱灾的普遍性、多发性、持续性，做好抗旱工作的准备，树立长期抗旱的意识，进行科学抗旱。水利部门要把抗旱防旱工作列入重要职能范围，在省、地、县各级都设定机构，建立实施旱情测报自动化系统，提高抗旱的时效性和准确性，健全抗旱服务体系，变被动抗旱为主动抗旱。

（二）充分利用水资源，加快水利基础设施建设

关中地区要抓好省、市管的几个大型灌区的供水调度工作，做好多蓄水、早引水及科学用水、计划用水；交口抽灌、东雷抽黄要确保引水顺畅，充分利用现有水源工程。加强和加快水源和水库建设，分析各不同区域水资源差别，积极扩大跨区域调水和重点水源工程联网调度建设。对六七十年代建设的老化水利工程设施要加大维修、改造的力度恢复提高现有工程效益；对准备新建和续建的工程项目，要加大投入和速度，力争工程完善和配套。

（三）大力发展节约用水、节水灌溉和集水技术，提高水资源的使用效益

要实现农业、工业和城市全面节约用水，针对已有灌区在灌溉用水上存在大水漫灌的现象，要采取低定额节水灌溉技术。由于关中地区汛期7～10月份的降水量占全年降水量的60%以上，因此可知并不是因为全年降水不足导致干旱，而是降水过于集中。要解决非汛期干旱问题，可以采取对降水进行调节，利用农业中的集水技术，即利用人工集水面或天然集水面形成径流，将径流储存在一定的储水设施中以供必要时进行有限灌溉，或者将径流引向一定的作物种植区，使降水在一定面积内富集叠加，大幅度改善植物种植区的水分状况，通过减少土壤表面蒸发，降低作物的耗水系数，充分发挥环境资源和水肥生态因子的协同增效作用，提高农业生产力水平。总之，要坚持工程、管理和农业技术的有机结合，发挥综合技术优势，运用法律、经济、行政、科技等手段，推动节水事业的发展，提高水资源的使用效益。

（四）加强水资源保护，植树造林，改善生态环境

针对渭河水质污染严重的现状，要加强污染源的治理，限制污染物总量的排放，对各工业、企业的污水排放进行定期的达标检查和监管；同时也要做好城镇供水河流、河段及生活用水的污染控制，实现水质不恶化。对水源地区域和河段，要进行立法保护，对城市供水水源地进行科学保护规划，并完善监督保护措施，加强水资源的保护力度。

在干旱、水土流失和风沙危害严重的地区，植树造林是防御自然灾害、

战胜干旱的战略措施，因此解决干旱首先要搞好植树造林，提高植被覆盖率，增加涵养水层，减小蒸发量，改善生态环境。由于渭河流域水土流失严重，对渭河流域水土保持生态环境建设可以本着宜农则农、宜牧则牧、宜林则林的原则，全面规划，综合治理。将工程措施、植物措施与保土耕作措施优化配置，形成综合防治体系，力争与自然环境协调发展，通过减少人为造成的水土流失和建立绿色屏障和绿色水库工程，营造生态环境小气候。

（五）加强抗旱服务组织建设，发挥非工程措施作用

加强县级抗旱服务队、乡镇级分队和乡村服务网点的建设，进一步扩大抗旱服务覆盖面，围绕农村进行小康社会建设和农业产业结构调整，不断丰富内涵，提高服务水平，增加科技含量，使抗旱服务组织适应农场经济发展的需要。同时，根据新时期抗旱救灾工作的情况，将非工程和工程措施联合运用，通过建立和完善形式多样、灵活机动的社会化抗旱服务体系，建立健全抗旱法律体系，抓紧编制抗旱预案和旱情信息管理系统等，充分发挥非工程措施的作用。

二、洪水灾害

渭河下游是黄河下游的一个缩影，其防洪减灾治理的复杂性和长期性类似于黄河下游。针对渭河下游存在的问题，其治理的思路为：实现由控制洪水向洪水管理转变，促进人与自然的和谐。切实增强系统意识、风险意识和资源意识，加强防洪区、堤防保护区和洪泛区的社会化管理，规范人类社会活动，从试图完全消除洪水灾害转变为承受适度的风险，制定合理可行的防洪标准、防御洪水方案和洪水调度方案，综合运用各种措施，确保标准内防洪安全，遇超标准洪水要尽量把损失减少到最低限度。同时尽最大可能变害为利，充分利用洪水资源，注重维系良好的生态系统，实现可持续发展（赵振武，2004）。

而解决渭河下游防洪问题，既要有紧迫感，又要充分估计它的长期性和复杂性；既要看到目前渭河下游的防洪问题主要是因修建三门峡水库引起的，又要认识到渭河流域人类活动使进入渭河下游的水沙条件发生变化，即水沙搭配不合理，造成渭河下游主槽淤积萎缩、河床不断淤积抬高给防洪带来极

大的不利影响；既要抓紧建成渭河下游防洪工程体系和非工程体系，更要加大黄土高原治理力度，制止水土流失，充分利用水土资源，改善生态环境，减少进入渭河下游的泥沙和淤积，增强河道排洪能力，综合考虑，标本兼治，采取"拦、排、放、调、挖"等多种措施综合治理，使渭河下游长久安澜（赵业安和温善章，2000）。

其具体的防洪减灾措施如下。

（一）改变三门峡水库运用方式，降低运用水位和潼关高程

黄河潼关断面位于三门峡大坝上游约120km处，是黄河最大支流渭河的入汇点（图10-1）（周建军和林秉南，2003）。由于渭河是完全的冲积性河道，所以潼关断面附近河道的水位决定了渭河的侵蚀基面。一般以潼关断面1000m³/s流量的水位（简称潼关高程）作为潼关断面高低的指标。1960年三门峡水库建库前，潼关高程一直维持在323.40m以下，渭河长期维持为地下河（相对于地上悬河）。

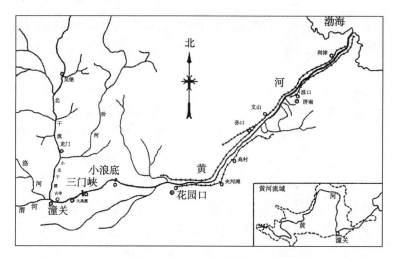

图10-1　黄河三门峡水库及潼关位置示意图

三门峡水库建成后，泥沙淤积导致潼关高程大量抬高。潼关站洪水位及常水位均较建库前抬高5m左右，完全改变了原有的动态冲淤平衡状态。图10-2是三门峡建库前后历年潼关高程的变化情况。

由图可知，在三门峡建库后，潼关高程大致经历了以下4个阶段。

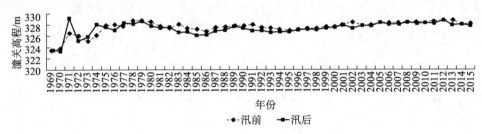

图 10-2　潼关高程变化

（1）潼关高程迅速上升期：潼关高程由 1960 年汛前的 323.80m 上升到 1969 年汛后的 328.65m，在此期间，潼关高程抬升 4.85m。

（2）潼关高程迅速下降期：潼关高程由 1969 年汛后的 328.65m 降至 1973 年汛后的 326.64m。在此期间，潼关高程下降 2.01m，比建库前上升 3.24m。

（3）潼关高程相对稳定期：潼关高程由 1973 年汛后的 326.64m 稳定变化到 1985 年汛后的 326.57m。在此期间，潼关高程下降 0.07 m。

（4）潼关高程平稳上升期：在 1985 年汛后，潼关高程稳步上升，到了 1991 年汛后，潼关高程已达到 327.90m，比 1985 年汛后抬高 1.33m；到了 2002 年汛后，潼关高程已升到 328.78m，比 1991 年汛后抬高 0.88m，比 1973 年汛后抬高 2.14m，比建库前（1960 年汛前）抬高 5.38m。

潼关高程的上升和居高不下使得潼关以上库区泥沙淤积加重，潼关高程变化与渭河下游淤积关系见图 10-3（刘宁，2005）。由于渭河下游严重淤积，河道比降变缓，渭河主槽过流断面逐年萎缩，河道过流能力大幅度降低，使得渭河河床也逐年抬高。因黄河小北干流比降变缓，流速减小，河流蜿蜒曲折，加之两岸控导工程数量及质量不平衡，潼关高程的上升使得黄河小北干流西倒加剧。由于黄、渭、北洛河水文、泥沙特性的差异，受三门峡水库运用及潼关高程的影响，在渭河口不断出现黄河水倒灌并形成拦门沙现象，渭河河势进一步恶化，潼关上游河道洪水灾害频发，连年出现小洪水、高水位和大灾害洪水（陶海鸿等，2003）。

通过对影响潼关高程变化的因素进行分析后认为，三门峡库区冲淤变化是潼关高程变化的内在动力和条件，而水库运用方式和潼关上游来水条件的改变是库区冲淤变化的潜在原因，是潼关高程上升的重要影响因素。根据三

图 10-3　潼关高程变化与渭河下游淤积关系

门峡水库长期运行资料，水库于 1960 年 9 月开始蓄水运用，经历了蓄水拦沙（1960 年 9 月至 1962 年 3 月）、滞洪排沙（1962 年 4 月至 1973 年 10 月）和蓄清排浑（1973 年 11 月至今）三个运用时期。水库的运行情况主要反映在运用水位上，图 10-4 是潼关高程和三门峡水库平均运用水位变化情况（王磊磊和张建丰，2006）。水库运用方式影响潼关高程抬升的实质是，通过抬高水流侵蚀基准面，降低水流比降和冲刷力，使潼关高程在年内得不到有效冲刷而使潼关高程保持持续上升状态。

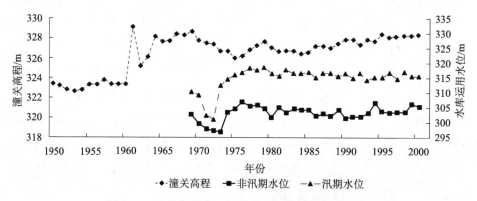

图 10-4　潼关高程和三门峡水库平均运用水位变化

注：因 1969 年以前水库泄流规模较小，该时段水库运用资料没有列出

综上所述，降低和控制潼关高程是目前解决渭河下游防洪问题的根本途

径之一，而要降低潼关高程就要改变三门峡水库的运用方式，控制非汛期和汛期的运行水位。三门峡水库的调度运用方式可以参考 2002 年由水利部成立的"潼关高程控制及三门峡水库运用方式研究"项目课题组的研究结果，即建议近期可以采用"非汛期最高控制水位不超过 318m、平均水位不超过 315m，汛期敞泄"的方式进行，而中长期可通过逐步采取综合措施，如跨流域调水、减少来水来沙、河道裁弯、缩窄河宽、增加三门峡水库泄流规模、人造洪峰等使潼关高程得到进一步降低和稳定下降，而将降低潼关高程的目标确定为：近期降低 1m，中长期降低 2m（潼关高程控制及三门峡水库运用方式研究组，2003）。目前小浪底水库的建成运用，给改变三门峡水库的运用方式和降低潼关高程提供了契机，但由于三门峡水库的运行方式以及存废问题关系到陕西、山西和河南三省各自不同的利益，因此其协调解决是个复杂而艰巨的过程。

（二）重点做好渭河下游干流堤防工程体系和河道整治建设

堤防是河道防洪的基础，堤防的高度和质量是保证设计标准洪水安全畅泄的基本条件。在水沙条件没有得到控制之前，随着河道淤积的不断发展，洪水位不断抬升，要保持或提高防洪标准，唯一的途径是加高加固堤防。

渭河下游防洪工程始建于 20 世纪 60 年代初，大多是由群众会战或临时抢险工程逐步形成的。近期治理中虽然对部分重点薄弱堤段进行了加高培厚和补强加固，抗洪能力有所增强，但就防洪工程体系而言，工程隐患众多，堤基沙层和堤身裂缝、孔洞、松散夹层等现象十分普遍，还存在无堤河段及越堤路口等缺口，加之河湾变动使河道险工险段众多，导致现有工程抗洪能力不足 10 年一遇，因此要全面加大堤防断面标准，加高加固堤防。按照国家批准的渭河大堤 50 年一遇、渭河围堤 5 年一遇防洪标准，继续实施加固工程建设，全面培厚堤防断面，使堤顶宽度全部达到 10m，满足渭河下游防汛减灾和抗洪抢险的实际需要。由于渭河下游堤防加固主要是解决"溃决"问题，因此对于堤身不仅应满足渗流稳定要求，而且还要消除因填筑不实、土质不良、獾狐洞穴等隐患引起的堤身破坏，即主要提高堤防工程的内在质量，保证在设防标准内的堤防安全。

渭河下游河道分主槽和滩地两部分，由于泥沙大量淤积使主槽水流顶冲点经常发生变化，引起渭河下游河势进一步恶化，河势任意摆动，险情加剧，使河道多处出现垂直的 S 形河湾，当水流冲刷堤防、抢救不及时极易造成险情，欲防止堤防冲决，必须进行河道整治。渭河下游河道整治工程主要有险工工程，控导、护村、护堤、护滩工程，目前因河势的摆动，基本都不能满足防洪的需要，需进一步加强治理。

由于渭河下游干流堤防堤距宽度普遍达到 2.5km 左右，河道行洪断面比较大，因此可以利用渭河水沙资源，集中力量常年开展淤临工程建设，使淤临体宽度按照 8.0m 考虑，淤临体顶部高程与堤防堤顶齐平。

（三）抓紧黄、渭、洛河汇流区治理，防止黄河主流西倒，实施北洛河改道直接入黄工程，减轻渭河下游淤积

黄、渭、洛三河汇流区由于泥沙淤积及潼关高程居高不下，导致各河比降减缓，河势恶化，洪水相互顶托，主流摆动频繁，引起汇流区泄洪输沙能力下降，加剧了黄河倒灌渭河的概率，因此对黄、渭、洛河汇流区河段的整治对于渭河下游防洪减灾关系重大。建议应将渭河入黄口下延 5km 恢复到三门峡水库建库初期 1960～1970 年位置，避开与黄河的垂直交汇，使渭河入黄顺畅，对渭河泄洪排沙有利。同时应抓紧目前黄河主流位置居中的有利时机，续建下延牛毛湾工程，沿河弯护滩将黄河主流沿北南流向送至潼关港口铁桥附近变为西东流向，使渭河由港口附近顺直入黄，从而解决黄河西倒夺渭和倒灌淤积渭河的严重局面，并可显著降低渭河华县以下洪水位，有利于冲刷降低潼关高程，减轻渭河下游淤积。

历史上北洛河曾经有过多次入黄和入渭的变化。目前北洛河在三河口入渭，距黄河约 10km，由于黄、渭、洛三河洪水经常遭遇，北洛河来水含沙量高，受黄、渭河洪水顶托，小水大沙常在渭河入黄口形成拦门沙，加剧渭河下游淤积。为了避免北洛河洪水泥沙淤塞渭河尾闾河段，在潼关高程降低以后，可以实施北洛河改道直接入黄工程，使北洛河泥沙不进入渭河，并改变三河汇流区河势，减少在渭河口形成拦门沙的概率，减轻渭河下游淤积。

（四）加强水土保持工程建设，遏止水土流失，控制和减少入渭泥沙

泾河和北洛河是渭河的主要沙源，二者的多沙粗沙区面积达 1.87 万

km^2，泾河的年径流量占渭河（华县站）的 19.7%，而年输沙量却占渭河（华县站）的 53.8%，因此泾河水少沙多，是渭河泥沙的主要来源，也是造成渭河下游淤积的重点区域，对泾河流域要特别注重水土保持工作。即必须坚持在全流域开展以退耕还林为主的生态保护，恢复林草植被，遏止水土流失。应将以宽幅梯田与淤地坝为主的坝系农业相结合，辅以一定的生物措施。采用"保、拦、调"的综合治理方针进行全流域治理，其中"保"是开展水土保持，特别是侵蚀强度大的沟坡地区的治理，通过种树种草，防治水土流失；"拦"主要是在沟中建淤地坝，形成坝系农业，利用水库拦蓄部分泥沙；"调"是利用水库调节水沙过程，防止小水大沙，尽可能减少泥沙在渭河主槽中淤积，保证河道泄洪排沙能力，同时必须停止滥采乱伐，实行封山育林，大力植树造林种草，综合治理流域水土流失，改善环境，减少入河泥沙（张琼华和赵景波，2005）。

另外，还可在泾河上游建设拦沙减淤和水沙调控工程体系，修建拦泥水库，发挥防洪减淤作用，形成人造洪峰，改变渭河下游的水沙条件，促进输沙平衡并冲刷渭河下游及潼关河道。从某种程度上讲，水土保持建设是渭河流域防洪的治本措施，同时只有从源头上减少泥沙进入河道，才能确保河床不再抬高，河道洪水灾害风险不持续加重。

（五）加速南山支流治理

渭河下游南山支流众多，皆发源于秦岭北麓，上游坡陡流急，洪水陡涨陡落，预见期短，对下游防洪威胁很大，目前在渭河下游的防汛工作中，南山支流的灾害日益突出。三门峡水库建库后，随着潼关高程的抬升，引起渭河下游河槽的不断淤积和洪水水位的抬高，致使渭河发生小流量洪水即可漫滩倒灌南山支流，加之渭河泥沙大，可造成支流河口段严重淤塞。南山支流虽修有堤防，但这些支流堤坝大都建于 20 世纪 60～70 年代，以土堤为主，后虽经 5 次加高，但防御标准并未提高。由于堤高、坡陡、临背差大，堤身单薄，且多为沙土堆筑，稳定性差，因此受渭河洪水倒灌的影响，经常发生决口，造成严重灾害，直接威胁人民生命财产的安全。特别是 90 年代以来，支流洪灾频繁，如 2003 年和 2005 年的小洪水、大灾害就是南山支流工程防御体系薄弱导致渭河洪水倒灌支流造成的，因此防洪形势十分严峻。

针对南山支流的众多问题，要加速治理，建议对部分南山支流河道进行拓宽整治，提高行洪能力；加高培厚堤防，尤其是尾闾段堤防，扩大堤身断面，提高抗洪能力；由于南山支流水量丰富，水质良好，地质条件优越，因此可通过建立水库，有效地削峰滞洪，从根本上确保峪口下游的防洪安全。

（六）加强防洪非工程措施的研究和建设

防洪非工程措施是指通过法令、政策、社会及经济等防洪工程以外的手段，掌握洪水的规律，减轻洪水造成灾害的一系列措施，包括：河道、滞洪区、防洪工程的管理，河道清障，以及有计划地对洪水淹没区群众的对口迁安及救护，制定超级标准洪水预案，防洪保险，洪灾救济，防汛通讯，水文测验、预报等（林玲侠，2001）。

（1）为适应渭河下游严峻的防洪形势，应尽快提高洪水测报自动化水平，建立网络报汛平台，对暴雨多发地带建立防洪预警系统，使防汛决策部门能够及时掌握水情信息，同时还要加强基础研究，扩大研究范围，强化抢险能力建设，完善指挥和救灾系统，尽量减少灾害损失，确保防洪安全。

（2）各级政府和有关部门要重视非工程防洪措施的建设，增加资金投入，及早建立洪水保险运作机制，并在全社会进行"普水教育"和防洪减灾知识宣传。

（3）加强有关防汛政策、法律、法规及制度建设，加强渭河下游生态林和护堤林建设，改善生态环境，保护堤防安全。

（4）三门峡水库陕西库区约十万返迁移民几经搬迁，生活贫困，为黄河防洪安全做出了巨大的牺牲。目前他们居住在335m高程以下的黄、渭、洛汇流区，移民区的防洪安全设施很不完善，移民的防洪安全没有保障，因此要加强移民返库区的安全建设，加固现有移民围堤，修建撤退路和避水楼等防洪工程，并从经济和生活上给予支援和救助。

三、水污染

水污染问题的出现，不仅是现代工农业快速发展带来的负效应，也是人类认识问题的片面性和科学技术的局限性及管理工作的落后性所造成的，对渭河流域水污染的控制和防治对策如下。

（一）加强对污染源的治理和控制

通过对渭河流域受污染状况的分析，发现当前污染源主要来源于工业"三废"、农用化肥、农药和生活污水三个方面，因此治理好这三个方面的污染是解决水污染的关键。对于由工业引起的污染应结合工厂企业的技术改造，在提高资源和能源利用率的同时，尽量将污染源消灭在生产过程中，可通过提倡发展无公害、无排污的运营方式，同时对已有污水进行综合利用，加强回收。对于渭河支流沿岸中污染严重而治理无望的小工业企业要坚决关停；对效益较好、污染治理有望的企业，政府可给予政策和资金技术方面的支持，尽快消除污染。

对于由农用化肥和农药引起的污染可以通过减少化肥和农药的使用率，开发生态肥料与生态农药，鼓励使用有机肥，通过减少污染点源和面源来加以控制。对于由生活污水引起的污染可以通过拟定污水综合治理规划，通过对各县市生活污水排放量进行控制，搞好水的重复使用，实现废水资源化。

（二）加快污水集中处理设施建设，使污水处理社会化

截至 2004 年 8 月，渭河流域内已有城市污水处理厂 4 座，日处理污水能力 43.5 万 t，污水回用能力 5 万 t；同时在建城市污水处理厂 12 座，日处理污水能力 82.3 万 t；在建垃圾处理厂 4 座，日处理能力 4700t（陕西省江河水库管理局，2007）。针对渭河流域现状，建设污水处理厂是治理渭河水污染的重要途径，因此以后要继续加大对污水处理建设方面的投资力度，并保证治理效果。同时可以开发应用高效节能的污水处理技术，通过采用活性污泥法、厌氧生物处理技术、生物膜法、天然净化系统等新技术，将处理后的废水回用于其他各种不同的用途中。

目前，渭河流域沿岸的工业企业都各自安装有治污设施，导致治污设施林立，还有许多重复、闲置，难以形成集中规模。随着我国市场经济的建立与完善，企业的污染治理也必然要实现市场化、外部化、社会化、集中化和专业化，因此使企业的污染治理从内部走向市场，由分散走向集中，将有利于环境监督，有利于提高污水的处理率，改善水环境质量。

（三）加强监督管理，依法治理，坚决实施

在加大对渭河流域治污力度的同时，还应切实加强水资源保护的监督管理工作，实行"确定排污总量、污染源治理省市县各级政府负责制、加强入河排污口监管、入河排污口与省界断面双控制、建立水资源补偿制度"的水质监督管理新思路，使渭河水资源保护监督管理工作提高到一个新的水平。

依据《中华人民共和国水法》、《中华人民共和国水污染防治法》、《中华人民共和国水土保持法》和《陕西省渭河流域水污染防治条例》，严格制定相应的实施办法，使现行的法律、法规更具有操作性。同时加强执法队伍建设，对执法人员要进行认真考核发证，不断提高要求，强化执法手段，严格执法程序，保证法律的正确实施。在实施过程中可以通过建立污染源监控现代化系统，使环境执法取证准确并量化，从而更加现代化。

（四）积极进行环保宣传，提高全民认识

人民大众是环境污染的最终受害者，也是环境保护的主力军。通过宣传，要使人们充分认识到渭河污染的严重性及危害程度，让全民了解渭河水污染的严重态势，知道保护水源的紧迫性、必要性和重要性；要将人类环境意识的提高过程与对人们切身利益的保护和改善联系起来，建立公众监督机制，使公众了解企业工业污染对自身利益造成的影响与威胁，自觉参与环境管理。

四、水土流失

渭河流域位于黄土高原地区，是黄河流域水土流失最为严重的地区之一。水土流失的特点：一是面积广，水土流失面积占渭河流域总面积的 76.9%；二是土壤侵蚀强度大，全流域侵蚀模数大于 5000t/km² · a 的强度水蚀面积 4.88 万 km²，占黄土高原地区同类面积的 25.5%，多沙粗沙区面积 1.87 万 km²，占黄土高原地区同类面积的 23.8%；三是人为因素造成的水土流失严重，由于忽视生态环境的保护和建设，导致地表植被严重破坏、林线后退和大量弃渣，人为造成的水土流失面积增加较快（国家发展和改革委员会农村经济司，2005）。针对以上特点，具体的水土保持生态建设治理措施如下。

(一) 通过划分区域，分区施策

针对渭河流域水土流失的特点和分布情况，按照国家有关规定和要求，将流域划分为预防保护区、监督区和水土流失治理区三个水土保持工作区域。在水土保持生态建设以防治结合，保护优先，突出重点，强化治理的基本思路下，对不同区域采取不同的治理措施：在预防保护区（如潼关县、华阴市、华县、西安市临潼区等），依法保护现有森林植被，巩固和提高已有水土流失治理成果；在监督区（如西安市临潼区、渭南市临渭区、华阴市、华县、潼关县等），完善规章制度，建立健全以水土保持执法机构为主体的执法体系，加强开发建设项目的管理，严格实行水土保持"三同时"制度，有效遏制人为水土流失；在水土流失治理区（如泾河中下游和北洛河下游的黄土高原沟壑区），以多沙粗沙区为重点，加强沟道坝系建设，促进种植结构调整和退耕还林还草，开展封山育林（草）、封坡禁牧，发挥生态自我修复能力。

(二) 加强沟道坝系建设和坡面治理

由于水土流失治理区的沟道重力侵蚀特别严重（主要包括崩塌、滑塌、泻溜等），因此对这些地区要加强沟道坝系建设，拦截出沟泥沙，抬高侵蚀基准面，减缓沟道纵坡比降，同时淤地造田，为实现退耕还林还草创造条件。

水土保持坡面治理措施主要包括：坡耕地改造、植被恢复和生态修复等。坡耕地改造，即将坡耕地改造成为水平梯田，从而通过减缓坡度，截短坡长，改变小地形，控制水土流失。林草植被建设要结合水资源条件，以水定树，宜树则树，宜草则草，充分发挥生态的自我修复能力，达到改善生态环境，实现人与自然和谐共处的目的。

(三) 加强对人为因素破坏的监督和管理、治理力度

造成水土流失的原因可以概括为自然和人为两大类因素。自然因素是水土流失发生的潜在条件，而人为因素是造成水土流失的催化剂。人为因素主要包括土地利用方式不合理、毁林毁草、滥垦滥伐、开垦扩种、顺坡耕种等。近年来，随着城市化进程的加快，开发区建设、城市防洪、旧城改造、道路建设等土建工程急剧增加，使得大量耕地、林地成为了建设用地，改变了原

有的自然地貌，破坏了土地植被，而在城市基础设施和开发区建设过程中，深挖高填将产生大量弃土弃渣，松散土体和开挖回填裸露面在无防护或防护不良的情况下，极易造成土壤的剧烈侵蚀，加剧水土流失，因此要加强对人为因素破坏的监督和管理、治理力度。

首先要加大宣传力度，增强人们对水土流失的忧患意识；然后要依法行政，建立健全水土保持制度体系和水保执法机构体系；最后要加强开发建设项目的管理，即对各种开发建设项目要进行普查登记，依法实施监督管理，规范开发建设行为，依照《中华人民共和国水土保持法》严格实行水土保持方案审批制度和监督执法，对损坏水土保持设施的开发建设单位必须足额征收水土流失补偿费，对不进行治理或不便治理的必须强行收取水土流失防治费，进行代为治理或异地治理；同时制订配套法规和管理办法，建立健全管护组织，防止人为水土流失的发生与发展；而对已破坏地表和植被造成的水土流失要尽快进行不同措施的恢复治理。

（四）通过社会经济和科技手段遏制水土流失

由于水土流失地区大都是贫困地区，饲料、草料获取困难，有些地方温饱问题尚未解决，因此建议各级政府要对水土流失地区采用经济和科技手段，重视和加强科研与生产相结合机制建设，采取各种优惠政策，提高科技含量，将防治水土流失与人民群众脱贫致富紧密结合起来，保证合理利用土地，搞好水土保持。

对渭河下游来说，造成水土流失的一个主要原因是由于人口过多而增加了对土地、环境的压力和负荷，因此治理水土流失的一个重要举措是采取各种政策，控制人口增长，使人口数量同环境承载力相适应。总之，只有综合利用各种社会经济和科技手段，才能为合理利用水土资源、防治水土流失创造有利条件。

第三篇　河南省景观格局变化及水旱灾害风险评估与管理

第十一章　LU/LC景观格局变化分析

　　土地利用是自然基础上人类活动的直接反映。土地利用/土地覆盖（LU/LC）是由各种类型的斑块组成，具有显著的空间特征和时间特点。通过空间格局分析可以把 LU/LC 的空间特征与时间过程紧密联系起来，从而可以更好地分析 LU/LC 的时空演变规律。土地利用格局受自然环境的限制与人类活动的干预而发生变化，开展土地利用格局研究，了解其成因与机制，是理解人类社会与自然环境相互关系的重要途径。

　　景观格局是景观异质性的具体表现，同时也是各种生态过程在不同尺度上作用的结果。景观格局的形成反映了不同的景观生态过程，是各种景观生态演变过程中的瞬间表现。由于生态过程的复杂性和抽象性，很难定量地、直接地研究生态过程的演变特征。生态学家往往通过研究景观格局的变化来反映景观生态过程，而景观格局的发展变化是自然、生物和社会要素相互作用的结果，它影响并决定了景观的各种功能。通过对景观空间格局的分析，有助于了解景观要素的形状、大小、数量和空间组合，探讨景观格局和生态过程的相互关系。因此，景观空间格局分析是景观生态学基础研究的核心之一，对于大尺度区域生态环境现状评价及发展趋势分析都是十分有效的手段。河南省是中国历史上农业开发利用最早的地区之一，土地开发利用程度高，土地利用类型复杂多样，景观破碎度较高，连通性差，易受外界干扰，生态环境脆弱。应用景观格局指数定量分析河南省土地利用的景观空间格局特征，能为可持续开发利用土地及进行土地管理与设计打下基础，并能为土地资源的可持续利用和政府的宏观决策提供科学依据（张本昀等，2009）。

第一节　研究区概况

　　河南地处中原，属中纬度南北气候过渡地带，地形地质条件复杂，各种自然灾害十分严重，是我国自然灾害高发区之一。据资料记载，从公元前206年到新中国成立前的两千年中，共发生各类自然灾害3102次，其中气象灾害2530次，几乎每年一次；虫疫灾害512次，约四年一次；地震灾害也达51次。在气象灾害中，水旱灾害频率最高，出现次数占各类自然灾害总次数的2/3（李润田和温彦，1994）。

据《河南省环境状况公报（2008～2010）》可知：2008年，河南省冬季出现了低温雨雪冰冻天气，初春、初夏和年末部分地区出现了阶段性干旱，夏季雷雨、大风、冰雹等强对流天气频繁，局部地区暴雨造成严重内涝。2009年冬季出现了近50年来同期罕见的严重干旱，夏季雷雨、大风、冰雹等强对流天气频繁。2010年内暴雨洪涝灾害和低温、冻害雪灾较常年偏重，干旱和风雹灾害较常年偏轻。同时，据河南省1950～2006年水旱灾情统计，57年间水灾受灾面积合计96 183.13万亩，平均1687.42万亩，成灾面积69 660.08万亩，平均1222.11万亩；旱灾受灾面积合计134 385.16万亩，平均2357.63万亩，成灾面积82 308.72万亩，平均1444.01万亩。总之，河南省水旱灾害频繁，春旱秋涝，久旱聚涝，涝后又旱，此旱彼涝，旱涝交错，而且旱灾范围广，洪涝灾害重，为全国重灾区之一。

一、地理位置与行政区划

河南省位于我国中部偏东，华北平原南部，黄河中下游，因大部分地区位于黄河以南，故称河南。古为豫州之地，故简称"豫"，素有"中州"、"中原"之称。河南地处北纬31°23′～36°22′，东经110°21′～116°39′，东接安徽、山东，北界河北、山西，西连陕西，南临湖北，呈望北向南、承东启西之势。省境内东西长约580km，南北宽约550km，土地面积约16.7万km²，约占全国总土地面积的1.74%，在全国31个省、区、市中居第17位。

截至2014年，河南省辖郑州、开封、洛阳、平顶山、安阳、鹤壁、新乡、焦作、濮阳、许昌、漯河、三门峡、南阳、商丘、信阳、周口、驻马店等17个省辖市，济源1个省直管市，21个县级市，88个县，50个市辖区，1863个乡镇，518个街道办事处，3866个社区居委会，47 347个村委会[①]。

---

① 参见河南省人民政府门户网站，http：//www. henan. gov. cn/hngk/system/2006/09/19/010008384. shtml.

具体的地理位置与行政区划如图 11-1 所示（禄丰年和毛忠民，2006）。

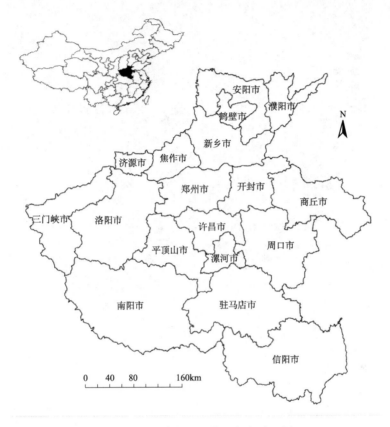

图 11-1　河南省地理位置与行政区划

二、地形地貌

河南省地处我国地势的第二阶梯和第三阶梯的过渡地带，其地形地貌、气候条件、土壤植被都具有明显的过渡性特征。地势西高东低，北、西、南三面由太行山、伏牛山、桐柏山、大别山沿省界呈半环形分布；中、东部为黄淮海冲积平原；西南部为南阳盆地（图 11-2）（彩图 6）。平原和盆地、山地、丘陵分别占总面积的 55.7%、26.6%、17.7%。

河南省地形起伏较大，地貌类型复杂。山区基本由褶皱山地、断块山地、褶皱断块山地、侵入体山地 4 类组成，海拔大部分在 1000～1500m，相对高度在 500～1000m，不少山峰海拔超过 2000m。山地具有地势高、起伏大、坡

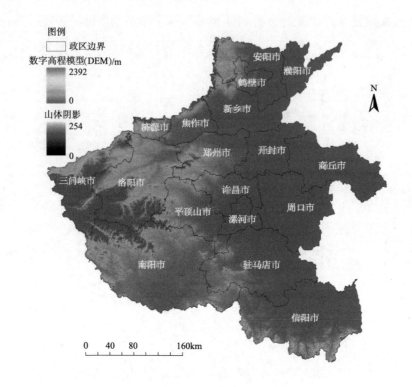

图 11-2　河南省地貌晕渲图

度陡、土层薄等特点，外围广泛分布有 200～1000m 的低山、丘陵。

河南省中东部为辽阔平原，地势平坦，略向东南倾斜，海拔均在 200m 以下，其中绝大部分在 40～100m，接近山麓的山前平原地区，海拔增高到 100～200m。平原区土地肥沃，是全省农作物的主要播种区。位于西南部的南阳盆地为三面环山向南开口的扇形山间盆地，盆地地势由边缘向中心倾斜，具有明显的环状和阶梯状特征。盆地边缘分布有波状起伏的岗地和岗间洼地，海拔 140～200m；中南部为冲洪积平原，地势平坦，略向南倾斜，海拔 80～140m（常剑峤等，1985）。

三、河流水系

河南省分属长江、淮河、黄河、海河四大流域（图 11-3）。全省河流众多，流域面积在 100km² 以上的河流 493 条，其中流域面积超过 10 000km² 的有 9 条，为黄河、伊洛河、沁河、淮河、沙河、洪河、卫河、白河和丹江；

1000～10 000 km²的 51 条。由于地形影响，大部分河流发源于西部、西北部和东南部山区，顺地势向东、东北、东南或向南汇流，形成扇形水系。河流基本分为四种类型：穿越省境的过境河流；发源地在省内的出境河流；发源地在外省流入省内的入境河流；发源地和汇流河道均在省内的境内河流。

图 11-3　河南省流域分区图

淮河是河南省的主要河流，流域面积 8.83 万 km²，占全省土地面积的52.87％。淮河发源于桐柏山北麓，呈东西流向。南岸支流狮河、竹竿河、潢河、白露河、史灌河均发源于大别山北麓，呈西南、东北流向，支流源短流急。北岸支流有洪汝河、沙颍河、涡惠河、包浍河、沱河及南四湖水系的黄蔡河和黄河故道等。洪汝河、沙颍河发源于伏牛山、外方山东麓，为西北、东南流向，上游为山区，水流湍急，中下游为平原坡水区，河道平缓；其余诸河均属平原河道。

黄河为河南省过境河流，流域面积 3.62 万 km²，占全省土地面积的21.68％。黄河在河南省境内河长 711km，北岸支流有蟒河、丹河、沁河、金堤河、天然文岩渠等。丹河、沁河支流大部分在山西省，为入境河流；金堤河、天然文岩渠属平原河道，平时主要接纳引黄灌区退水。南岸支流有宏农涧河、伊洛河，分别发源于秦岭山脉的华山和伏牛山，呈西南、东北流向。黄河干流在孟津以西两岸夹山，水流湍急，孟津以东进入平原，水流减缓，泥沙大量淤积，河床逐年升高，高出两岸地面 4～8m，形成"地上悬河"。

海河流域在河南省的主要支流有漳河、卫河、马颊河和徒骇河。流域面积 1.53 万 km²，占全省土地面积的 9.16％。漳河流经林州市北部，为河南省和河北省的边界河流。卫河及其左岸支流峪河、沧河、淇河、安阳河发源于太行山东麓。卫河上游山势陡峻，水流湍急，下游流经平原，水流平缓。马颊河和徒骇河属平原河道。

长江流域的汉江水系在河南省的主要河流有唐河、白河和丹江。流域面积 2.72 万 km²，占全省土地面积的 16.29%。唐河、白河发源于伏牛山南麓，呈扇形分布，自北向南经南阳盆地汇入汉江。丹江穿越河南省淅川县境西部，为过境河流（河南省水资源，2007）。

四、气候特征

河南省处于北亚热带和暖温带气候区，气候具有明显的过渡性特点，我国划分暖温带和亚热带的地理分界线秦岭淮河一线，正好穿过境内的伏牛山脊和淮河沿岸，该区以南的信阳、南阳属亚热带湿润半湿润气候区，以北属于暖温带半湿润半干旱气候区。河南省全年四季分明，气候具有"冬长寒冷雨雪少，春短干旱风沙多，夏日炎热雨丰沛，秋季晴和日照足"的特点。

1. 降水

河南省属于大陆性季风气候，降水在季节、年际、空间上的分布很不均匀，年降水量空间分布自南向北递减（图 11-4）。淮河以南地区年降水量主要在 1000～1200mm；卢氏—许昌—商丘一线以南到淮河之间地区，年降水量700～900mm；此线以北的广大地区，年降水量在 700mm 以下。全省各地降水量的 50%～65%集中于 6～9 月份，而冬季降水量不及年降水量的 17%，年均降水不稳定，降水量年际相对变率 18%～22%。

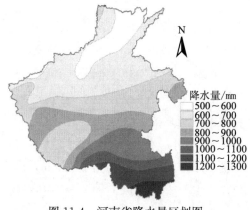

图 11-4　河南省降水量区划图

2. 光照与热量

全省年实际日照时数为 2000～2600h，年总辐射量 4600～5000MJ/m²，北部多于南部，平原多于山区。全省年平均气温 12～16℃，南阳盆地北受伏牛山、外方山的阻隔，冷空气不易侵入；淮河以南纬度较低，太阳辐射量增加，形成了河南省比较稳定的两个暖温区，年均气温在 15℃以上。全省日平均气温通过 10℃的积温为 4000～4800℃，南阳盆地和豫南在 4800℃以上，豫西山区在 4000℃以下；全省多年平均无霜期为 190～230d。

3. 湿度

河南省年平均绝对湿度的分布趋势随着纬度和海拔高度的增加而递减，随高度递减的速率远大于随纬度递减的速率。全省年平均相对湿度 65%～75%，以淮南湿度最大，可达 75%以上，其次是淮北平原、豫东平原和南阳盆地，相对湿度 70%以上，其他地区在 70%以下，以豫西北的鹤壁、焦作、孟津、三门峡一带为最小，在 65%以下。湿度的南北差异以夏秋季节为小，春季最大。

五、土壤植被

河南土壤类型多样，主要分布有黄棕壤、棕壤、褐土、红黏土、潮土、砂姜黑土、盐碱土和水稻土等 17 个土类，42 个亚类。其中潮土是省内分布面积最大的土类，主要分布在东部广大平原地区；黄棕壤为北亚热带的地带性土壤，主要分布在淮河以南和南阳盆地周围的山地丘陵；伏牛山以北的中山山地为棕壤；西部的黄土丘陵和太行山、豫西山地的山前丘岗为褐土；砂姜黑土主要分布在淮北平原和南阳盆地相对低洼地区，面积较大；在潮土区的黄河沿岸背河洼地和其他局部低洼地区，盐碱土分布较广，经过长期综合治理，面积已大为缩小。众多土壤类型形成河南较为丰富的土壤资源（刘荣花，2008）。

在亚热带向暖温带过渡的河南省境内，由于自然环境复杂多样，植被分异形成明显的水平地带性和垂直地带性。伏牛山南坡、淮河以南属亚热带常绿、落叶阔叶林地带，伏牛山和淮河以北属暖温带落叶阔叶林地带，西部伏牛山地和丘陵，有明显的森林垂直带谱。东部平原天然林早已不存在，现有林木全为人工栽培，主要树种有泡桐、毛白杨、旱柳、刺槐、榆树、欧美杂交杨类等和紫穗槐、白蜡等灌木。植物资源比较丰富，植物种类约占全国总数的 14%，其中木本植物占 30%；高等植物有 199 科、3979 种及变种，其中草本植物约占 2/3，木本植物约占 1/3。

河南省植被区划分为 2 个植被地带（南暖温带落叶阔叶林地带、北亚热带常绿、落叶阔叶林地带）、4 个植被区（①黄淮平原栽培植被区；②豫西、豫西北山地丘陵、台地落叶阔叶植被区；③伏南山地、丘陵、盆地常绿、落叶阔叶林植被区；④桐柏、大别山地、丘陵、平原常绿、落叶阔叶林植被区）和 12 个植被片（河南省环境保护局，2006）。

六、社会经济

河南是全国第一人口大省，2013 年年底总人口 10 601 万人，其中城镇人口 4643 万人，占总人口的 43.8%，农村人口 5958 万人，占总人口的 56.2%。全省常住人口 9413 万人，土地总面积 16.7 万 km^2，人口密度为 635 人/km^2。截至 2013 年年底，已发现矿种 141 种，已探明储量的有 109 种，已开发利用的有 93 种。其中，能源矿产 6 种，金属矿产 23 种，非金属矿产 62 种，水气矿产 2 种。2013 年新发现大中型矿产地 22 处。河南以丰富的矿产资源为依托，建立了以机械、电子、石油、化工、冶金、建材、煤炭、电力为主体，门类齐全，具有一定规模的工业体系，经济增长的质量和效益明显提高。

经过改革开放 30 多年特别是近年来的发展，河南成功实现了由传统农业大省向全国重要的经济大省、新兴工业大省和有影响的文化大省的历史性转变。2009 年，全省生产总值 19 480.5 亿元，位居全国第五，占全国的 5.8%，人均 GDP 为 20 597 元，其中，第一产业增加值为 2769.1 亿元，占 14.2%，第二产业增加值为 11 010.5 亿元，占 56.5%，第三产业增加值为 5700.9 亿元，占 29.3%，属于"二、三、一"型的产业结构，第二、第三产业已形成经济的主体（图 11-5）（河南统计年鉴，2010）。

河南省农业在全国一直占有举足轻重的地位，是全国重要的粮油棉生产基地。全国粮食生产百强县中，河南占 15 个。近年来，河南粮食产量连创历

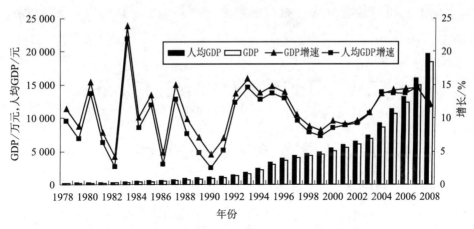

图 11-5 河南省 1978 年以来的 GDP 和人均 GDP 发展

史新高。2009 年全省粮食产量达到 5389 万 t，占全国的 10.2%；棉花和油料的产量分别占全国的 8.7% 和 17.1%，粮食产量和粮食加工转化能力居全国首位，为保障国家粮食安全做出了重要贡献。河南省农业结构调整成效显著，优质粮食和优质畜产品生产加工基地初步形成，农业产业化水平不断提升。2009 年全省优质专用小麦播种面积占 61.4%，规模化养殖小区发展到 3815 个，各类农业产业化龙头企业达到 2512 家，粮食、肉类、奶业加工能力分别达到 3370 万 t、490 万 t 和 166.2 万 t。

河南省工业化已进入发展的中期阶段，工业在全国的地位不断上升。2009 年，全省实现工业增加值 11 010.5 亿元，居全国第五位。工业在国民经济中的主导地位更加突出，工业增加值占 GDP 的比重从 2000 年的 39.6% 上升到 2009 年的 56.5%；规模以上工业利润总额达到 2444.2 亿元，稳居中部地区前列。

河南距离出海口较远，属内陆地区，但其位于我国陆路交通大十字架的中心位置，是全国交通体系中重要的综合交通枢纽。境内有京广、陇海、京九、焦枝、宁西等铁路干线构成的三纵四横的铁路网及京港澳、连霍、大广、二广、宁西等高速公路干线构成的四通八达的高速公路网。目前，干线铁路网、公路网和不断发展的航空运输网等构成的综合交通运输体系已经形成。2013 年年底，铁路通车里程 4822km，铁路密度 2.89km/10^2 km^2，公路通车里程 249 831km，公路密度 149.6 km/10^2 km^2，高速公路通车里程 5859km，高速公路密度 3.51 km/10² km²（河南省统计局和国家统计局河南调查总队，2014）。

第二节 土地利用/土地覆盖变化分析

一、土地利用/土地覆盖类型面积比重分析

研究采用由国家科技基础条件平台建设项目——地球系统科学数据共享平台（www.geodata.cn）提供的土地利用/土地覆盖数据，主要涉及河南省20世纪80年代中后期和2005年1:25万比例尺矢量数据，以及在矢量数据基础上制作的100m栅格数据。此数据采用Albers正轴等面积双标准纬线割圆锥投影。投影参数如下：

投影：Albers正轴等面积双标准纬线圆锥投影；

南标准纬线：25°N；

北标准纬线：47°N；

中央经线：105°E；

坐标原点：105°E与赤道的交点；

纬向偏移：0°；

经向偏移：0°；

椭球参数采用Krasovsky参数：

$$a = 6\ 378\ 245.0000\text{m}$$

$$b = 6\ 356\ 863.0188\text{m}$$

空间度量单位：米（m）。

数据内容包括森林、草地、农田、聚落、湿地与水体、荒漠6个一级类型和25个二级类型。考虑到研究区的土地覆盖格局特征，结合中国科学院资源环境数据中心的全国1:10万土地利用数据库所采用的土地资源分类系统，研究将所获得数据的LU/LC划分为6大类型：林地、草地、耕地，建设用地，水体，未利用土地。其中林地包括常绿针叶林、常绿阔叶林、落叶针叶林、落叶阔叶林、针阔混交林、灌丛；草地包括草甸草地、典型草地、灌丛

草地；耕地包括水田、水浇地、旱地；建设用地包括城镇建设用地、农村聚落；水体包括沼泽、内陆水体、河湖滩地；未利用土地包括裸岩、裸地、沙漠。图11-6（彩图7）和图11-7（彩图8）是20世纪80年代和2005年分辨率为100m的土地利用/土地覆盖分类图。

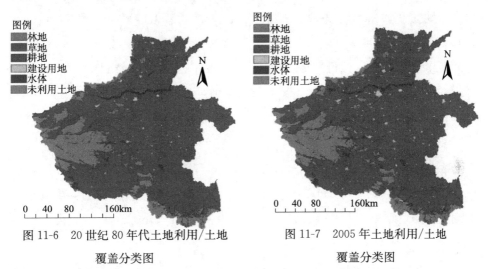

图 11-6　20世纪80年代土地利用/土地　　　　图 11-7　2005年土地利用/土地

覆盖分类图　　　　　　　　　　　　覆盖分类图

将两期影像的LU/LC分类结果进行各类型的面积统计，并将同一类型的统计面积进行差值计算，所得结果见表11-1和图11-8。

表 11-1　LU/LC类型面积统计　　　　　　　（单位：km²）

年（代）	林地	草地	耕地	建设用地	水体	未利用土地
20世纪80年代	27 496.29	10 086.01	115 179.6	8 708.53	4 049.20	99.22
2005	27 564.80	9 204.36	114 200.8	10 672.61	3 955.24	20.95
差值	68.51	−881.65	−978.71	1 964.08	−93.96	−78.27

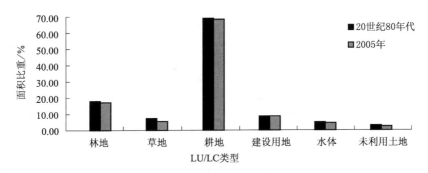

图 11-8　LU/LC类型面积比重

从表 11-1 和图 11-8 各 LU/LC 类型的面积统计和所占的比重结构可见：20 世纪 80 年代林地为 27 496.29km²，占总量的 16.60%；草地为 10 086.01km²，占总量的 6.09%；耕地为 115 179.6km²，占总量的 69.54%；建设用地为 8708.53km²，占总量的 5.26%；水体为 4049.20km²，占总量的 2.44%；未利用土地为 99.22km²，占总量的 0.06%。2005 年林地为 27 564.80km²，占总量的 16.64%；草地为 9204.36km²，占总量的 5.56%；耕地为 114 200.84km²，占总量的 68.95%；建设用地为 10 672.61km²，占总量的 6.44%；水体为 3955.24km²，占总量的 2.39%；未利用土地为 20.95km²，占总量的 0.01%。

二、LUCC 差异检测分析

表 11-2 统计了从初始状态 20 世纪 80 年代到终止状态 2005 年的各 LU/LC 类型的变化情况。图 11-9（彩图 9）直观显示了同一种 LU/LC 类型从 20 世纪 80 年代到 2005 年的变化过程，其能够对表 11-2 的理解起到有力的辅助补充。

表 11-2　20 世纪 80 年代至 2005 年 LU/LC 类型面积差异检测统计（单位：km²）

2005 年 ＼ 20 世纪 80 年代	林地	草地	耕地	建设用地	水体	未利用土地	转入面积
林地	27 046.22	455.04	49.95	0.00	10.96	2.63	518.58
草地	132.55	9 007.75	22.26	0.00	36.33	5.47	196.61
耕地	261.82	533.66	112 740.10	6.49	584.27	74.50	1 460.74
建设用地	18.64	31.44	1 902.20	8 701.46	18.87	0.00	1 971.15
水体	37.06	57.81	461.65	0.58	3 394.58	3.56	560.66
未利用土地	0.00	0.31	3.39	0.00	4.19	13.06	7.89
转出面积	450.07	1 078.26	2 439.45	7.07	654.62	86.16	—

从表 11-2 和图 11-9 可以看出，从初始状态 20 世纪 80 年代到终止状态 2005 年期间各 LU/LC 类型变化如下。

（1）林地有 27 046.22km² 没有变化；转出面积 450.07km²，其中 132.55km² 变为草地，261.82km² 变为耕地，18.64km² 变为建设用地，37.06km² 变为水体；转入面积 518.58 km²，其中草地转入 455.04km²，耕地转入 49.95km²，水体转入 10.96km²，未利用土地转入 2.63km²。

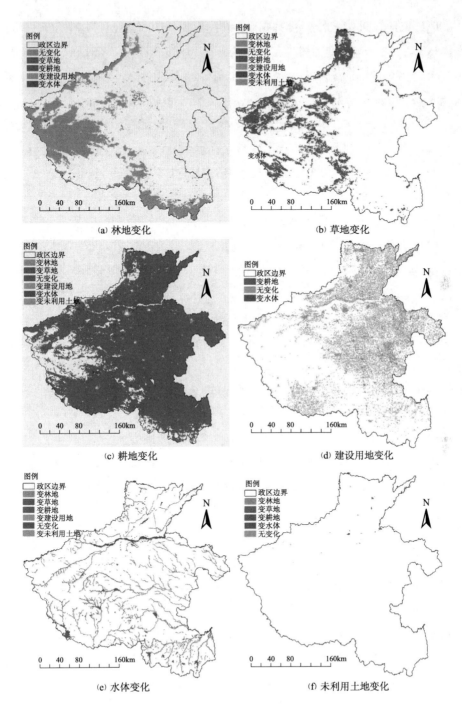

图 11-9　20 世纪 80 年代至 2005 年各 LU/LC 类型变化检测图

（2）草地有 9007.75km² 没有变化；转出面积 1078.26km²，其中 455.04km² 变为林地，533.66km² 变为耕地，31.44km² 变为建设用地，57.81km² 变为水体，0.31km² 变为未利用土地；转入面积 196.61km²，其中林地转入 132.55km²，耕地转入 22.26km²，水体转入 36.33km²，未利用土地转入 5.47km²。

（3）耕地有 112 740.10km² 没有变化；转出面积 2439.45km²，其中 49.95km² 变为林地，22.26km² 变为草地，1902.20km² 变为建设用地，461.65km² 变为水体，3.39km² 变为未利用土地；转入面积 1460.74km²，其中林地转入 261.82km²，草地转入 533.66km²，建设用地转入 6.49km²，水体转入 584.27km²，未利用土地转入 74.50km²。

（4）建设用地有 8701.46km² 没有变化；转出面积 7.07km²，其中 6.49km² 变为耕地，0.58km² 变为水体；转入面积 1971.15km²，其中林地转入 18.64km²，草地转入 31.44km²，耕地转入 1902.20km²，水体转入 18.87km²。

（5）水体有 3394.58km² 没有变化；转出面积 654.62km²，其中 10.96km² 变为林地，36.33km² 变为草地，584.27km² 变为耕地，18.87km² 变为建设用地，4.19km² 变为未利用土地；转入面积 560.66 km²，其中林地转入 37.06km²，草地转入 57.81km²，耕地转入 461.65km²，建设用地转入 0.58km²，未利用土地转入 3.56km²。

（6）未利用土地有 13.06km² 没有变化；转出面积 86.16km²，其中 2.63km² 变为林地，5.47km² 变为草地，74.50km² 变为耕地，3.56km² 变为水体；转入面积 7.89 km²，其中草地转入 0.31km²，耕地转入 3.39km²，水体转入 4.19km²。

三、LUCC 人为驱动因素分析

土地利用/土地覆盖类型变化的驱动因子一般可分为两类，一类是自然驱动因子，一类是人为驱动因子。自然驱动因子常常是在较大的时空尺度上作用于景观，它可以引起大面积的景观发生变化；人为驱动因子包括人口、技术、政经体制、政策和文化等因子，它们对景观的影响十分重要。通过分析，认为引起河南省 LUCC 的主要人为驱动因素有以下几方面。

（一）人口增长

人口作为影响土地利用变化的主要因素是客观存在的。人口因素对土地利用变化的影响，是人类社会经济因素中最主要、也是最具活力的驱动力之一。人类通过改变土地利用变化的类型与结构，增强对土地这一自然综合体的干预程度，来满足人类对生存环境的需求。人口因素对土地利用变化的影响，主要体现在对土地利用变化空间分异及时间变化上（朱小立，2006；王秀兰，2000）。

经济发展和生活水平的提高，不仅使人的寿命延长，导致人口的增长，而且还会促进人口不断向城镇迁移，不断提高城镇化水平。其结果必然会引起对住宅、公共基础设施等需求的增加，导致对建设用地需求的激增，促使农用地（耕地、园地、林地、牧草地、其他农用地）特别是耕地向建设用地（居民点及工矿、交通运输用地、水利设施用地）转化，给农用地特别是耕地的保护带来越来越大的压力。

河南是全国重要的农业大省和粮食主产区，因此耕地始终占据绝对优势，面积比重最大。20 世纪 80 年代，耕地面积占总量的 69.54％；2005 年，耕地面积占总量的 68.95％。河南是全国第一人口大省，1985 年人口总量 7847 万人，到 2005 年增加到 9768 万人，人口密度由 470 人/km² 增加到 585 人/km²，人口的增长必然导致对建设用地需求的激增和农用地的减少，因此从 20 世纪 80 年代到 2005 年，建设用地增加了 1964.08km²，耕地减少了 978.71km²，草地减少了 881.65km²，在耕地转出面积（2439.45km²）中，有约 78％（1902.20km²）变为了建设用地。

（二）经济发展

经济发展对于提高地区的经济实力和人民生活水平有重要作用。经济发展一方面直接促使产业结构发生变化，使更多的农业劳动力向第二、第三产业转化，并加快城市的发展速度；继而又使得对农业土地利用产生压力，使得农业用地随着城镇及工矿用地的增加和第二、第三产业比重大幅度升高而不断减少。另一方面，经济发展将引起运输条件、技术手段、土地市场和住宅建设等因素发生变化，这些因素的变化又会间接促进和刺激第二、第三产业的发展，从而对土地资源转化的压力进一步加大，促使农用地进一步向建设用地转化。由此可以看出，经济发展引起的产业结构演化与土地资源的利用息息相关，产业结构变化与土地利用结构变化具有内在的必然联系。表11-3 是河南省 1985 年、1995 年和 2005 年反映经济发展相关指标的变化表。

从 1985～2005 年，GDP 和人均 GDP 大幅提高，三次产业比重由 38.4∶37.6∶24.0 变化到 17.9∶52.1∶30.0，第一产业比重大幅降低，第二产业比重大幅升高，而土地利用结构中，草地、耕地、水体和未利用土地的比重都在下降，建设用地的比重在大幅升高。

表 11-3　1985 年、1995 年和 2005 年经济发展相关指标变化

指标名称	1985 年	1995 年	2005 年
GDP/当年价，亿元	451.74	2 988.37	10 587.42
人均 GDP/元	580	3 297	11 346
GDP 增长率/可比价，%	22.1	34.8	23.8
固定资产投资/亿元	127.00	805.00	4 378.70
第一产业比重/%	38.4	25.5	17.9
第二产业比重/%	37.6	46.7	52.1
第三产业比重/%	24.0	27.8	30.0
第二产业从业人员比重/%	14.86	20.60	22.09
第三产业从业人员比重/%	12.10	16.99	22.47

（三）城镇化推进

城镇化是人口、非农产业向城市集聚以及城市地域向乡村推进的过程。从以往城镇化发展过程的经验来看，城镇化是加快工业化、推进农业现代化的纽带和平台。城镇化对土地利用变化的影响表现在：①城镇化过程本身就意味着土地的开发利用，因为工矿厂房的建设和城市的扩展都需要占用大量的土地；②工业发展决定着其他产业部门的发展，由此牵动着地区产业结构的不断调整，并能通过产业结构的拉动作用影响地区土地利用结构的调整；③城镇化的发展造成了交通运输、区位条件、市场需求等土地开发利用环境的变化，从而在深层次上影响着区域土地的利用；④城镇化还通过对人民生活和价值观念的影响和扩散，改变原来的土地利用结构（李秀枝，2010）。

随着经济社会的快速发展，河南省的经济实力和综合实力大大加强，城镇化水平也不断得到发展。河南省的城镇人口在 1985 年为 1164 万人，到 2005 年为 2998 万人，增加了 1834 万人，年均增加约 92 万人；城镇化率由 1985 年的 14.84% 提高到 2005 年的 30.65%，上升了 15.81 个百分点，年均提高约 0.8 个百分点。图 11-10 是河南省 1985～2005 年人口及城镇化率的变化情况。

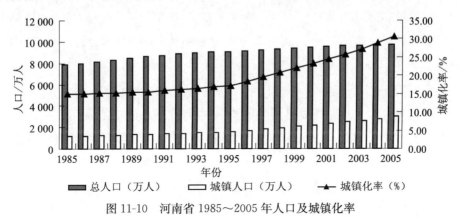

图 11-10　河南省 1985～2005 年人口及城镇化率

（四）行政因素

在社会经济发展因素中，行政因素是一个特殊的因素，从某种意义上说，行政因素受人为控制比较大，特别是行政因素对土地利用方式的调控在某一时间范围内并不受经济规律的支配。国家的社会制度和经济政策对土地利用有着重要的影响，尤其是国家采用怎样的土地资源配制机制，即按照何种方式或通过何种途径将土地资源配置到各部门各单位，将会影响土地利用效率的高低（李晶辉，2006）。

自《河南省土地利用总体规划（1997～2010 年）》批准实施以来，在经济社会发展用地需求快速增长、土地供给约束日益加大的形势下，通过坚持最严格的土地管理制度，强化规划的控制和引导，妥善处理保障发展和保护资源的关系后，土地利用和管理取得了显著成效（河南省国土资源厅，2006）。

（1）加强了对耕地特别是基本农田的保护，维护了国家粮食安全。1997～2005 年全省非农业建设年均占用耕地 154km²，比 1991～1996 年年均 193km² 降低了 20.21%。全省依规划核减各类开发区 45 个，占总数的 62.50%，压缩开发区面积 298 km²，占总面积的 62.53%，遏制了城镇工矿用地过快增长的势头。

（2）加强了规划的引导和调控，积极、有序地为经济建设提供用地保障。在大力保护耕地的同时，适应经济社会快速发展的需要，积极为京珠高速、阿深高速、连霍高速、西气东输工程、黄河小浪底水利枢纽工程等国家重点建设项目和一大批省市重点建设项目及城乡批次项目提供用地保障。

（3）加强了建设用地内涵挖潜，推进了土地节约和集约利用。规划期间，全省加大城镇存量土地盘活力度，大力开展"三项整治"（空心村、工矿废弃地、黏土砖瓦窑整治）。自 2004 年开展"三项整治"工作以来，共整治集体建设用地 861km²，新增耕地 520km²，利用"三项整治"指标 142km²，提高了全省集约用地水平。

（4）加大了土地整理复垦开发补充耕地力度，总体上实现了建设占用耕地的占补平衡，减缓了耕地下降的态势。1997～2005 年，国家投资土地整理复垦开发重点项目 272 个，省投资土地整理复垦开发重点项目 211 个，加上各省辖市安排的土地整理复垦开发项目，1997～2005 年，全省累计整理复垦和开发补充耕地 1195 km²。

（5）加大了生态保护和建设力度，促进了全省生态环境质量的总体稳定和局部好转。1997～2005 年，全省累计实现退耕还林 1426km²，水土流失面积减少 10 600 km²，土地退化趋势得到一定程度的遏制。

在以上主要因素的影响下，通过对 20 世纪 80 年代到 2005 年的土地利用/土地覆盖类型变化进行分析，除获得建设用地总体面积增加，耕地、草地总体面积减少外，还得到林地面积总体增加了 68.51 km²，未利用土地面积总体减少了 78.27 km²。同时，由于河道变迁和上游来水量持续减少等原因，水体面积总体减少了 93.96 km²。

第三节　景观格局变化分析

景观是由斑块、廊道、基质等构成的镶嵌体。人们对于景观的直观认识并不是单纯的一些景观要素间的相互叠加，而是具有空间排布规律的一个真实的景观综合体。这一由景观要素构成的镶嵌体即形成了一定的空间格局。空间格局决定资源地理环境的分布、形成和组分，制约着各种生态过程，与干扰能力、恢复能力、系统稳定性和生物多样性有着密切关系（肖笃宁等，2003）。

景观格局（landscape pattern）一般指大小和形状不一的景观斑块在空间上的配置。景观格局是景观异质性的具体表现，同时又是包括干扰在内的各种生态过程在不同尺度上作用的结果。景观格局作为景观生态学的一个重要概念，其研究在生态学文献中占有很大比重。景观格局的形成反映了不同的景观生态过程，与此同时，景观格局又在一定程度上影响着景观的演变过程，如景观中的物质、能量流动、信息交换、文化特征等（傅伯杰等，2001）。

景观格局分析的目的是研究景观的异质性，体现格局与过程之间的相互联系。景观异质性（landscape heterogeneity）是景观过程和格局在空间上分布的不均匀性及其复杂性，景观异质性的产生是基于各种能量流和系统运动的不平衡性与干扰，特别是人类对景观的干扰。一个景观的结构、功能、性质与地位主要决定于它的时空异质性，景观的异质性决定了景观空间格局研究的重要性。景观格局分析就是从看似无序的景观斑块镶嵌中，发现潜在的有意义的规律性，其最终目的就是通过对景观要素的空间格局与异质性分析，建立空间格局与景观过程的相互映射关系以加深对景观过程的理解。而把握景观动态，尤其是在大尺度景观监测的基础上，对景观格局变化的定量预报及对景观的规划与管理、资源的有效利用及环境保护具有重要意义（曾加芹，2007）。

对景观格局的研究，由于存在不同的目的性，所以需要从不同的角度进行定量的分析和研究。目前，国内外对景观格局变化的研究取得了很大的进展，特别是随着遥感、地理信息系统的发展，景观格局变化研究的方法手段都有了长足的发展（McGarigal et al.，2009；Hoechstetter et al.，2008；Turner et al.，2001；张志明等，2010；王计平等，2010；贡璐等，2004；丁圣彦和梁国付，2004；肖笃宁和李秀珍，2003）。国内外学者对景观格局变化研究大多集中在以下几个方面：①景观的组成和结构；②景观中斑块的性质和参数的空间相关性；③景观格局的趋向性；④景观格局在不同尺度上的变化；⑤景观格局与景观过程的相互关系。有了对景观格局研究的明确方向，还需要与之相对应的方法途径来解决各自的问题。目前对景观空间格局的分析方法主要有两大类：格局指数方法和空间统计学方法。前者主要用于空间上非连续的类型变量数据，即类型数据；后者主要是用于空间上连续数值（面）数据。对景观格局指数计算的意义在于：①比较不同景观或研究区之间的异同；②表达格局结构的内在涵义。这是景观生态学中最基本的目的之一（李强，2010）。

景观指数是指能够高度浓缩景观格局信息，反映其结构组成和空间配置某些方面特征的简单定量指标。景观格局特征可以在 3 个层次上分析：①单个斑块（individual patch）；②由若干单个斑块组成的斑块类型（patch type or class）；③包括若干斑块类型的整个景观镶嵌体（landscape mosaic）。因此，景观格局指数亦可相应地分为斑块级别指数（patch-level index）、斑块类型级别指数（class-level index）以及景观级别指数（landscape-level index）。斑块级别指数往往作为计算其他指数的基础，而其本身对了解整个景观的结构并不具有很大的解释价值。然而，斑块级别指数提供的信息有时还是很有用的，主要包括与单个斑块面积、形状、边界特征以及距其他斑块远近有关的一系列简单指数。在斑块类型级别上，因为同一类型常常包括许多斑块，所以可相应地计算一些统计学指数（如斑块的平均面积、平均形状指数、面积和形状指数标准差等）。此外，与斑块密度和空间相对位置有关的指数对描述和理解景观中不同类型斑块的格局特征很重要。例如，斑块密度、边界密度、斑块镶嵌体形状指数、平均最近邻体指数等。在景观级别上，除了以上各种斑块类型级别指数外，还可以计算各种多样性指数（如 Shannon-Weaver 多样性指数、Simpson 多样性指数、均匀度指数）和聚集度指数等（邬建国，2007）。

一、景观格局指数的选取

通过参阅大量前人的研究成果（张本昀等，2009；丁圣彦和梁国付，2004；Li and Wu，2004；Lausch and Herzog，2002；Saura，2004；O'Neill et al.，1988；Corry and Nassauer，2005；徐丽等，2010；高瞻等，2010；张荣等，2009；林媚珍等，2010），结合河南省尺度和栅格图分辨率，经过反复的推敲比较，在保证指数之间相关性尽量低且能够反映问题的原则下，选择了斑块类型和景观两大级别的部分指标，对河南省 20 世纪 80 年代至 2005 年的景观分类图进行了基于不同斑块类型的各自结构特征，以及和景观整体结构特征有关的现状和动态变化的分析。其中，用于类型/景观级别的指数有 8 个：斑块个数 NP、斑块密度 PD、最大斑块指数 LPI、边界密度 ED、平均斑块形状指数 MSI、平均斑块分维数 MPFD、聚集度指数 AI、散布与并列指数 IJI；专用于景观级别的指数有 4 个：蔓延度指数 CONTAG、Shannon 多样性指数 SHDI、Shannon 均匀度指数 SHEI 和优势度指数 DI。通过运用多种景观指数可以在一定程度上避免单个景观指数分析的局限性和片面性，并能消除或消减由于图像分辨率及研究者的景观随意性对分析结果的影响。

　　研究所涉及的景观指数在景观结构数量化软件包 FRAGSTATS3.3 中的算法和其代表的生态学意义如下，其中所有公式都采用 FRAGSTATS 的栅格版本表示方式（FRAGSTATS USER GUIDELINES, Version 3）。这里，首先说明一下在所有公式中涉及的各相关参数符号的意义。同时，列出的前 8 个用于类型/景观级别指数的计算公式都是在斑块类型级别上进行阐述的。

　　$i=1, \cdots, m$：斑块类型数；

　　$j=1, \cdots, n$：斑块数；

　　$k=1, \cdots, m$：斑块类型数；

　　n_i：第 i 类景观类型中斑块的总个数；

　　A：景观总面积（m²）；

　　a_{ij}：第 i 类景观类型斑块中第 j 个斑块的面积（m²）；

　　e_{ik}：第 i 类斑块类型和第 k 类斑块类型公共边界长度（m）；

　　P_{ij}：第 i 类景观类型斑块中第 j 个斑块的周长（m）；

　　N：景观中的斑块总数；

　　g_{ii}：第 i 类景观类型内部斑块相互毗邻的数量；

　　P_i：斑块类型 i 所占景观面积的比例；

　　g_{ik}：第 i 类景观类型和第 k 类景观类型毗邻的数目。

　　（一）斑块个数 NP（number of patch）

$$NP = n_i$$

单位：无；范围：NP≥1，用于类型/景观级别。

NP 在类型级别上等于景观中某一斑块类型的斑块总个数；在景观级别上等于景观中所有的斑块总数。NP 反映景观的空间格局，经常被用来描述整个景观的异质性，其值的大小与景观的破碎度有很好的正相关性，一般 NP 大，破碎度高；NP 小，破碎度低。NP 对景观中各种干扰的蔓延程度有重要的影响，如某类斑块数目多且比较分散时，则对某些干扰的蔓延有抑制作用（胡琴，2009）。

(二) 斑块密度 PD (patch density)

$$PD = \frac{n_i}{A} (10\,000)(100)$$

单位：块/100hm²；范围：PD>0，用于类型/景观级别。

式中乘以 (10 000) (100) 是使单位转化为块/100hm²。PD 反映斑块的破碎化程度，同时也反映景观空间异质性程度。PD 越大，一定程度上说明景观破碎化程度越高。根据这一指数，可以比较不同类型景观的破碎化程度及整个景观（研究区）的景观破碎化状况，从而可以识别不同景观类型受干扰的程度（付伟，2010）。

(三) 最大斑块指数 LPI (largest patch index)

$$LPI = \frac{\max\limits_{j=1}^{n}(a_{ij})}{A}(100)$$

单位:％；范围：0<LPI≤100，用于类型/景观级别。

LPI 指某一斑块类型中最大斑块占整个景观面积的比例。当 LPI 值趋于 0 时，表示景观中相应斑块类型的最大斑块在变小；当 LPI＝100 时，表明相应斑块类型的最大斑块组成了整个景观。LPI 有助于确定景观基质，决定景观中的优势种、内部种丰度等生态特征，可改变干扰的强度和频率，反映人类活动的方向和强弱。

(四) 边缘密度 ED (edge density)

$$ED = \frac{\sum\limits_{k=1}^{m} e_{ik}}{A}(10\,000)$$

单位：m/hm²；范围：ED≥0，用于类型/景观级别。

式中乘以 (10 000) 是使单位转化为 hm²。表示单位面积上的边缘长度，ED 值大表示景观被边界割裂的程度高；反之，景观保存完好，连通性高。因此，该指标揭示了景观或类型被边界的分割程度，是景观破碎化程度的直接反映。

（五）平均斑块形状指数 MSI（mean shape index）

$$MSI = \frac{\sum_{i=1}^{m}\sum_{j=1}^{n}\left(\frac{0.25P_{ij}}{\sqrt{a_{ij}}}\right)}{N}$$

单位：无；范围：MSI≥1，用于类型/景观级别。

斑块形状是景观空间格局中一个很重要的特征，对研究景观功能如景观中物种的扩散、能量的流动和物质的运移等情况有非常重要的意义，其值不受所采用单位的影响，能很好地表示斑块形状与正方形相差的程度，该指数的最小值为1，其值越接近1，表示斑块形状与正方形越相近；当景观中所有斑块均为正方形时，MSI＝1；MSI 值越大，边界越复杂，边缘地带越大，面积有效性越小，则斑块形状越不规则。

（六）平均斑块分维数 MPFD（mean patch fractal dimension）

$$MPFD = \frac{\sum_{i=1}^{m}\sum_{j=1}^{n}\left[\frac{2\ln(0.25P_{ij})}{\ln(a_{ij})}\right]}{N}$$

单位：无；范围：1≤MPFD≤2，用于类型/景观级别。

用来测定景观斑块周边形状的复杂程度，即景观中各个斑块的分维数相加后再取算术平均值。MPFD 的值在 1～2 之间，MPFD 越靠近 1，斑块形状越简单；相反，MPFD 越靠近 2，斑块形状越复杂（梁国付，2004）。

（七）聚集度指数 AI（aggregation index）

$$AI = \left[\frac{g_{ii}}{\max \to g_{ii}}\right](100)$$

单位:％；范围：0≤AI≤100，用于类型/景观级别。

其中，$\max \to g_{ii}$ 表示景观中第 i 类景观类型内部斑块可能相互毗邻的最大数量。AI 值表示的是景观中每种斑块类型的聚集程度，当 AI＝0 时，说明景观中的斑块分布极其分散，各斑块之间均不相邻；AI 值越大，不同类型斑块越聚集；AI＝100 时，说明景观中的斑块聚集度达到最大化，成为一个聚集度极高的斑块。

（八）散布与并列指数 IJI（interspersion and juxtaposition index）

$$IJI = \frac{-\sum_{k=1}^{m}\left[\left[\dfrac{e_{ik}}{\sum_{k=1}^{m}e_{ik}}\right]\ln\left[\dfrac{e_{ik}}{\sum_{k=1}^{m}e_{ik}}\right]\right]}{\ln(m-1)}(100)$$

单位：%；范围：0≤IJI≤100，用于类型/景观级别。

IJI 表示景观中各斑块类型之间的相邻度，是描述景观空间结构的指标之一。当 IJI 值趋于 0 时，说明相应的斑块类型只与一种或者少数几种斑块类型相邻；当 IJI＝100 时，说明相应的斑块类型与其他所有斑块类型都相邻，其概率也是相同的（梁帅，2010）。

（九）蔓延度指数 CONTAG（contagion index）

$$CONTAG = \left[1 + \frac{\sum_{i=1}^{m}\sum_{k=1}^{m}\left[(P_i)\left[\dfrac{g_{ik}}{\sum_{k=1}^{m}g_{ik}}\right]\right] \cdot \left[\ln(P_i)\left[\dfrac{g_{ik}}{\sum_{k=1}^{m}g_{ik}}\right]\right]}{2\ln(m)}\right](100)$$

单位：%；范围：0＜CONTAG≤100，用于景观级别。

CONTAG 可描述景观里不同斑块类型的团聚程度或延展趋势。CONTAG 较大，表明景观中的优势斑块类型形成了良好的连接；反之，则表明景观是具有多种要素的散布格局，景观的破碎化程度较高。CONTAG 与边缘密度呈负相关，与优势度和多样性指数高度相关（陈立东，2009）。

（十）Shannon 多样性指数 SHDI（Shannon's diversity index）

$$SHDI = -\sum_{i=1}^{m}(P_i \cdot \ln P_i)$$

单位：无；范围：SHDI≥0，用于景观级别。

SHDI 描述景观要素的多少和各景观要素所占比例的变化。SHDI＝0，整个景观仅由一个斑块组成；SHDI 增大，斑块类型增加或各斑块类型在景观中呈均衡化趋势分布。SHDI 能反映景观异质性，是比较和分析不同景观或同一景观不同时期的多样性与异质性变化的一个敏感指数。如在一个景观系统中，土地利用越丰富，破碎化程度越高，其不定性的信息含量也越大，计算出的SHDI值也就越高。景观多样性指数与物种多样性指数的关系呈正态分布。

（十一）Shannon均匀度指数SHEI（Shannon's evenness index）

$$\text{SHEI} = \frac{\text{SHDI}}{\text{SHDI}_{\max}} = \frac{-\sum_{i=1}^{m}(P_i \cdot \ln P_i)}{\ln(m)}$$

单位：无；范围：$0 \leqslant \text{SHEI} \leqslant 1$，用于景观级别。

SHEI反映景观中各斑块在面积上分布的不均匀程度，通常以多样性指数和最大值的比来表示。当SHEI＝0时，表示景观中只包括一种斑块类型；SHEI值越大，斑块类型越多，景观多样性值越高。Shannon均匀度指数表示区域内斑块类型之间分配成最高均匀度的结果。因此，均匀度是优势度的互补，两者成负相关的关系。同时，SHEI也是比较不同景观或同一景观不同时期多样性变化的一个有力手段。

（十二）优势度指数DI（dominance index）

$$\text{DI} = H_{\max} + \sum_{i=1}^{m}(P_i \cdot \ln P_i)，H_{\max} = \ln(m)$$

单位：无；范围：$\text{DI} \geqslant 0$，用于景观级别。

DI用于测定景观结构组成中斑块类型支配景观的程度，表示一种或几种类型斑块在景观中的优势化程度。景观中某一类景观要素的优势度越高，则景观受该类景观要素控制的程度越高。相反，如果不存在明显优势的景观要素，表明景观具有较高的异质性（曾加芹，2007）。

二、景观格局变化分析

将河南省20世纪80年代和2005年100m分辨率的景观分类栅格数据分别导入FRAGSTATS3.3软件中，通过在Set Run Parameters中设置相应的参数，选取斑块类型和景观级别两个层次上的景观指数，在运行输出后，通过EXCEL 2007统计计算的不同级别各景观斑块类型级别指数见表11-4。

表11-4　20世纪80年代至2005年河南省不同景观的斑块类型级别指数

时间	类型	NP	PD	LPI	ED	MSI	MPFD	AI	IJI
20世纪80年代	林地	2 478	0.015 0	8.544 2	3.502 7	2.053 4	1.093 3	94.650 0	53.786 1
	草地	3 917	0.023 7	0.389 2	3.770 4	2.262 7	1.103 4	84.535 3	48.903 3
	耕地	3 863	0.023 3	54.192 8	9.902 7	2.000 9	1.088 8	96.424 6	83.587 3
	建设用地	15 056	0.090 9	0.068 1	3.848 9	1.392 5	1.052 0	81.781 9	9.776 8
	水体	3 561	0.021 5	0.486 3	1.943 9	2.187 0	1.102 1	79.772 2	45.094 5
	未利用土地	44	0.000 3	0.010 8	0.026 8	1.860 2	1.087 0	89.610 1	70.010 2
2005	林地	2 477	0.015 0	8.965 9	3.514 5	2.035 8	1.091 9	94.647 2	55.112 7
	草地	3 940	0.023 8	0.388 7	3.595 3	2.259 1	1.103 8	83.839 9	50.284 3
	耕地	3 906	0.023 6	53.788 7	10.156 1	1.974 6	1.087 1	96.300 4	82.305 9
	建设用地	15 149	0.091 5	0.168 0	4.281 3	1.422 7	1.053 0	83.466 1	11.694 5
	水体	3 596	0.021 7	0.238 1	2.022 6	2.189 5	1.102 0	78.487 7	46.196 2
	未利用土地	25	0.000 2	0.001 8	0.010 5	1.979 3	1.100 5	80.941 9	72.154 6

表11-4可以反映出河南省从20世纪80年代至2005年不同景观在斑块类型级别指数上的变化情况，具体如下（郭丽英等，2009；唐秀美等，2010）。

（一）林地景观变化

林地景观的斑块个数NP和斑块密度PD基本无变化；最大斑块指数LPI、边缘密度ED和散布与并列指数IJI分别由8.5442、3.5027、53.7861增加到8.9659、3.5145、55.1127，说明由于加大了退耕还林政策的实施力度，林地景观的面积有所增加，最大斑块面积在增加，但景观被边界割裂的程度增高；由于IJI值均不高，但有所增加，表明林地景观与其他斑块类型之间的相邻度有所提高。平均斑块形状指数MSI、平均斑块分维数MPFD和聚集度指数AI分别由2.0534、1.0933、94.6500减小到2.0358、1.0919、94.6472，MSI和MPFD的降低说明林地景观的斑块形状越来越简单和规则；两个时期都具有较高的AI值，表明林地景观主要由少数团聚的大斑块组成，但其值稍微下降说明斑块类型相对变得分散，空间连通性相对降低。

（二）草地景观变化

草地景观的斑块个数NP、斑块密度PD、平均斑块分维数MPFD和散布与并列指数 IJI 分别由 3917、0.0237、1.1034、48.9033 增加到 3940、0.0238、1.1038、50.2843。由于斑块个数的大小与景观的破碎度有很好的正相关性，而斑块密度主要反映斑块的破碎化和景观空间异质性的程度，由此可知，草地景观的破碎化程度有所增高。IJI 值的增加，表明林地景观与其他斑块类型之间的相邻度也有所提高。最大斑块指数 LPI、边缘密度 ED、平均斑块形状指数 MSI 和聚集度指数 AI 分别由 0.3892、3.7704、2.2627、84.5353 减小到 0.3887、3.5953、2.2591、83.8399。通过对比可知，在 6 种景观类型中，草地景观的 MSI 和 MPFD 在 20 世纪 80 年代和 2005 年都是最大，说明草地斑块类型的形状和边界相对是最复杂和最不规则的，其值在两个时期 MSI 有所减少，MPFD 略微增加，表示草地景观的形状总体还是渐趋规则和简单。同时，AI 的降低和 ED 的些许下降，表明草地景观类型总体上相对变得分散，空间连通性相对降低。

（三）耕地景观变化

耕地景观的斑块个数 NP、斑块密度 PD 和边缘密度 ED 分别由 3863、0.0233、9.9027 增加到 3906、0.0236、10.156；最大斑块指数 LPI、平均斑块形状指数 MSI、平均斑块分维数 MPFD、聚集度指数 AI 和散布与并列指数 IJI 分别由 54.1928、2.0009、1.0888、96.4246、83.5873 减小到 53.7887、1.9746、1.0871、96.3004、82.3059。河南省占主导地位的景观类型是耕地，其面积最大，通过对比可知，ED、LPI、AI 和 IJI 在两期的 6 种景观类型中都是最大值。LPI 值最大，说明耕地景观中最大斑块所占的比例最大；ED 值最大，说明被边界割裂的程度最高；AI 和 IJI 的值最大，并都趋向于 100，表示斑块的聚集度最高，趋向于与其他所有种类斑块类型都相邻，而且概率也趋向于相同。两个时期，NP、PD 和 ED 的增加，LPI、MSI、MPFD、AI 和 IJI 的降低，表明耕地景观与其他景观类型的转移更频繁，地类更复杂、更破碎，边界被侵占的程度更高，斑块形状趋于规则和简单。

（四）建设用地景观变化

建设用地景观的斑块个数 NP、斑块密度 PD、最大斑块指数 LPI、边缘密度 ED、平均斑块形状指数 MSI、平均斑块分维数 MPFD、聚集度指数 AI

和散布与并列指数 IJI 全部分别由 15 056、0.0909、0.0681、3.8489、1.3925、1.0520、81.7819、9.7768 增加到 15 149、0.0915、0.1680、4.2813、1.4227、1.0538、83.4661、11.6945。建设用地是河南省变化最大的景观类型，在 20 世纪 80 年代和 2005 年，NP 和 PD 的值都是建设用地＞草地＞耕地＞水体＞林地＞未利用土地，说明建设用地景观的破碎化程度最高；建设用地的斑块数目多且比较分散，表明它对某些干扰的蔓延有抑制作用；平均斑块形状指数 MSI 和平均斑块分维数 MPFD 的值都是建设用地最低，说明建设用地的稳定性高于其他类型，向其他景观类型的转移较小。LPI、ED、AI、IJI 等的增加，表明建设用地景观的斑块形状向大斑块团聚，与其他景观的分布更加混杂，边界被割裂的程度较高，景观的连通性更好，分布更集中。

（五）水体景观变化

水体景观的斑块个数 NP、斑块密度 PD、边缘密度 ED、平均斑块形状指数 MSI 和散布与并列指数 IJI 分别由 3561、0.0215、1.9439、2.1870、45.0945 增加到 3596、0.0217、2.0226、2.1895、46.1962；最大斑块指数 LPI、平均斑块分维数 MPFD、聚集度指数 AI 分别由 0.4863、1.1021、79.7722 减小到 0.2381、1.1020、78.4877，其中，在 6 种景观类型中，AI 值在两个时期都是最低值，这些说明水体景观的形状更复杂，分布更分散，相互连接性更差。

（六）未利用土地景观变化

未利用土地景观平均斑块形状指数 MSI、平均斑块分维数 MPFD 和散布与并列指数 IJI 分别由 1.8602、1.0870、70.0102 增加到 1.9793、1.1005、72.1546；斑块个数 NP、斑块密度 PD、最大斑块指数 LPI、边缘密度 ED 和聚集度指数 AI 分别由 44、0.0003、0.0108、0.0268、89.6101 减小到 25、0.0002、0.0018、0.0105、80.9419。从 20 世纪 80 年代至 2005 年，在 6 种景观类型中，NP、PD、LPI 和 ED 的值都是最低，并且还在降低，AI 值的减少最多，为 8.6682，说明未利用土地景观面积在减少，最大斑块在变小，大斑块逐渐破碎成小斑块，不稳定性越强，斑块更分散。

表 11-5 反映了河南省从 20 世纪 80 年代至 2005 年整个景观级别指数的变

化情况。

表 11-5　20 世纪 80 年代至 2005 年河南省景观级别指数

时间	NP	PD	LPI	MSI	MPFD	AI	CONTAG	SHDI	SHEI	DI
20 世纪 80 年代	28 919	0.174 6	54.192 8	1.746 8	1.073 6	94.224 8	65.687 3	0.971 2	0.542 0	0.820 6
2005	29 093	0.175 7	53.788 7	1.757 5	1.074 3	94.078 4	65.224 9	0.982 4	0.548 3	0.809 4

20 世纪 80 年代，斑块总数 NP 为 28 919，斑块密度 PD 为 0.1746，到 2005 年 NP 增加为 29 093，PD 增加为 0.1757，表明景观的破碎程度增加，总体破碎化程度加剧，在一定程度上反映了近 20 年来人类活动对河南省的开发利用强度逐步增加，对景观的干扰程度逐步增强。由于河南是全国第一农业大省，耕地始终占据绝对优势，面积比重最大，因此最大斑块指数 LPI 主要反映了耕地景观中最大斑块占整个景观面积的比例。LPI 从 20 世纪 80 年代的 54.1928 减少到 2005 年的 53.7887，说明由于人类活动的干扰，作为主导的耕地景观基质有所减弱。

平均斑块形状指数 MSI 能很好地反映斑块形状与正方形相差的程度，该指数越接近于 1，说明斑块形状与正方形越相近。从 20 世纪 80 年代至 2005 年，MSI 的值由 1.7468 增加到 1.7575，表示边界变得复杂，边缘地带变大，面积有效性变小，整体景观形状变得不规则。平均斑块分维数 MPFD 是用来测定景观斑块周边形状的复杂程度。在 20 世纪 80 年代和 2005 年，MPFD 的值分别为 1.0736 和 1.0743，均远离 2，更趋于 1，说明整个景观形状比较简单。这从另一个侧面也说明了由于人类活动对林地、草地、耕地、水体、未利用土地的过度干扰和干预手段的趋同性，区域内斑块总体的自相似程度越高，形状相对规则。但是，从 20 世纪 80 年代至 2005 年，其值有所增加，说明景观形状变得相对有些复杂。

聚集度指数 AI 反映斑块的聚散性及连接性，斑块要素在其分布区内越丛生、越聚集，则斑块的结合度越大。从 20 世纪 80 年代至 2005 年，AI 值均比较高，分别为 94.2248 和 94.0784，而且差异不是很大，说明景观类型空间聚集度大，斑块类型分布集中，两个时期，斑块聚集度变化不大，总体稍微下降说明景观类型相对变得分散，空间连通性相对降低。一般来说，高蔓延度值说明景观中的某种优势斑块类型形成了良好的连通；反之则表明景观具有多种要素的密集格局，景观的破碎化程度较高。从 20 世纪 80 年代至 2005 年，景观蔓延度指数 CONTAG 由 65.6873 下降到 65.2249，说明景观中各类型斑块在空间上的分布趋向均衡化，景观中的某一类或某几类斑块类型的优势度下降且连通性变小，景观的破碎化程度增加。

从 20 世纪 80 年代至 2005 年，Shannon 多样性指数 SHDI 和 Shannon 均匀度指数 SHEI 分别由 0.9712 和 0.5420 增加到 0.9824 和 0.5483，而优势度指数 DI 从 0.8206 减小到 0.8094，说明该区的景观异质性在增大，各类景观组分面积比例差别在逐渐缩小，景观中各组分分配越来越均匀，某一种或几种景观组分占优势的情况越来越小，且景观整体结构受人类活动影响较大。SHEI 呈现递增的趋势，表明各种景观类型均衡性空间分布特点不断提高，对土地利用格局起控制作用的景观类型在减弱。两个时期 DI 值相对较高，表明该地区还有明显优势的景观类型存在，而 DI 在减小，说明区域异质性增加。DI 和 SHEI 都可以描述景观由少数几个主要的景观类型控制的程度，两者之间可以彼此验证（卢磊等，2010）。

第四节　本 章 小 结

通过本章的研究，主要得出以下一些结论。

（1）通过对 20 世纪 80 年代和 2005 年分辨率为 100m 的 LU/LC 分类图进行面积统计和差值分析可知，河南省耕地始终占据绝对优势，面积比重最大，未利用土地的面积最小，比重最少。从 20 世纪 80 年代至 2005 年，耕地面积总体减少得最多，建设用地面积总体增加得最多。通过对引起 LUCC 的驱动因子进行分析，认为引起河南省 LUCC 的主要人为驱动因素是人口增长、经济发展、城镇化推进和行政因素。

（2）河南省不同景观的斑块类型级别指数反映出：①由于加大了退耕还林政策的实施，林地景观的面积有所增加，最大斑块面积在增加，但景观被边界割裂的程度增高，与其他斑块类型之间的相邻度有所提高。林地景观的斑块形状越来越简单和规则，但斑块类型相对变得分散，空间连通性相对降低。②草地景观的破碎化程度有所增高，与其他斑块类型之间的相邻度也有所提高。两个时期，草地斑块类型的形状和边界在6种景观类型中都是相对最复杂和最不规则的，经过近20年的变化，其形状总体还是渐趋规则和简单，但相对变得分散，空间连通性相对降低。③河南省占主导地位的景观类型是耕地，其面积最大，最大斑块所占的比例最大，斑块的聚集度最高，趋向于与其他所有种类斑块类型都相邻。经过近20年的变化，耕地景观与其他景观类型的转移更频繁，地类更复杂、更破碎，边界被侵占的程度更高，斑块形状趋于规则和简单。④建设用地是河南省变化最大的景观类型，两个时期，建设用地景观的破碎化程度在6种景观类型中都是最高的，建设用地的斑块数目多且比较分散，表明它对某些干扰的蔓延有抑制作用，其稳定性高于其他类型，向其他景观类型的转移较小。经过近20年的变化，建设用地景观的斑块形状向大斑块团聚，与其他景观的分布更加混杂，边界被割裂的程度较高，景观的连通性更好，分布更集中。⑤两个时期，水体景观的聚集度指数在6种景观类型中都是最低的，经过近20年的变化，水体景观的形状更复杂，分布更分散，相互连接性更差。⑥两个时期，未利用土地景观的斑块个数、斑块密度、最大斑块指数和边缘密度在6种景观类型中都是最低的，经过近20年的变化，未利用土地景观面积在减少，最大斑块在变小，大斑块逐渐破碎成小斑块，不稳定性越强，斑块更分散。

（3）从20世纪80年代至2005年，河南省景观级别指数斑块个数、斑块密度、平均斑块形状指数、平均斑块分维数、Shannon多样性指数、Shannon均匀度指数都处于增大趋势，反映出近20年来人类活动对河南省的开发利用强度逐步增加，对景观的干扰程度逐步增强，景观的破碎化程度增加。整体景观形状变得不规则和相对复杂，景观异质性在增大，各种景观类型均衡性空间分布特点不断提高，对土地利用格局起控制作用的景观类型在减弱。而最大斑块指数、聚集度指数、蔓延度指数、优势度指数处于降低趋势，反映出作为主导的耕地景观基质有所减弱，景观类型相对变得分散，空间连通性相对降低，景观中各类型斑块在空间上的分布趋向均衡化，景观中的某一类或某几类斑块类型的优势度下降且连通性变小，景观的破碎化程度增加，区域异质性增加。

在国务院于 2011 年 9 月 29 日下发的《关于支持河南省加快建设中原经济区的指导意见》中，提出中原经济区建设的核心任务是积极探索不以牺牲农业和粮食、生态和环境为代价的"三化"协调发展的路子，并明确了中原经济区的战略定位，即国家重要的粮食生产和现代农业基地，全国工业化、城镇化和农业现代化协调发展示范区，全国重要的经济增长板块。从以上对河南省土地利用/覆盖景观格局变化的分析和结果可以看出，河南省的土地资源在保障目前和未来人民生活需要，耕地数量和国家粮食安全，满足经济发展需要和城镇化推进，以及达到中原经济区中的核心任务和战略定位等方面所暴露的瓶颈和景观格局问题越来越突出。耕地资源作为土地资源的精华，是粮食生产最基本的生产资料。从 20 世纪 80 年代至 2005 年，耕地面积连年下降，而随着人口的不断增加，人均耕地面积不断减少，已低于全国平均水平，人地矛盾日益尖锐。同时，由于人类开发强度的日益增加，而未利用土地的分布、结构与地貌形态关系密切，总的说来，未利用土地的数量由西向东逐渐递减，可利用的未利用土地资源和宜耕量越来越少，土地后备资源不足，分布不均（詹莉和李保莲，2008）。

从 20 世纪 80 年代至 2005 年，随着河南省社会经济的快速发展，基础设施建设规模的扩大和城市化进程的加快，建设用地面积逐年增加，并大量占用农用地，特别是有些优质高产农田都被占用。同时，城镇用地规模扩张迅猛，结构与布局不尽合理，各类用地混杂，土地利用形式粗放。而随着以后河南省的快速工业化和加速城市化，新增建设用地需求量将更大，土地供需矛盾问题将更加突出。

因此，针对本章研究所反映出的河南省在土地利用过程中存在的耕地数量锐减、非农业建设用地增长过快、乱占、滥用、浪费土地、景观格局不合理导致的生态环境恶化等现象，认为为了要建设国家粮食核心区，促进工业化、城镇化、农业现代化协调发展和保护生态环境，今后在土地资源的可持续利用上应保护耕地，严格控制建设用地规模；增加林地，稳定湿地，提高森林覆盖率；节约集约利用土地资源，提高土地质量；合理规划，加大土地复垦和土地整理力度；改革土地制度，加强土地管理和动态监管，优化土地资源配置等。

第十二章　景观生态风险分析与水旱灾害生态风险评估

　　自然灾害指自然变异超过一定的程度，对人类和社会经济造成损失的事件。关于自然灾害形成机制，国内外主要存在以下几个理论：致灾因子论、孕灾环境论、承灾体论及区域灾害系统论。目前，随着全球自然灾害发生频率和强度的不断增加和增强，造成的人员伤亡和财产甚至生态、社会的损失日益上升，因此，世界范围内，无论是发达国家或是发展中国家对自然灾害风险评估的研究日趋关注。风险评估包括对风险物质的、社会的、经济的和环境的原因和结果进行具体的定性和定量分析，是实施管理决策和减灾措施的前提（黄蕙等，2008）。

　　自然灾害风险评估是指通过风险分析的手段，对尚未发生的自然灾害的致灾因子强度、受灾程度进行评定和估计，评定主要是根据致灾因子强度和承灾体脆弱性推断出受灾程度（黄崇福，2005）。国内外对自然灾害的研究历史久远，但自然灾害评估作为一门边缘学科，是在 20 世纪中后期才开始兴起的。20 世纪 60 年代以前，自然灾害研究主要侧重于灾害机理、形成条件、活动过程和灾害预测方面，70 年代后灾害评估工作才正式兴起。20 世纪 90 年代以来，灾害风险分析与风险管理工作在防灾减灾中的作用和地位日益凸显。国外自然灾害风险评估研究的起步较早，而且也逐步趋于标准化和模型化。美国学者 Blaikei 等（1994）在理论上，从致灾因子、孕灾环境和承灾体综合作用的角度，系统总结了资源开发与自然灾害之间的关系，并提出了灾害是承灾体脆弱性与致灾因子综合作用的结果，同时认为致灾因子的改变是困难的，所以减灾的关键是如何降低承灾体脆弱性，利用经济发展和资源来增加承灾体的抗灾能力。Shook（1997）构建了灾害风险评估和管理模型，对风险表达式中为什么危险度和易损度只能相乘而不能相加的问题做出解释，并通过实例进行分析。Davidson 等（2001）认为自然灾害风险度是危险性、暴露性、脆弱性和防灾减灾能力四者综合作用的结果。针对灾害风险评估的需求，国际社会现已提出了多种用于全球、大洲、国家、区域乃至社区等灾害风险评估的方法或模型，每一个评估方法或评估模型都有各自的概念体系及与之对应的数据库系统、模型库及以风险图作为直观表达的评估结果（Birkmann，2006），全球尺度的研究结果如 UNDP（United Nations Development Programme）的"灾害风险指数系统"、世界银行和哥伦比亚大学联合发起的一个分析全球自然灾害风险的研究项目—灾害风险热点地区研究计划（Bollin and Hidajat，2006）；大洲尺度的研究成果如由国立哥伦比亚大学和美洲间发展银行共同研究的"灾害风险管理指标系统"（Greiving，2006；IDEA，2005）；国家尺度的研究成果如由美国联邦紧急管理局和国家建筑科学院共同研究的"美国灾害（HAZUS——HAZards United States)"（FEMA，2004，2005）；地方和社区尺度上的灾害风险评估如"社区灾害风险管理系统（CB-DRM—Community Based Disaster Risk Management）"等（Birkmann，2006；International Bank for Reconstruction and Development，2005；National Disaster Management Division，2007）。

国内的自然灾害风险评估工作起步较晚，最初的自然灾害研究主要侧重于灾害的自然属性，近年来，为了提高自然灾害风险评估和管理的水平，国内学者进行了不懈的努力，在进行灾害评估研究和实践的同时，自然灾害评估理论、方法和技术得到了日益深刻的探讨和总结。史培军（2002，2005）在对灾害理论研究中的致灾因子论、孕灾环境论、承灾体论（人类活动）综合评述的基础上，提出区域灾害系统论的理论观点，认为灾情（灾害损失）是致灾因子、孕灾环境与承灾体综合作用的结果。黄崇福（2005）在论述自然灾害风险评价基本理论的基础上，着重介绍了不完备信息条件下和基于扩散信息技术的自然灾害风险评价的理论和模型，并展开相关实例进行分析。刘新立（2005）构建了水灾风险评估的科学体系和模型体系，以及应用于完备数据和不完备数据条件下的水灾风险估算数学模型。张继权和冈田宪夫（2006）将风险评估与管理理论应用于灾害评价中，提出了一定区域自然灾害风险的形成所具有的四个最重要的因素，即危险性、暴露性或承灾体、承灾体的脆弱性和防灾减灾能力。高庆华等（2007）对自然灾害直接经济损失评估的基本模式和方法，自然灾害评估指标体系和标准，以及地区和年度自然灾害综合评估进行了系统论证。葛全胜等（2008）在重点介绍了国外的主流灾害风险评估方法后，深入探讨了中国自然灾害风险评估的思路、步骤及具体方法，并提出了风险评估制图的原则及一般性技术规范。陈军飞和王慧敏（2012）基于我国极端水旱灾害频发的背景以及面临的管理问题，研究和探讨了水旱灾害风险管理的基本理论及水旱灾害风险评估的方法体系。

目前，国内外的自然灾害风险评估工作尚处在发展阶段，有许多关键的技术性问题尚未很好地解决，如分灾种评估与综合评估关系问题，脆弱性的描述、脆弱性指标之间的对比和转换、脆弱性评价与灾害风险评估和灾害损失之间的关联问题，风险的历史评估与风险可预报能力问题，指数化、统计模型、机制模型等模型化方法的选取问题等（葛全胜等，2008）。因此，自然灾害风险评估体系和模型的构建要从现实需要出发，针对具体问题，力图相对简洁、实用和结果可靠，以能够回答所关注的问题为目的。同时要选择能着重反映脆弱性和风险特征、能定量计算的指标，要能够通过风险的时空分布进行动态评估。

本章主要将生态风险评价和自然灾害风险评估的理论方法进行结合，对河南省水旱两种自然灾害进行了生态风险评价，以期为河南省的灾害风险管理和防灾减灾决策，以及生态环境建设和可持续发展研究提供重要的参考依据。

第一节　区域景观生态风险分析

一、研究区的界定及分析

研究区为地处我国中东部和中纬度内陆的河南省，位于东经 $110°21'$～$116°39'$，北纬 $31°23'$～$36°22'$N。

二、景观类型划分及受体分析

根据本书第十一章关于土地利用/土地覆盖的分类，可以得到 6 种景观斑块类型，即林地景观（包括常绿针叶林、常绿阔叶林、落叶针叶林、落叶阔叶林、针阔混交林、灌丛）、草地景观（包括草甸草地、典型草地、灌丛草地）、耕地景观（包括水田、水浇地、旱地）、建设用地景观（包括城镇建设用地、农村聚落）、水域景观（包括沼泽、内陆水体、河湖滩地）和未利用土地景观（包括裸岩、裸地、沙漠）类型。受体即风险的承受者，研究将以这 6 种景观类型所代表的生态系统作为风险受体进行分析。

三、风险源和生态风险指数

主要以 6 种景观类型为风险受体，分析以人类干扰为风险源的生态风险评价，生态风险指数的计算方法见第七章第三节。

四、评价结果与分析

借助于景观指数计算软件 Fragstats3.3，在 20 世纪 80 年代和 2005 年 100m 土地利用/土地覆盖栅格数据的基础上，计算得到的 20 世纪 80 年代和 2005 年各景观格局指数见表 12-1 所示。

表 12-1 两个时期的景观格局指数（20 世纪 80 年代和 2005 年）

时间	景观类型	斑块数/个	面积/（×10⁴hm²）	C_i	N_i	D_i	S_i	F_i	R_i
20 世纪 80 年代	耕地	3 863	1 151.80	0.000 3	0.011	0.381 1	0.041 6	0.580 0	0.024 1
	林地	2 478	274.963	0.000 9	0.036 8	0.104 4	0.022	0.260 0	0.005 7
	草地	3 917	100.86	0.003 9	0.126 3	0.064 3	0.046 6	0.420 0	0.019 6
	水体	3 561	40.492	0.008 8	0.299 9	0.043	0.099 5	0.740 0	0.073 7
	建设用地	15 056	87.085	0.017 3	0.286 7	0.156 4	0.1120	0.100 0	0.011 2
	未利用土地	44	0.992	0.004 4	1.360 4	0.000 7	0.410 8	0.900 0	0.369 8
2005	耕地	3 906	1 142.01	0.000 3	0.011 1	0.378 3	0.041 4	0.580 0	0.024 0
	林地	2 477	275.648	0.000 9	0.036 7	0.104 5	0.022	0.260 0	0.005 7
	草地	3 940	92.044	0.004 3	0.138 8	0.061 6	0.050 4	0.420 0	0.021 2
	水体	3 596	39.552	0.009 1	0.308 5	0.042 8	0.102 3	0.740 0	0.075 7
	建设用地	15 149	106.726	0.014 2	0.234 7	0.162 4	0.095 2	0.100 0	0.009 5
	未利用土地	25	0.21	0.011 9	4.856 4	0.000 3	1.464 1	0.900 0	1.317 7

注：景观破碎度指数 C_i，景观分离度指数 N_i，景观优势度指数 D_i，景观结构指数 S_i（由 C_i、N_i、D_i 三个指标根据权重叠加获得），景观脆弱度指数 F_i，景观损失指数 R_i

由表 12-1 可知，在 20 世纪 80 年代的 6 种景观类型中，耕地的面积最大

（1151.80×10⁴ hm²），斑块数 3863 个，C_i（0.0003）和 N_i（0.0110）最小，D_i（0.3811）最大，S_i（0.0416）较小；建设用地的斑块数最多（15 056 个），面积相对较小，为 87.085×10⁴ hm²，计算得到的 C_i（0.0173）最大，由于 F_i（0.1000）最小，最终计算的 R_i（0.0112）较小；未利用土地的面积最小（0.992×10⁴ hm²），斑块数最少，为 44 个，N_i（1.3604）最大，反映斑块个体的分离程度大，D_i（0.0007）最小，计算得到的 S_i（0.4108）最大，由于 F_i（0.9000）也最大，最终计算的 R_i（0.3698）最大。在通过最后加乘得到的各景观损失指数中，未利用土地的 R_i（0.3698）最大，林地的 R_i（0.0057）最小，说明在遭受人类活动干扰时林地所受到的生态损失最小，未利用土地所受到的生态损失最大。

2005 年，耕地的面积虽有减少，但仍然最大（1142.01×10⁴ hm²），斑块数 3906 个，C_i（0.0003）和 N_i（0.0111）仍然最小，D_i（0.3783）最大，S_i（0.0414）较小；建设用地的斑块数有所增加，仍然最多（15 149 个），面积相对较大，为 106.726×10⁴ hm²，计算得到的 C_i（0.0142）最大，由于 F_i（0.1000）最小，最终计算的 R_i（0.0095）较小；未利用土地的面积有所减少，仍然最小（0.210×10⁴ hm²），斑块数最少，为 25 个，N_i（4.8564）最大，反映斑块个体的分离程度大，D_i（0.0003）最小，计算得到的 S_i（1.4641）最大，由于 F_i（0.9000）也最大，最终计算的 R_i（1.3177）最大。

近 20 年来，由于一些人为驱动因素的影响，不同类型景观的斑块数、面积、景观格局指数等发生变化，计算得到的各景观损失指数存在较大差异，其中，未利用土地的斑块数最少，面积最少，景观损失指数最大。两个时期最终计算的各景观损失指数中，都是未利用土地＞水体＞耕地＞草地＞建设用地＞林地，说明从 20 世纪 80 年代至 2005 年，在遭受人类活动干扰时都是林地所受到的生态损失最小，未利用土地所受到的生态损失最大。同时，两个时期计算出的耕地和林地的 R_i 值基本没有变化，草地和水体的 R_i 值从 20 世纪 80 年代至 2005 年有所增加，而建设用地的 R_i 值有所减少，未利用土地的 R_i 值增加最多，说明在遭受人类活动干扰时，耕地和林地受到的生态损失总体变化不大，草地和水体的略有增加，建设用地的略有减少，而未利用土地变化最大，生态损失增加最多。

在 ArcGIS 软件中，根据河南省的范围大小，首先采用 5km×5km 的采样单元网格（风险小区）对研究区进行划分，然后利用景观损失指数计算每一个风险小区内的综合生态风险指数值，接着利用地统计学方法，计算实验变异函数，利用 Kriging 进行内插，通过对得到的生态风险指数 ERI 值进行属性分类符号设置，最后获得基于景观结构的河南省生态风险区划图，具体的空间分布等级见图 12-1 所示。

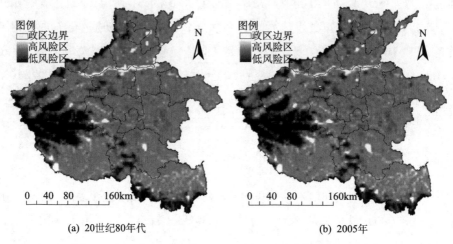

(a) 20世纪80年代　　　　　　　　　(b) 2005年

图 12-1　20 世纪 80 年代和 2005 年生态风险指数空间区划图

由计算的生态风险指数可知，20 世纪 80 年代，ERI 的最小值为 0.03，最大值为 3.05；2005 年，ERI 的最小值为 0.03，最大值为 4.04。近 20 年间，由于人类干扰，景观生态风险指数的最大值上升了 0.99，景观生态风险程度加剧。在对河南省的地形地貌、植被分布、河流水系等自然环境特征进行分析后获知，河南省地势西高东低，北、西、南三面由太行山、伏牛山、桐柏山、大别山沿省界呈半环形分布；中、东部为黄淮海冲积平原，土地肥沃，是全省农作物的主要播种区；西南部为南阳盆地（常剑峤等，1985）。植被分异形成明显的水平和垂直地带性，其中伏牛山南坡、淮河以南属亚热带常绿、落叶阔叶林地带，伏牛山和淮河以北属暖温带落叶阔叶林地带，西部伏牛山地和丘陵有明显的森林垂直带谱，东部平原天然林早已不存在，现有林木全为人工栽培（河南省土壤普查办公室，2004）。河南省分属长江、淮河、黄河、海河四大流域，全省河流众多。由于地形影响，大部分河流发源于西部、西北部和东南部山区，顺地势向东、东北、东南或向南汇流，形成扇形水系。

黄河为河南省过境河流，干流在孟津以西两岸夹山，水流湍急，孟津以东进入平原，水流减缓，泥沙大量淤积，河床逐年升高，形成"地上悬河"（河南省水资源编撰委员会，2007）。近年来随着人类活动的加剧，黄河滩区人民修补增补生产堤，使主槽处地面抬高，"二级悬河"态势更为严重，滩区人民面临很大的洪水威胁。

从图 12-1 可以看出，两个时期的低风险区主要位于由秦岭山脉东延的华山、崤山、熊耳山、外方山、伏牛山组成的河南省豫西山地，太行山南段东麓的豫北部分山地，以及包括桐柏山、大别山的豫南部分山地区。这些区域地势高，处于北亚热带和暖温带气候过渡地带，保留着较好的天然次生林和人工栽培林，以伏牛山主脉和淮河为界，南部属北亚热带落叶阔叶-常绿阔叶-针叶混交林地，北部属南暖温带落叶阔叶林地带，景观类型以林地和草地为主，人口密度低、经济不发达、交通相对闭塞、人为干扰程度轻，生态环境较好，生态损失小。另外，丘陵、豫东平原和南阳盆地区由于存在一些人工营造林地，也零星散布着一些低风险区。

人类活动的加剧使得建设用地大幅增加，未利用土地和水体减少。20 世纪 80 年代，未利用土地面积只占总面积的 0.06%，而到 2005 年更降低到仅占总面积的 0.01%，水体面积由占总面积的 2.44%降低到 2.39%。因此高风险区主要分布在人口稠密、经济较发达、人类活动频繁的鹤壁市、安阳市、开封市、濮阳市境内的少量未利用土地区，以及黄河干流、南阳市的丹江口水库、鸭河口水库、驻马店市的宿鸭湖水库、平顶山市的白龟山水库区等，这些地区的景观类型主要是未利用土地和水体，涉及不少湿地和滩区，而一般河流和水库周边区域的洪灾风险也较大。

其他分布在低风险区与高风险区之间的景观类型主要是建设用地和耕地，主要位于占河南省总面积 56%的平原和盆地区，这些区域土地肥沃，是主要的播种区，人口密度高、经济发达、城建及交通工矿用地广布、城镇化率高、人工景观占主导优势，人类干扰使得自然景观格局遭到破坏，生态风险大（许妍等，2011）。

第二节 水旱灾害生态风险源的描述

河南省位于南北气候过渡地带，降水受季风影响，年际变化大，为全国三个降水变率最大的地区之一，全省平均最大年降水量与最小年降水量相差2.26倍，不同地区为2.6~4.7倍，加之降水季节分配不均，区域分布差异大，水旱灾害十分频繁。通过对历史资料进行关于不同生态风险源发生的概率、强度及范围的考证，忽略强度小、发生范围不大、对生态系统影响较为轻微的次要风险源，确定以干旱和洪水为河南省的主要自然生态风险源进行研究。

干旱是指农作物水分的收与支、供与求不平衡而形成的水分短缺现象。干旱是河南省有史以来危害最大、最主要的气象灾害。史书中大旱年份诸如"赤地千里，川竭井涸，百谷无成，野无寸草"，"大饥，饥民食雁粪"，"人相食"惨景的记载屡见不鲜，其发生频繁，素有"十年九旱"之说。干旱灾害对河南省的农业生产、人民生活及国民经济影响严重。持续干旱会使土壤渐趋沙质化，蓄水保墒能力差，更易产生旱灾；长期干旱会造成土壤条件恶性变化，人民生产、生活大量使用地表水与地下水，导致地下水位降落，水资源条件变差（温克刚和庞天荷，2005）。

河南省自古以来水灾就很严重。历史上黄河下游决口和改道大部分发生在河南境内，危及豫东、豫北平原将近半个省。黄河安危不仅牵动两岸人民的心，而且还危及山东、河北、安徽、江苏与天津五省一市的安全，关系到国家的经济建设和发展。1950~1990年，全省水灾多年平均面积约占耕地面积的14.9%，居全国之首，其中20世纪60年代初1963年、1964年的洪、涝、渍、碱灾害，70年代的"75·8"特大洪水灾害，在全国引起了很大震动（河南省水利厅水旱灾害专著编辑委员会，1999）。

1975年8月4~8日，南阳、许昌、驻马店连降特大暴雨，其中泌阳的林庄8月7日的一日降雨量达1 005.4mm，创中国大陆降水之最高纪录。742km^{2}流域面积内多场特大暴雨在短时间内汇入驻马店板桥等水库，由于无法抵挡如此强大的水流，毗邻的2座大型水库、4座中型水库和53座小型水库相继垮坝，致使下游一片汪洋。洪水祸及全省30多个县市，计有1 100多万人口、406多万公顷农田受灾，冲毁京广铁路100多km、中断交通18天，直接经济损失超过100亿元，2.6万多人丧生。

据公元 14 世纪至 19 世纪的 600 年史料统计，共发生干旱 270 年，大旱 100 年，特大干旱期 9 次；洪水 302 年，大水 124 年，特大洪水 9 年；大约是 5～6 年一次大旱，4～5 年一次大水，60 年左右发生一次特大干旱和特大洪水。明嘉靖十六年（公元 1537 年）连续降雨长达 150 余天；明万历十二年至十八年（公元 1584～1590 年）连续 7 年大旱；明崇祯七年至十六年（公元 1634～1643 年）连续 9 年大旱；清顺治九年至十一年（公元 1652～1654 年）连续 3 年大水；清光绪二年（公元 1876 年）九月至光绪四年三月，长达 18 个月连续无雨；1931 年全省有 82 个县受灾，超过 13 万人、33 万头牲畜死亡，5000 多万亩耕地被淹；1942～1943 年的历史罕见特大干旱，连续数月不雨，赤地千里，受灾面积占全省耕地面积的 90% 以上，波及全省 50 多个县，其中以黄河沿岸及西部边缘丘陵最为严重，全省 3000 多万人口中饿死 300 万人，人口仅 20 万的郑州就饿死 10 万人之多。

据 1950～2006 年 57 年水旱灾情统计，河南省每年平均受灾面积 4045.06 万亩（水灾 1687.42 万亩，旱灾 2357.63 万亩），每年平均成灾面积 2666.12 万亩（水灾 1222.11 万亩，旱灾 1444.01 万亩）（图 12-2、图 12-3）。其中，水灾受灾面积大于 2000 万亩的年份 16 年，成灾面积大于 2000 万亩的有 11 年；旱灾受灾面积大于 2000 万亩的有 24 年，成灾面积大于 2000 万亩的有 14 年。水旱灾受灾面积 2000 万亩以上的年序见图 12-4、图 12-5，其中，水灾受灾和成灾面积最大的年份都是 2003 年，主要是淮河洪水，导致受灾 7242.45 万亩，成灾 5908.20 万亩；旱灾受灾面积最大的年份是 1988 年，受灾 8416.82 万亩，成灾面积最大的年份是 1986 年，为 5337.98 万亩（河南省防汛抗旱指挥部办公室，2008）。

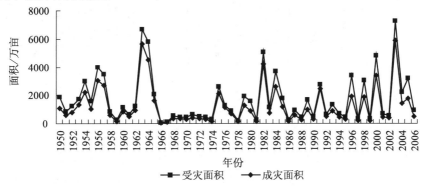

图 12-2 河南省 1950～2006 年水灾情况统计

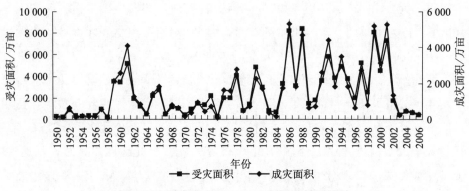

图 12-3　河南省 1950～2006 年旱灾情况统计

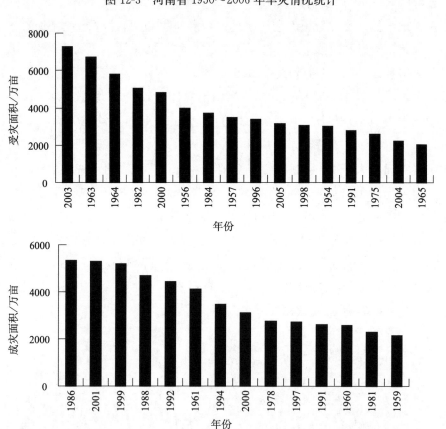

图 12-4　河南省 1950～2006 年水灾受灾/成灾面积 2000 万亩以上统计

　　干旱灾害形成的原因极其复杂，有来自自然的、社会的等多方面的因素，诸多因素中大气降水少是形成干旱灾害的直接因素。降水量的多少与影响河

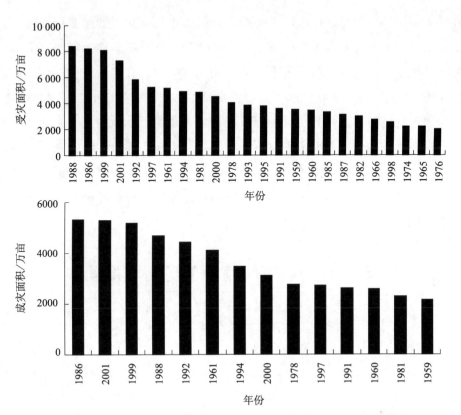

图 12-5　河南省 1950～2006 年旱灾受灾成灾面积 2000 万亩以上统计

南降水的大气环流变化密切相关。河南省夏季降水特别少时的 500hPa 平均环流场，在乌拉尔山和苏联远东分别为一平均槽区，西伯利亚到我国河套地区为一平均脊，河南受其脊前西北气流控制；同时西太平洋副热带高压位置偏东，并在 130°E 以东成为带状。另外，在欧洲南部以南的大陆副热带高压较强，此高压不断增强分裂东移影响河南，造成河南省热而干燥、少雨的天气，形成干旱。这也说明，夏季降水多少，中纬度西风环流强度和西太平洋副热带高压强度为最直接的影响因子。伏旱严重时，往往是中纬度西风环流比常年偏强，西太平洋副热带高压较常年偏弱（温克刚和庞天荷，2005）。

河南水灾频繁是多种因素复合形成的。第一是气候因素，河南的地理位置，纬向处在北亚热带与暖温带的过渡地带，为西风带系统与副热带系统经常交绥、徘徊之处，天气变化剧烈。第二是地形因素，经向处在近海二、三级阶地的前沿，西部伏牛山、太行山对来自东部的暖湿气流起到阻挡、抬升作用，促发暴雨的形成；山区与平原之间的过渡地带短，洪水直接威胁广大平原。第三是河流因素，山区河流进入平原后，几乎都是地上悬河或半地上悬河，洪水位普遍高于两岸地面。第四是土壤因素，有相当大一部分是砂礓黑土地、"上浸地"和盐碱地，易涝、易渍、易碱。以上几个方面都是孕育、诱发水灾的重要因素。其中气候因素起着主导作用，其他则是激发的，一旦与气候条件相结合，便酿成灾害。此外，还有人为的因素，如历史上的以水代兵，治水方略不当，由于人口增长和城镇化的发展，与河道争地，阻碍行洪，以及水利管理薄弱，防洪减灾工程年久失修等（河南省水利厅水旱灾害专著编辑委员会，1999）。

第三节　水旱风险源的分析和度量

有关河南水旱灾害的资料很多，从水旱史料看，年代越久远，记载越简略，年代渐近，记载也逐渐变详细。采用河南省水文总站编的《河南省历代大水大旱年表》，根据历史时期所发生的大水、大旱在时间上的相同性和在地区上的一致性，并考虑 1949 年后实际观测的水文、气象要素的相似性，将全省划分为豫西、豫北、豫东、豫南、唐白丹 5 个区（图 12-6），其中，豫西区主要包括黄河流域的伊洛河水系和京广线以西淮河流域的沙颍河水系；豫北区主要包括海河流域的漳卫河水系、马颊河水系和黄河流域的金堤河水系；豫东区主要包括京广线以东淮河流域的涡惠河、包浍河水系和京广线以东的沙颍河水系；豫南区主要包括淮河流域的淮河干流、淮南支流及洪汝河水系；唐白丹区主要包括长江流域的唐白河、丹江水系。

根据历史文献中有关旱涝灾情的记载，受旱涝范围大小、持续时间长短、对农业生产的影响程度及其对人民的生活、生命、财产所造成的损失多少，将水涝划分"水年"、"大水年"、"特大洪水年"三级，将旱划分为"旱年"、"大旱年"、"特大干旱年"三级，降水量接近正常的或无灾情记载的年份均划为一级，即一般正常年，同年有三个区以上受灾的视作全省性有灾。河南省 5 个分区 1450～1979 年的水旱灾年统计见表 12-2（河南省水文总站，1982）。

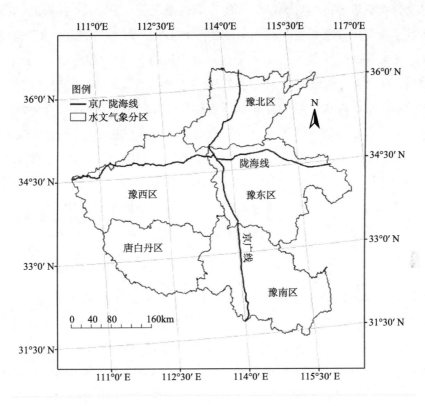

图 12-6 河南省水文气象分区

表 12-2 河南省分区（1450～1979 年）水旱灾年统计（单位：年）

地区	水灾			旱灾		
	合计	大水、特大洪水年	特大洪水年	合计	大旱、特大干旱年	特大干旱年
豫西	251	66	6	273	60	6
豫北	218	50	6	276	56	4
豫东	258	64	6	254	45	4
豫南	167	48	3	172	36	3
唐白丹	147	31	5	125	39	6
全省	188	47	6	209	45	6

一、干旱风险源的分析和度量

干旱问题十分复杂，涉及面广，可分为气象干旱、农业干旱、水文干旱及社会经济干旱等，气象干旱是其他专业性干旱研究和业务的基础。气象干旱指数是指利用气象要素，根据一定的计算方法所获得的指标，用来监测或评价某区域某时间段内由于天气气候异常引起的水分亏欠程度。气象干旱等级是描述干旱程度的级别标准，也就是气象干旱指数的级别划分。在单项气象干旱指数中，降水量距平百分率是表征某时段降水量较常年值偏多或偏少的指标之一，能直观反映降水异常引起的干旱，在气象日常业务中多用来评估月、季、年发生的干旱事件（气象干旱等级——GB/T 20481—2006）。

降水量距平百分率（PAP，percipitation anomaly percentage）指某时段的降水量和常年同期气候平均降水量之差与常年同期气候平均降水量相比的百分率。某时段降水量距平百分率按式（12-1）计算：

$$D_p = \frac{P-\bar{P}}{\bar{P}} \times 100\%$$ (12-1)

式中，D_p 为某时段降水量距平百分率（％）；P 为某时段降水量（mm）；$\bar{P}$：计算时段同期气候平均降水量（mm），宜采用近 30 年的平均值。

表 12-3 是《中国气象灾害大典（河南卷）》中对河南省划分的干旱标准，主要涉及 4 个时段，划分的依据主要是各相关时段的各旬降雨量、日最大降雨量和降雨量距平百分率，对各时段，当降雨量距平百分率小于－50％时为干旱，而当小于－70％时为重旱。

表 12-3 河南省干旱标准

干旱	时段	时段降雨量/mm	旱类	降雨量距平百分率
春旱	3～5 月	各旬降雨量＜30	旱	－50％
		日最大降雨量＜20	重旱	－70％
初夏旱	6 月	各旬降雨量＜30	旱	－50％
		日最大降雨量＜20	重旱	－70％
伏旱	7～8 月	任意连续 3 旬	旱	－50％
		各旬都＜30	重旱	－70％
秋旱	9～10 月	各旬降雨量＜30	旱	－50％
		日最大降雨量＜20	重旱	－70％

资料来源：温克刚和庞天荷，2005

区域生态风险评价的风险源除了要描述其发生的概率和强度，还要描述其作用的强度范围。考虑到河南省内单季旱灾中春旱、初夏旱、伏旱和秋旱发生频次高、旱情重、危害大，研究首先收集了河南省 18 个站点 1980～2009年的降水量数据（图 12-7，表 12-4），通过计算 3～5 月、6 月、7～8 月、9～10 月各时段的降雨量距平百分率，统计其小于—50% 时发生春旱、初夏旱、伏旱和秋旱的频次，然后综合统计基于降雨量距平百分率的旱年频次，最后利用 ArcGIS9 软件中的 Spline with Barriers 工具进行空间插值，并采样得到分辨率为 100m×100m 的面状栅格图（图 12-8）。

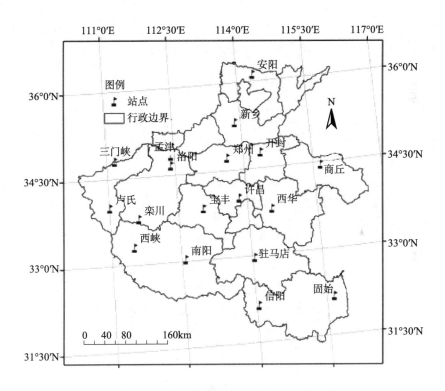

图 12-7　河南省范围内 18 个测站地理位置

表 12-4　降水量相关测站数据

序号	台站号	站名	纬度（N）	经度（E）	海拔高程/m	统计起讫年份
1	53898	安阳	114°22′	36°07′	76.4	1980～2009
2	53986	新乡	113°53′	35°19′	72.7	1980～2009
3	57051	三门峡	111°11′	34°48′	389.9	1980～2009
4	57067	卢氏	111°01′	34°00′	568.8	1980～2009

序号	台站号	站名	纬度（N）	经度（E）	海拔高程/m	统计起讫年份
5	57071	孟津	112°26′	34°50′	323.3	1980～2009
6	57077	栾川	111°38′	33°47′	750.1	1980～2009
7	57083	郑州	113°39′	34°43′	110.4	1980～2009
8	57089	许昌	113°50′	34°01′	71.9	1980～2009
9	57091	开封	114°23′	34°46′	72.5	1980～2009
10	57156	西峡	111°30′	33°18′	250.3	1980～2009
11	57178	南阳	112°35′	33°02′	129.8	1980～2009
12	57181	宝丰	113°03′	33°53′	136.4	1980～2009
13	57193	西华	114°31′	33°47′	52.6	1980～2009
14	57290	驻马店	114°03′	32°58′	83.7	1980～2009
15	57297	信阳	114°03′	32°08′	114.5	1980～2009
16	58005	商丘	115°40′	34°27′	50.1	1980～2009
17	58208	固始	115°40′	32°10′	56.9	1980～2009
18	57073	洛阳	112°25′	34°40′	154.3	1962～1991

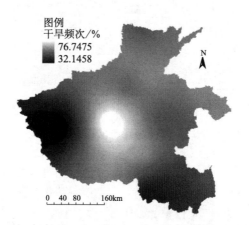

图 12-8　降水量距平百分率干旱频次插值图

由于本章中将涉及多种类型的数据源，对于这些不同量纲和不同级别的数据，标准化过程主要选用前述公式法和专家赋值法进行。研究不仅考虑了基于 1980～2009 年数据得到的降雨量距平百分率的旱年频次，而且还考虑了表 12-2 中关于河南省 5 个分区 1450～1979 年发生旱灾的历史灾年频率

（图 12-9），在对两个时段的时间间隔长短和数据区域范围大小进行衡量和分析后，通过专家咨询和讨论分别赋以权重 0.6 和 0.4 进行叠合，就得到了以旱年发生频率进行干旱风险源度量的分布等级图（图 12-10），其转换格网采样分辨率为 100m×100m。

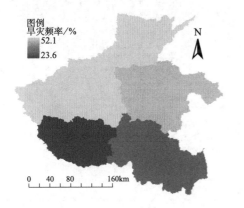 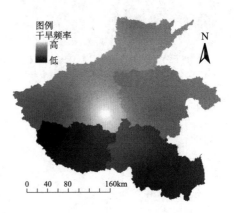

图 12-9　历史旱灾频率分布图　　　　图 12-10　干旱频率分布等级图

二、洪水风险源的分析和度量

将传统的洪灾研究方法和现代技术手段 GIS 相结合，从形成洪水灾害的自然属性出发，通过选取历史洪灾频次、降水、地形、水系和土壤几个因素，在分析评价了其对洪水灾害危险性的影响后，得出了所有因子的综合洪水灾害危险性影响度分布图，并以此作为度量洪水灾害风险源的概率指标进行分析。

（一）历史洪灾分布对洪水危险性的影响

河南省历史洪灾的分布可通过表 12-2 中关于 5 个分区 1450～1979 年发生水灾的历史灾年频率分布图（图 12-11）来反映。根据频率越高，其洪水危险性越大的原则，确定出如下的历史洪灾对洪水危险性的影响度：小于 30% 的区域为 0.5，30%～35% 的区域为 0.6，35%～40% 的区域为 0.7，40%～45% 的区域为 0.8，大于 45% 的区域为 0.9。据此利用 ArcGIS9 软件得到河南省历史洪灾对洪水危险性的影响度分布图（图 12-12），其转化采样格网分辨率为 100m×100m（何报寅等，2004）。

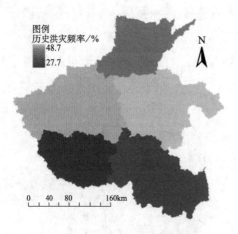

图 12-11　历史水灾频率分布图

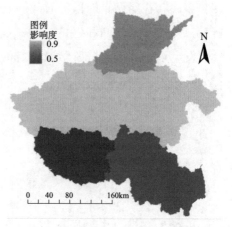

图 12-12　历史水灾危险性影响度分布图

（二）降水对洪水灾害危险性的影响

河南省地处中原，是南北方气候过渡地带，季风影响明显。每当盛夏，冷暖气团经常互相推移，交绥摆动，构成恶劣天气，极易产生暴雨洪水。由于三面环山，伏牛山、太行山及大别山的迎风坡常是暴雨中心所在地，加之山区向平原过渡地带短，一旦山洪暴发，迅速下泻进入平原地区，预见期短，突发性强，河道宣泄不及，严重威胁京广、陇海、焦柳铁路和沿线的重要城镇以及下游河道堤防安全。历史上暴雨多发区主要有：北部太行山的林州市、辉县市，西部伏牛山的方城县、鲁山县、叶县、桐柏县，南部大别山的商城县和新县（河南省防汛抗旱指挥部办公室，2008）。

构成暴雨的天气系统，主要是低压槽、切变线、低涡和台风等。河南省汛雨的迟早与西太平洋副热带高压向北推进的时间及位置有关，一般自 6 月中旬前后，副高脊线移到 20°N 以北，淮河汛雨开始并逐渐自南向北先后波及全省，在大别山、桐柏山、伏牛山、太行山等山区容易出现暴雨。其降雨特点是：汛雨集中，暴雨强度大，历时短。淮河干流的暴雨洪水，主要集中在 6、7 月间，多由江淮切变线加西南低涡东移造成，且往往出现连续暴雨，形成洪水叠加，峰高量大，防洪任务艰巨，如 1954 年、1956 年、1968 年、1982 年、2003 年、2005 年等大水年份。6 月下旬，副高继续北上，雨区推进到黄淮流域和河南省北部，洪汝河、沙颍河进入主汛期，豫北卫河的大水又往往集中在"七下八上"的二十多天内或几场降雨过程中。全省主汛期集中在 6 月上旬末至 8 月中旬的 60 多天里，8 月下旬后，副高开始南撤，至 9 月底河南省汛期基本结束。全省 6～9 月汛期雨量多年平均 494mm，占全年平均降雨量的 63%，但时空分布不均匀，年际变化亦大，同一地区丰水年和枯水年的汛期雨量相差达五倍以上（河南省水文水资源局，2009）。总之，在河南省较长时间的连阴雨、连续暴雨或大范围暴雨往往带来洪水灾害，而降水量年内分配不均和年际变化强烈是形成河南省洪水的主要原因。

　　由于河南省的降水量主要集中在 6～9 月，约占全年降水量的 60% 以上，而且处于汛期，所以根据引起洪水灾害的降水特征，采用境内 88 个气象站（图 12-13）的多年（1951～2006 年）平均汛期雨季（6～9 月）降水量和图 12-7 中通过 18 个测站计算出的降水变率（1951～2010 年）来综合表征降水量对洪水危险性的影响。图 12-14 和图 12-15 分别为分辨率为 100m×100m 的多年平均汛期雨季降雨量和降水变率插值图。

图 12-13　河南省范围内 88 个测站地理位置

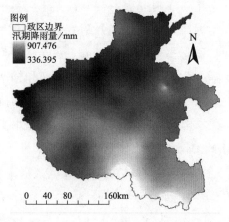
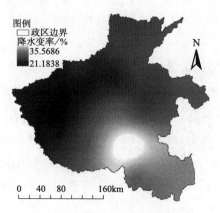

图 12-14　汛期降雨量插值图　　　　图 12-15　汛期降水变率插值图

根据降水量越大，影响度越高，降水变率越大，降水量越不稳定，洪水危险性越高的原则，确定了表 12-5 综合降水因子对洪灾形成的影响度划分标准，影响度的值域定义在（0，1）。图 12-16 是分辨率为 100m×100m 的综合降水因子对洪水灾害危险性的分级影响度图，其中值越高，对引起洪水灾害危险性的影响就越大。

表 12-5　综合降水因子的影响度划分标准

降水变率/% ＼ 降水量/mm	＜439	439~495	495~558	558~714	≥714
＜24.9	0.3	0.4	0.5	0.6	0.7
24.9~29.3	0.4	0.5	0.6	0.7	0.8
≥29.3	0.5	0.6	0.7	0.8	0.9

（三）地形对洪水灾害危险性的影响

河南省地貌结构的基本轮廓是西部为连绵起伏的山地，东部为广阔坦荡的平原，山丘与平原分野明显。河南省地形对暴雨和洪水的影响有三大不利因素。

1. 山区位置特殊——洪水很大

首先是地形对暴雨的影响。河南山脉走向大致分为两类：一类是南北走向，如太行山、嵩山、伏牛山等；一类是东西走向，如大别山。进入省境的

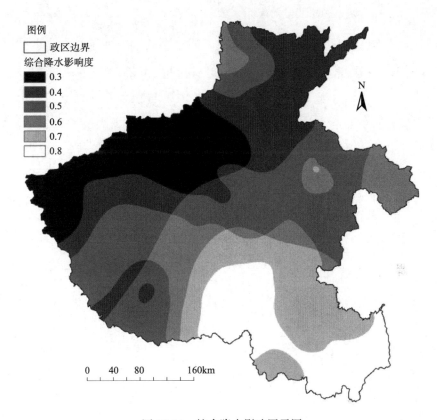

图 12-16　综合降水影响因子图

水汽入流主要来自东南方向。南北向的山脉是水汽自东向西距离海洋最近的第一屏障，水汽入流呈迎风坡势态，气流受到地形的影响急剧上升，特别是在地形起伏的缺口地带或喇叭口地形的上前方，气流运动更加剧烈，这里的地面高程虽不算高，一般为 200～300m，但对诱导气流深入，促进气流上升起到重要作用，因而极易产生强烈暴雨，如"75·8"暴雨中心林庄就是发生在半山坡喇叭口地形的附近。其次是地形对汇流的影响。由于山高坡度陡（中心区的坡度一般为 1/50～1/100，低山区的坡度一般为 1/100～1/500），当暴雨强度大，因汇流速度快，洪峰流量会很大，并陡涨陡落。集水面积小于 100km² 的小流域，每平方公里产生的洪峰流量可高达 40～50m³/s；100～1000km² 的中、小流域，每平方公里可达 20～30m³/s；1000～2000km² 的流域，每平方公里可达 10m³/s 左右。

2. 丘陵过渡带短——缺乏缓冲

河南地形的变化，从山区到平原，中间丘陵区的过渡地带很短。从高到低，以水平直线距离计，丘陵地带大约只占总长度的10％左右，尤以太行山为甚，只占6％（表12-6）。有些地方的山区与丘陵很难分辨，而山丘区与平原则分野明显，两者的坡度形成一个大的钝角，山洪暴发，直泻平原。因此，在靠近山丘区的平原地区内，往往形成很多相对低洼的坡洼地，如太行山前的白寺坡、长虹渠、良相坡等，伏牛山前的湛河洼、泥河洼、唐河洼等，起到缓解部分山丘区洪水的作用，但山丘区洪水对平原的威胁仍普遍存在。

表 12-6　地形基本特征

山脉	山区 500m 以上			丘陵 500~200m			平原 200m 以下			总长度/km
	长度/km	落差/m	坡降/‰	长度/km	落差/m	坡降/‰	长度/km	落差/m	坡降/‰	
太行山	50	1700	34.0	12	300	25	125	50	0.4	187
伏牛山	56	1500	26.8	27	300	11.1	270	60	0.22	353
桐柏山	51	700	13.7	22	300	13.6	210	77	0.37	283
大别山	34	800	23.5	24	300	12.5	90	80	0.89	148

3. 平原坦荡无垠——怕洪易涝

河南平原绝大部分的海拔高度在40~100m，地势以郑州至兰考东坝头的黄河为脊轴，分别向东北和东南方向倾斜，地面坡降为1/5000~1/8000。地面宽广、平坦，一望无际，一旦山洪暴发，河道堤防决口，则对洪水势无阻拦，洪水滚滚而下，顷刻之间变成泽国，特别是平原与山丘区接壤的附近地方决口的情况尤为严重，洪水居高临下，可以从上淹到下。历史上的黄河决口，更是一泻千里，南到江苏淮阴，北到天津，一次水灾波及的面积可达5万 km^2。除此之外，由于地面坡降平缓，排涝非常困难，常常要受到多种回水因素的影响。例如，山区洪水占据主干河道，洪水顶托、倒灌，暴雨中心降在下游平原地区，受洪水回水的影响范围可达十几公里，甚至几十公里。总之，一言以蔽之，平原怕洪易涝（河南省水利厅水旱灾害专著编辑委员会，

1999)。

图 12-17 是在 2000 年 SRTM-3 地面高度数据的基础上，经过镶嵌、投影转换、边界掩膜等后处理的分辨率为 100m×100m 的数字高程模型。研究通过数字高程模型确定绝对高程，采用高程相对标准差来取代坡度（图 12-18）。

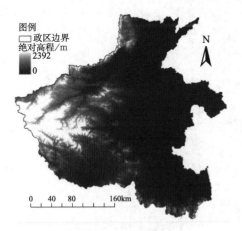

图 12-17　数字高程模型　　　　　图 12-18　数字高程标准差分布图

根据绝对高程越低，相对高程标准差越小，洪水危险程度越高的原则，确定了综合地形因子与洪水危险程度的关系（表 12-7），从而获得了分辨率为 100m×100m 的综合地形因子对洪水灾害危险性的分级影响度图（图 12-19）。

表 12-7　综合地形因子影响度关系

高程标准差/m ＼ 绝对高程/m	＜178	178～415	415～733	733～1120	≥1120
一级（＜13.91）	0.9	0.8	0.7	0.6	0.5
二级（13.91～40.33）	0.8	0.7	0.6	0.5	0.4
三级（≥40.33）	0.7	0.6	0.5	0.4	0.3

（四）土壤对洪水灾害危险性的影响

土壤是在一定地形上的母质，通过气候、生物及人类生产活动等因素的综合影响，经历长时间的作用而形成的。土壤的发生及属性受外界环境因素的控制，是与自然成土因素和人类生产活动紧密联系着的，它反映着内部物

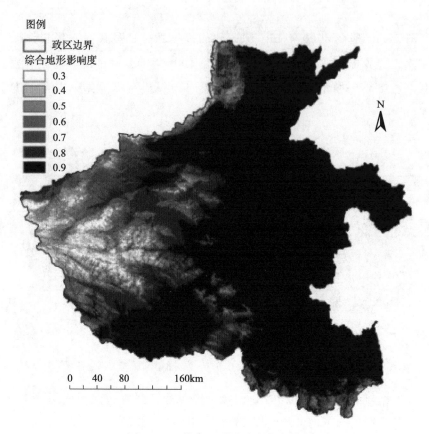

图 12-19　综合地形影响度分布图

质变化与外界环境条件的统一。按照现行中国土壤分类系统，即 1998 年由全国第二次土壤普查办公室为汇总第二次全国土壤普查成果编撰《中国土壤》而拟定的分类系统，河南省土壤计有 7 个土纲，11 个亚纲，17 个土类，42 个亚类，133 个土属，424 个土种。图 12-20 是河南省的土壤分布，除水域外，主要涉及褐土、潮土、黄褐土、砂姜黑土、水稻土、棕壤、黄棕壤、红黏土、新积土、风沙土、紫色土、石灰土、粗骨土、碱土、盐土共 15 个土类（河南省土壤普查办公室，2004）。

砂礓黑土、盐碱土和淤土是河南易涝、易渍、易碱的主要土类。砂礓黑土是北亚热带和暖温带潜育土上发育的旱耕熟化土，母质多为黄土性浅湖沼沉积物，富含碳酸钙。古时，地下水位高，排水条件差，湿生性植物在嫌气条件下进行生物累积形成了"黑土层"，同时碳酸钙淋溶到下层形成钙化物；

土层下部常有钙质结核与黏土胶结形成砂礓隔水层，由于内外排水条件不良，形成"上浸地"，对土壤排水很不利。由于该土质地黏重、结构不良、透水性差、遇水膨胀、干时收缩，遇到长期连阴雨，易形成渍灾，如排水条件不良，则涝、渍并发。其主要分布在南阳盆地，驻马店、许昌地区东部，周口地区南部，信阳地区北部的低洼地区。

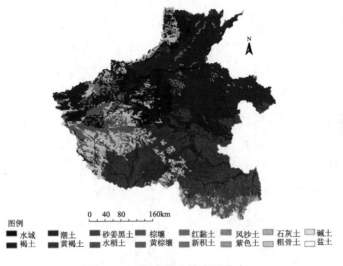

图 12-20　河南省土壤类型分布

　　盐碱土包括盐化土壤、碱化土壤、盐土及碱土。盐化土壤及盐土中有盐碱、白碱和卤碱；碱化土壤及碱土主要有瓦碱和卤碱。盐碱土比较集中地分布在古黄河背河洼地、黄河故道、泛道沙洼地、黄河浸润地、河间平原低平地和低洼地，以及地下径流滞缓、水平运动微弱、蒸发强烈、潜水以垂直运动为主、土壤质地为砂壤土、轻砂壤土的地带。各种类型的盐碱土与非盐化土壤多成交错分布，豫北以盐化类型为主，豫东以碱化-盐化类型为主。盐碱土对作物的危害很大，一般轻盐土坐苗率约70%，中度为50%，重度约30%，最重的地区多属盐碱荒地。淤土是潮土中的土属之一，质地黏重，通透性、透水性均较差，降雨稍大时容易形成涝渍，主要分布在距离河道较远的地方，即河道泛滥时水流所及边缘的低洼地带。此外，凡在土壤下层有不透水层造成滞水的地带，俗称"上浸地"，降雨后土壤包气带迅速饱和，也易引起渍灾。

　　河南土壤种类繁多，在平原分布面积最大的是潮土，包括沙土、淤土、两合土等。沙土的质地匀细，团粒结构差，吸水渗水能力强，径流系数较低，有较高的抗涝能力，主要分布在黄河两岸，呈带状分布。再者是两合土，是沙土与淤土之间的土壤，兼有沙土与淤土两者性质，一般土层深厚，团粒结构好，渗水、保水能力强，是较好的保水保肥土壤，有一定的抗涝能力，分布面积较广。另一类土壤是褐土，质地疏松，土层深厚，孔隙较大，吸收水分性能良好，主要分布在豫西、豫北的浅山丘陵、阶地及中部平原，西部岗地。还有棕壤土，质地黏重，有机质多，吸收水分的性能好，主要分布在伏牛山和太行山海拔高程 800～1000m 的山区。水稻土是在淹水与落干、氧化和还原相互交替作用下形成的，一般具有土层厚及疏松的性质，因其下有隔水层，故透水性较差，径流系数较高（河南省水利厅水旱灾害专著编辑委员会，1999）。

根据以上分析，结合各类型土壤的基本特征及分类系统，将河南省主要引起水灾的土壤类型进行了由易到难不同影响度的划分，即水域：0.9；砂礓黑土：0.8；盐碱土：0.7；淤土：0.6；水稻土：0.5；其他各类型土壤：0.3。由此获得的分辨率为 100m×100m 的土壤类型因素影响度分级如图 12-21 所示。

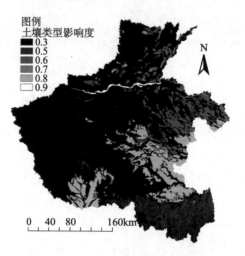

图 12-21　土壤影响度分布图

（五）河流水系对洪水灾害危险性的影响

河南省地跨淮河、长江、黄河、海河四大流域，流域面积分别为 8.83 万 km²、2.72 万 km²、3.62 万 km²、1.53 万 km²，分别占全省总面积的

52.87%、16.29%、21.68%、9.16%。全省流域面积在 100km^2 以上的河道共计 493 条，其中：流域面积 10 000km^2 以上的河道有淮河、沙河、洪河、白河、丹江、黄河、沁河、洛河、卫河 9 条；流域面积 5000～10 000km^2 的河道有史灌河、汝河、北汝河、颍河、贾鲁河、唐河、伊河、金堤河 8 条；流域面积 1000～5000km^2 的河道有潢河、白露河、汾泉河、澧河、涡河、惠济河、沱河、泌阳河、湍河、天然文岩渠、淇河、汤河、安阳河等 43 条；流域面积 100～1000km^2 的河道有 433 条，按流域范围划分：淮河流域 238 条，长江流域 65 条，黄河流域 82 条，海河流域 48 条，详见表 12-8 和图 12-22（河南省防汛抗旱指挥部办公室，2008）。

表 12-8　河南省水系流域面积及条数统计表

水系	1000km^2 以上河道名称和条数			100～1000km^2 河道条数	河道总条数
	10 000km^2 以上	5000～10 000km^2	1000～5000km^2		
总计	9	8	43	433	493
淮河流域	3	5	25	238	271
淮河	淮河		浉河、竹竿河、潢河、白露河	33	38
史灌河		史灌河	灌河	10	12
洪河	洪河			18	19
汝河		汝河	臻头河、北汝河	17	20
沙河	沙河		澧河、甘江河、新蔡河、新运河	29	34
汾泉河			汾泉河、泥河	8	10
北汝河		北汝河		18	19
颍河		颍河	吴公渠、清潩河、清流河	21	25
贾鲁河		贾鲁河	双河	17	19
黑河			黑河	7	8
涡河			涡河、大沙河	27	29
惠济河			惠济河	14	15
浍河			浍河	5	6
沱河			沱河、王引河	8	10
黄河故道			黄河故道	3	4
万福河				3	3
长江流域	2	1	7	65	75
唐河		唐河	泌阳河、三夹河	23	26
白河	白河		湍河、赵河、刁河	29	33
丹江	丹江		淇河、老灌河	12	15

水系	1000km²以上河道名称和条数			100~1000km² 河道条数	河道 总条数
	10 000km² 以上	5000~ 10 000km²	1000~5000km²		
汉水				1	1
黄河流域	3	2	6	82	93
黄河	黄河				1
游河			游河	2	3
老游河				2	2
沁河	沁河			1	2
天然 文岩渠			天然文岩渠	6	7
金堤河		金堤河	黄庄河、总干渠	18	21
洛河	洛河		涧河	25	27
伊河		伊河		10	11
南岸小支流			宏农河	18	19
海河流域	1		5	48	54
卫河	卫河		淇河、淅河、汤河、安阳河	41	46
漳河				2	2
马颊河			马颊河	2	3
徒骇河				3	3

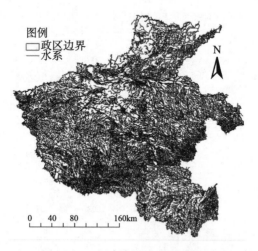

图 12-22　河南省河流水系分布图

　　近60年来，河南省南部的淮河干流出现的1954年、1956年、1968年、1991年、2003年、2005年大水，中部洪汝河、沙颍河出现的"75·8"特大洪水，豫西黄河流域出现的1958年大水，豫北卫河发生的"63·8"、"82·

8"、"96·8"洪水，均造成了严重的洪涝灾害。根据历史水情资料可知，河南省防汛任务较大的主要水系是黄河、淮河、洪汝河、沙颍河、卫河、唐白河以及涡河、惠济河、沱河、汾泉河、伊河、洛河、沁河等，基本都是水系流域面积在 1000km² 以上的河流。水系对洪水危险性的影响可以通过建立水系的不同级别缓冲区来表示，做缓冲区时不仅要考虑河流的干、支流的区别，还要考虑地形的因素。同时，地形因素也涉及由于黄河河道泥沙淤积严重而引起的"悬河"现象，缓冲区的宽度就是为综合考虑这些因素而设置的，不同的缓冲区宽度代表了不同地段受洪水侵袭的难易程度。

　　由于河南省的水系众多，根据《全国河流名称代码》中关于河南省各河流等级代码的涵义，结合历史水情资料，将研究区内主要引起较大防汛任务的河流水系进行了不同级别的划分，即黄河和淮河作为河流干流，沙颍、卫河、白河、沁河、伊洛河等作为一级河流支流，汝河、洪河、颍河、唐河、白露河等作为二级河流支流进行考虑。具体的各级别河流的分布如图 12-23 所示。

图 12-23　河南省各级别河流分布图

　　表 12-9 是综合考虑了河流的级别和所处的地形，根据历年洪水淹没资料和发生特大洪水期间的遥感影像所确定的缓冲区等级和宽度值划分标准。根据距离河流越近，洪水危险性越大的原则，可以确定各级缓冲区对洪水危险性的影响度：一级缓冲区为 0.9，二级缓冲区为 0.8，非缓冲区为 0.5。图 12-24 是获得的综合水系对洪水危险性的影响度分布结果。

表 12-9　河流缓冲区等级和宽度值的划分标准

河流级别	绝对高程/m	< 178	178~415	415~733	733~1120	≥1120
一级缓冲区	干流	7	6	5	4	3
	一级支流	6	5	4	3	2
	二级支流	5	4	3	2	1
二级缓冲区	干流	14	12	10	8	6
	一级支流	12	10	8	6	4
	二级支流	10	8	6	4	2

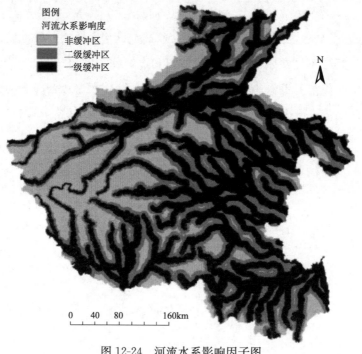

图 12-24　河流水系影响因子图

（六）洪水灾害危险性影响的综合分析

从引起水灾的致灾因子和孕灾环境因子来综合考虑洪水灾害风险危险性影响，即将选择的各相关评估因子对洪水灾害危险性的影响进行不同权重的叠加，其具体的致灾和孕灾环境因子对洪水灾害危险性影响叠加的模型如下：

历史洪灾×W_1＋降水因子×W_2＋地形因子×W_3＋土壤因子×W_4＋水系

因子×W_5

其中，W_1～W_5 为各对应影响因子的权重，权重的确定主要应用了 AHP 法。

1. AHP 法确定权重

由于各主要致灾和孕灾环境因子对形成河南省洪水灾害的影响大小有所差异，鉴于研究目的和 AHP 决策分析方法的特点，确定的各主要影响因子的权重值为 $W_{历史洪灾}=0.1570$、$W_{降水}=0.2764$、$W_{地形}=0.0913$、$W_{土壤}=0.0611$ 和 $W_{水系}=0.4142$。

2. 洪灾危险性影响综合分级图

根据各权重值，利用以下模型计算式：

历史洪灾×0.1570＋降水因子×0.2764＋地形因子×0.0913＋土壤因子×0.0611＋水系因子×0.4142

通过归一化到相同值域范围 [1，10] 和统一格网大小（100m×100m），利用 ArcGIS 软件的 Raster Calculator 工具进行叠加，获得的洪灾危险性影响综合分级结果如图 12-25 所示。

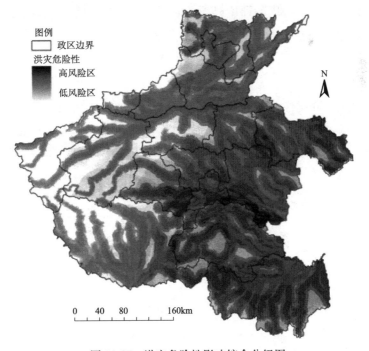

图 12-25　洪灾危险性影响综合分级图

第四节　水旱灾害易损性分析

河南省的城市大都临河而建,黄河流域的城市有洛阳、三门峡、沁阳、孟州、济源、义马、偃师、巩义、灵宝 9 个市;淮河流域的城市有郑州、开封、许昌、平顶山、漯河、驻马店、周口、信阳、商丘、项城、舞钢、荥阳、新密、新郑、汝州、禹州、长葛、登封、永城 19 个市;海河流域的城市有新乡、焦作、鹤壁、濮阳、安阳、辉县、卫辉、林州 8 个市;长江流域的城市有南阳、邓州 2 个市。郑州、开封、洛阳、新乡、安阳、漯河、周口、信阳、南阳、平顶山、濮阳、鹤壁等大部分城市由于濒临主要防洪河道,其地面高程又处于邻近的防洪河道设防水位以下,因此,河道洪水和内涝是城市洪涝灾害的主要成因。焦作、三门峡、济源、林州、灵宝市,山洪是主要成因(河南省防汛抗旱指挥部办公室,2008)。

水旱灾害具有自然和社会的双重属性,同样的水旱灾害发生在不同的地区,可能会导致完全不同的结果。水旱灾害风险是危险性和社会经济易损性的综合函数,水旱灾害风险评价必须考虑区域的易损性特征。

一、社会经济易损性指标

以行政区为单位,选取 2005 年河南省内 18 个地市的人口密度、GDP 密度和耕地面积百分比作为社会经济易损性的评价指标,根据《河南统计年鉴2006》获得的各指标数据见表 12-10(河南省统计局和国家统计局河南调查总队,2006)。

表 12-10　2005 年社会经济统计指标

地区	人口密度/(人/km²)	GDP 密度/(万元/km²)	耕地面积百分比/%
郑州市	961.56	2215.90	44.34
开封市	777.83	651.67	68.41
洛阳市	427.33	741.00	28.46
平顶山市	622.43	708.29	40.02
安阳市	720.36	750.57	55.16
鹤壁市	659.21	852.68	48.20
新乡市	682.09	664.71	55.62

续表

地区	人口密度/（人/km²）	GDP 密度/（万元/km²）	耕地面积百分比/%
焦作市	864.65	1421.69	47.36
濮阳市	854.66	913.90	64.20
许昌市	901.72	1206.90	68.84
漯河市	966.37	1230.95	72.30
三门峡市	211.32	319.36	16.96
南阳市	404.14	394.75	37.32
商丘市	763.17	520.55	67.25
信阳市	416.36	266.14	41.80
周口市	895.37	496.45	71.42
驻马店市	553.79	329.01	58.68
济源市	344.48	744.69	21.60

二、社会经济易损性分析

表 12-11～表 12-13 是从统计特征分析出发，参考各指标的均值和标准差对三个评价指标进行的分类和影响度赋值结果，图 12-26～图 12-28 是对应的经济易损性三因子影响度分布栅格图，在将三个因子等权重叠加后就得到河南省社会经济易损性综合影响度分布图（图 12-29）。可以看出，漯河市、郑州市和许昌市灾害风险的社会经济易损性较大，三门峡市较小，其余介于中间。

表 12-11　人口密度分类表

分类号	分类范围/（人/km²）	影响度
1	0 ～ 297.97	5
2	297.97 ～ 515.23	6
3	515.23 ～ 732.49	7
4	732.49 ～ 949.75	8
5	≥ 949.75	9

注：均值：595.93；标准差：217.26

表 12-12　GDP 密度分类表

分类号	分类范围/（万元/km²）	影响度
1	0 ～ 320.04	5
2	320.04 ～ 756.91	6
3	756.91 ～ 1193.78	7
4	1193.78 ～ 1630.65	8
5	≥ 1630.65	9

注：均值：640.07；标准差：436.87

表 12-13 耕地面积百分比分类表

分类号	分类范围/%	影响度
1	0 ~ 23.95	5
2	23.95 ~ 39.75	6
3	39.75 ~ 55.55	7
4	55.55 ~ 71.35	8
5	≥ 71.35	9

注：均值：47.9；标准差：15.8

图 12-26 人口密度易损性影响度分布图

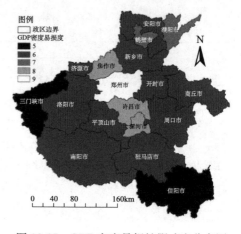

图 12-27 GDP 密度易损性影响度分布图

图 12-28 耕地面积百分比易损性
影响度分布图

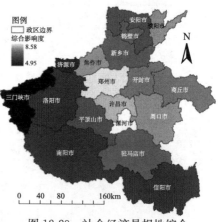

图 12-29 社会经济易损性综合
影响度分布图

第五节　水旱灾害生态风险综合评估

　　水旱灾害两种风险源对形成区域性景观生态风险的作用大小有所差异，在进行综合评估时，要对这两种风险源赋予各自不同的权重。在对河南省历史水旱灾害的发生频率、灾情、范围等进行对比和分析后，通过专家咨询认为在进行综合评估时，旱灾风险源的权重为 0.6，水灾风险源的权重为0.4。以林地、草地、耕地、建设用地、水域和未利用土地 6 种景观类型所代表的生态系统作为风险受体，采用由景观格局指数构建的生态风险指数作为生态终点度量的指标，利用本书第五章第二节提出的综合生态风险值计算模型，将处理分析获得的各风险小区内的水旱灾害综合风险概率（图12-30）、综合生态损失度（图 12-31）、综合社会经济易损度（图 12-32）进行叠加，最后利用 ArcGIS 软件中关于属性分类符号设置的自然断点法对综合生态风险值进行分级后就获得河南省水旱灾害 5 个级别的生态风险综合评价图（图 12-33）。

图 12-30　水旱灾害综合风险概率分布

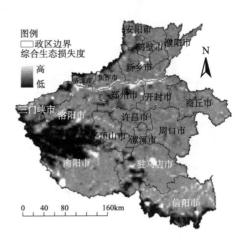

图 12-31　综合生态损失度分布

图 12-32　综合社会经济易损度分布

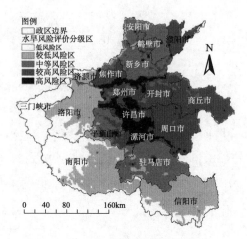

图 12-33　水旱灾害生态风险综合评价

表 12-14 是划分的低风险区、较低风险区、中等风险区、较高风险区和高风险区分别所占面积和比例的统计。

表 12-14　5 个级别风险区所占面积和比例统计

风险等级	面积/（×10⁴ km²）	比例/%
低风险区	3.3	19.91
较低风险区	4.37	26.31
中等风险区	3.59	21.62
较高风险区	4.24	25.52
高风险区	1.1	6.64

结果可知，由于漯河市、许昌市和郑州市的部分地区水旱灾害风险源的综合风险概率高，社会经济易损度高，而且黄河下游干流沿线区域生态损失度高，因此高风险区主要位于漯河市、许昌市和郑州市的大部分地区，面积为 $1.10 \times 10^4 km^2$，占总面积的比例为 6.64%。河南省地处我国地势的第二和第三阶梯的过渡地带，地势西高东低，北、西、南三面由太行山、伏牛山、桐柏山、大别山沿省界呈半环形分布，从行政区划上主要隶属于三门峡市、南阳市的西北地区、信阳市的南部地区、济源市的北部地区和洛阳市的西南地区，由于这些地区的土地利用类型多以林地为主，生态损失度低，同时水旱灾害风险源的综合风险概率低，社会经济易损度低，因此都属于低风险区，

面积为 $3.30 \times 10^4 \, km^2$，所占比例为 19.91%。周口市、商丘市、开封市、濮阳市、焦作市、鹤壁市都属于黄淮海冲积平原，水旱灾害风险源的综合风险概率较高，生态损失度较高，社会经济易损度较高，因此这些地区连同郑州、许昌和平顶山市的部分地区都属于较高风险区，面积为 $4.24 \times 10^4 \, km^2$，所占比例为 25.52%。由于综合生态风险值是综合风险概率、综合生态损失度和综合社会经济易损度三指标的叠加，因此某一指标的高低并不能代表最终的结果，通过叠合，较低风险区主要位于信阳市、南阳市、洛阳市和济源市的丘陵与平原区，面积最大，为 $4.37 \times 10^4 \, km^2$，所占比例为 26.31%；中等风险区主要位于驻马店市、新乡市、安阳市，以及平顶山和鹤壁市的部分地区，面积为 $3.59 \times 10^4 \, km^2$，所占比例为 21.62%。

第六节　本章小结

结合生态风险评价和自然灾害风险评估的理论与方法，首先以 6 种景观类型所代表的生态系统作为风险受体，人类干扰为风险源，将生态风险指数作为生态终点度量的指标，在 20 世纪 80 年代和 2005 年 100m 土地利用/土地覆盖栅格数据的基础上，获得了河南省两个时期的景观生态风险区划图。由于水旱灾害是河南省发生频率最高、危害和损失最大的自然灾害，因此，以水旱两种自然灾害为风险源，6 种景观类型所代表的生态系统为风险受体，利用 AHP 法和 GIS 技术，通过构建河南省水旱灾害生态风险综合评价模型，计算每个风险小区内的综合生态风险值，最后获得 5 个级别的综合评价图。由结果可知：在行政区划范围内，高风险区面积所占比例为 6.64%，主要位于漯河市、许昌市和郑州市的大部分地区；较高风险区面积所占比例为 25.52%，主要分布在周口市、商丘市、开封市、濮阳市、焦作市、鹤壁市，以及郑州、许昌和平顶山市的部分地区；中等风险区面积所占比例为 21.62%，主要位于驻马店市、新乡市、安阳市，以及平顶山和鹤壁市的部分地区；较低风险区面积所占比例为 26.31%，主要位于信阳市、南阳市、洛阳市和济源市的丘陵与平原区；低风险区面积所占比例为 19.91%，主要分布在三门峡市、南阳市的西北地区、信阳市的南部地区、济源市的北部地区和洛阳市的西南地区。

当前，防灾减灾的思路正在由抗御灾害向灾害风险管理转移，非工程措施逐渐被摆到防灾减灾的重要位置。水旱灾害生态风险评估作为风险管理的重要组成部分，不仅是了解灾情，进行灾害风险区划，实行灾害预防、预测和损失评估的基础，而且对决策部门制定防灾减灾措施具有重要意义。针对获得的面积比例为32.19%的高和较高风险区，可以通过加强水利设施建设、加大堤防和河道整治力度、修订完善各类防灾预案、强化非工程措施、保护生态环境、注重提高民众的防灾意识和水平等来减少水旱灾害风险，降低灾害损失。

第十三章 河南省黄河中下游地区
洪灾损失评估与预测

  洪水灾害是由自然和社会系统相互作用的产物，是一个十分复杂的地球表面异变灾害系统，一般范围广、损失大，给人民的生命财产、生产和生活以及环境造成很大危害。据近 20 年资料统计，我国洪涝灾害年均经济损失超过 1000 亿元，约占全国 GDP 的 1‰～3‰（国家防汛抗旱总指挥部，2007）。近年来，随着计算机技术、RS 和 GIS 技术的发展，参数统计模型（冯平等，2001）、水文水动力学模型（曹永强等，2006；王腊春，2000）、数字地形高程模型（杨军等，2011）、人工神经网络模型（单九生等，2009）、空间信息格网模型（李红英和李洋，2007；付意成等，2009）等都被用于洪灾损失评估模型的建立和研究中。黄河中下游地区由于独特的自然环境特征历来洪灾频发，尤其在河南段，河道淤积严重，"地上悬河"突出，为典型的游荡型河段。而随着全球气候变化引起的降水异常，人类活动的加剧和黄河下游来水来沙条件的变化，加上黄河滩区人民修补增补生产堤，主槽处地面抬高，使"二级悬河"态势更为严重，黄河中下游地区仍面临很大的洪水威胁。

  本章针对河南省黄河中下游地区特点，利用 GIS 技术和社会经济数据的空间展布方法，构建洪灾损失快速评估模型，基于该模型不仅以 1996 年型洪水进行了直接经济损失的评估验证，而且对 2015 年发生的 1996 年型洪水进行了洪灾损失预测和灾情等级区划，其研究可为发生某一流量级洪水的灾前、灾中和灾后的损失评估和防洪调度、防灾减灾措施的制定提供科学依据，为社会经济发展和土地利用规划等提供合理参考。

第一节 洪灾损失评估模型

一、淹没水深的模拟

  洪水淹没影响因素较多，从一个流域内发生的洪水来看，导致洪水淹没一般主要分为漫溢式淹没和堤防溃决式淹没两种情况，根据这两种类型对其受淹范围的确定也有不同的分析方法（杨军等，2011；丁志雄等，2004）。通过对研究区的洪灾统计，近几十年来主要是降水引起水位升高从而引发漫溢式洪水灾害，因此研究主要采用基于给定水位条件来确定淹没范围的方法。在模拟洪水淹没范围时，通常是将洪水在特定河段内简化为曲平面，从而把此问题归结为 DEM 被一个曲平面切割的问题，即主要结合高精度 DEM 的优势，采用曲面模拟方法，按水文站和河段分布，并考虑堤防的布局将研究区划分为若干个淹没小区，把洪水水位看作是水面高程，当水位高于道路或堤防时就会漫溢（单九生等，2009；董姝娜等，2012）。由于不同水深下的损失率不一样，因此淹没水深是评估中的一个重要参数。在洪水淹没的范围得出后，基于 ArcGIS 软件的支持，将模拟好的洪水淹没范围与 DEM 叠加，找出各个区内洪水的水面高程，根据式（13-1）就可得到淹没区域内的淹没水深。

$$H_{淹}(x,y) = H_{水}(x,y) - H_{地}(x,y) \qquad (13\text{-}1)$$

式中，$H_{淹}$ 为某点的洪水淹没水深（m）；$H_{水}$ 为某点的水面高程；$H_{地}$ 为某点的地面数字高程；(x,y) 为淹没区域内的点。

二、洪灾财产损失率

洪灾损失的分类是洪灾损失定量计算的基础。洪灾损失对区域经济系统的制约作用表现在洪灾损失在时间、空间及强度上的分布特征，一般主要包括直接经济损失、间接经济损失和非经济损失三类。由于间接经济损失和非经济损失难以定量，所以本章重点研究洪灾直接经济损失的评估，而其计算的关键是合理地确定各类财产和作物在不同淹没程度下的洪灾损失参数。因此在进行评估时，首先要建立各类资产洪灾损失率，结合洪水淹没特征、经济指标，分财产和淹没级别进行累加，具体的计算如式（13-2）所示（魏一鸣，2002）。

$$S = \sum_{j=1}^{m} \sum_{i=1}^{n} P_{ij} T_{ij} \qquad (13\text{-}2)$$

式中，S 为某个地区的直接经济损失；P_{ij} 为 i 种淹没范围内第 j 类财产值；T_{ij} 为第 i 种淹没级别下的第 j 类财产损失率，与淹没水深有关；m 为财产类型总数；n 为洪水淹没级别。

洪灾损失率是指各种承灾体类型在经历灾害后的价值与灾前原有价值之比，损失率的大小与水深、受灾体的承灾能力等因素有关。目前分为两种损失率类型，一是按行业、部门来分类确定其财产的损失率，其结果可以作为评估各类社会经济财产受洪水影响和损失的基础性资料；二是面上综合洪灾损失率，即确定人均损失率和公顷均损失率，也就是利用某一地区或近似地区历史上统计的洪灾损失值，考虑物价的情况来计算未来的经济损失（王宝华等，2007）。这种计算人均或公顷均损失率的方法，其评估的结果相对于分类分行业计算损失率较粗。这里主要采用相对较细的分行业、部门进行计算损失率。

由于目前河南省没有详细分类的灾情报告和数据库，没有比较系统的历史洪灾损失资料可供借鉴，无法建立损失率函数，因此在总结研究区已有洪灾损失率成果的基础上，研究主要参考移植黄河滩区、滞洪区和临近的海河、淮河流域的洪灾损失率关系来调整确定，具体的洪水淹没等级与财产损失率对应的二维关系见表13-1。

表13-1 不同洪水淹没等级对应的不同财产洪灾损失率（单位：%）

淹没水深/m 财产类型	0~0.5	0.5~1.0	1.0~2.0	2.0~3.0	>3.0
农业	77	85	95	100	100
林业	0	5	10	25	40
牧业	0	8	25	45	70
渔业	30	70	80	100	100
工业增加值	10	15	25	25	25
建筑业	0	5	10	15	20
农村房屋	0	7	12	16	20
农村生产性工具	0	11	21	30	35
城市房屋	0	5	10	15	20

三、社会经济财产数据的空间化

对社会经济财产数据的空间化，可以采用将同一行政单元内的土地利用数据和社会经济统计数据相结合，通过计算各类社会经济财产数据在相应土地利用类型上的财产密度，从而实现空间化，具体计算方法可见参考文献（康相武等，2006）。由于用地类型、社会经济指标等情况的不同，对于城市和农村的损失评估内容会有所差别。对于农村区主要是农林牧渔产品的损失和农村居民家庭生产工具和生活用品的损失，对于城市区主要是各行业固定资产、居民财产以及生产部门产值等方面的损失（傅春和张强，2008）。根据河南省统计年鉴的指标类型，以及研究区的土地利用类型，通过建立洪水灾害损失评估所需的社会经济数据库，并以县为最小单元进行空间化处理，本章所确定的财产值与土地利用类型之间的空间对应关系见表 13-2。

表 13-2   社会经济指标与土地利用类型的空间对应关系

社会经济指标类型	对应的土地利用类型
农业总产值	水浇地、水田、旱地
林业总产值	林地
牧业总产值	农村聚落
渔业总产值	水体
工业生产总值	城镇建设用地
农村居民家庭财产	农村聚落
城市居民家庭财产	城镇用地（城镇居民点）

第二节   评估结果与模型验证

黄河在河南省境内河长 711km，其中三门峡至孟津段穿行于晋豫峡谷，孟津以下进入平原，水流减缓，河流展宽。黄河历来以泥沙多、善淤、善决、善徙闻名于世。现代河南省黄河中下游地区的水灾主要由大雨和暴雨引发，如 1958 年、1982 年、1996 年汛期的几次重大水灾，其水灾范围主要在黄河滩区及伊洛河夹滩低滩区（河南省水利厅水旱灾害专著编辑委员会，1999）。本章的河南省黄河中下游地区主要包括以黄河干流为主体的河流沿线区域，范围始于济源市小浪底水库，止于濮阳市的台前县，主要涉及河南省济源市、洛阳市、焦作市、郑州市、新乡市、开封市、濮阳市内的相关县市区，具体的地理位置如图 13-1 所示。

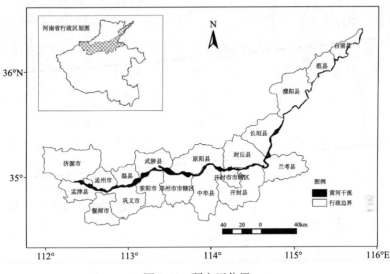

图 13-1　研究区位置

一、直接经济损失评估

河南省黄河中下游地区在历史上属于洪水易发区，基本上是三门峡以下来水造成的洪水灾害。1996 年 8 月黄河三门峡以下河段普降暴雨，黄河干流上相继涨水，伊洛河、沁河出现自 1982 年后的最大洪水，并与黄河干流洪水在温孟滩区相遇。从洪水流量来看，1996 年洪水属于中型洪水（20 年一遇），黄河花园口站洪水流量（7600m³/s）小于成功防御的 1958 年 60 年一遇洪水流量（22 300m³/s），但 1996 年汛期洪水却造成了多站水位均突破历史最高值，给国民经济和人民群众的生命财产造成重大损失，因此本章就以 1996 年型洪水为例，运用模型对洪灾的直接经济损失进行评估。

首先整理 1996 年 8 月河南省黄河中下游地区各报汛站的实测洪水水位，并将各水位统一到黄海高程系；然后根据各水位高程、数字地面高程 DEM 以及洪水淹没水深的模拟方法［式（13-1）］，运用 ArcGIS 软件得出 1996 年 8 月研究区洪水的淹没范围和水深；最后将洪水淹没模拟图和对应年的土地利用类型图相叠加，提取出 1996 年淹没区的土地利用类型、淹没面积和水深。

由模拟得到的淹没结果可以看出，由于黄河大堤的保护，洪水淹没区主要分布在黄河滩区农村。因为滩区内经济结构单一，无工矿企业，所以淹没的土地利用类型主要为农用地、农村聚落、林地及道路等其他用地。

根据洪灾损失评估的分类和淹没土地利用类型，收集和整理农村各类经济指标数据。根据空间化处理时社会经济指标类型所对应的土地利用类型（表 13-2），即把农业产值在农用地上展布，林业产值在林业用地上展布，畜牧业、农村房屋及农村生产性固定资产在农村聚落用地上展布，对各县市的社会经济指标进行空间上的概化计算，最后根据已确定的各类财产洪灾损失率（表 13-1）和损失评估模型［式（13-2）］计算出各县市不同财产类型的洪灾损失。

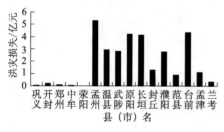

图 13-2　1996 年各县(市)洪灾损失模拟结果　　图 13-3　1996 年各财产类型洪灾损失

由图 13-2 和图 13-3 的统计结果可知，研究区的农、林、牧业损失共计约 13.74 亿元，农村家庭财产损失共计约 16.79 亿元，两项合计约 30.53 亿元。通过对各县（市）洪灾损失进行对比可以看出，由于农作物种植面积大，住户较为密集，孟州、台前、原阳、长垣、温县、武陟和濮阳淹没区的洪灾损失较大，其次是农村居民分布较少的封丘、孟津和范县，而兰考、开封及其他剩余地区的损失相对最小，其结果与实际较符。总之，从整体上看以农村家庭财产和农业损失为主。

二、评估结果与实际灾情的对比分析

1996 年 8 月洪水期间，河南黄河临黄大堤偎水长度达 350km，偎水深度一般 2～4m，漫滩面积 17.1 万 hm²，滩区受灾人口 82.94 万人，受灾村庄 865 个，临时紧急外迁 36 万人，直接经济损失 30 多亿元，灾害严重程度超过 1958 年、1982 年等大洪水年份（庞致功等，1997）。本章的洪灾损失评估模拟结果与实际灾情的对比情况见表 13-3。通过对比分析发现受淹面积比实际灾情偏小，相对误差为 1.35％；由于直接经济损失的实际灾情统计不精确，如果按最小 30 亿元计算，则评估模拟结果比实际灾情偏高，相对误差为 1.76％。

表 13-3　洪灾损失评估结果与实际灾情的对比

项目	评估模拟结果	实际灾情	相对误差/％
受淹面积	16.87 万 hm²	17.1 万 hm²	1.35
直接经济损失	30.53 亿元	30 多亿元	1.76

对受淹面积存在的误差进行分析，首先淹没面积应是黄河大堤内除黄河河流水体之外的面积，由于本章使用的土地利用图中黄河河流与坑塘同属于水体土地利用类型，而模拟时未把坑塘面积从整体水体面积中提出计入淹没面积，可能会使淹没面积减少；其次由于 DEM 精度不高（90m×90m），再加上淹没状况的获取是各种图的叠加，可能存在误差，都会造成模拟的淹没面积与实际值的偏差。对直接经济损失存在误差的原因进行分析，由于每平方米的经济强度是根据每个县的每类经济类型所对应的土地利用面积计算，如农林牧业以及农村家庭财产损失是按整个县每平方米价值进行计算，而实际上，黄河滩区由于受到自然、地理环境的影响，与滩外相比，农业结构单一，住房条件差，较为贫困，其经济实力与滩外差距较大，按县均一化计算的经济强度要比滩区实际的经济强度高，而淹没区主要分布在滩区，这将使洪灾直接损失计算结果会比实际偏高，另外洪灾损失率的确定可能与实际存在偏差，都会造成损失计算结果不精确，但作为在洪灾发生前和发展过程中以及灾后的快速损失评估方法，其评估值与实际值接近，评估精度较高，具有实际可操作性。

第三节　洪灾损失预测与等级区划

一、洪灾损失预测

洪灾损失的大小会随着一个地区社会经济的发展、区域内的地理环境和土地利用的改变等而发生变化。自黄河滩区人民修补生产堤后，河道的过水断面减小，滩唇和河槽地面抬高，来水时水沙淤积生产堤。但由于生产堤之外淤积极小，长期以来增大了生产堤和黄河大堤之间的高差，生产堤使"二级悬河"加剧，很容易出现小流量、高水位的洪水，使黄河下游滩区面临威胁。1996 年洪水为 20 年一遇中型洪水，根据洪水的发生频率、土地利用数据的变化情况和社会经济数据预测值的可获取性，本节将预测2015 年发生 1996 年型洪水时的淹没和洪灾损失状况，并对经济损失进行等级区划。

目前，洪水灾害损失预测常用的方法有特征指标相关法、资产年均增长率法、结构比例分配法、各类资产损失年均增长率法等（冯平等，2001；谢龙大等，2001）。结合以上方法，收集整理研究区 2001～2011 年各类资产数据，通过分析每类资产随时间变化的曲线来选择合适的预测方法，主要以农村财产损失为主。随着农村居民人均收入的提高，单位面积内农民住房价值逐年增加，"十一五"期间年均增长率为 5％；2006 年农民家庭平均每百户用于农业生产的固定资产值为 93.49 万元，2010 年为 93.04 万元，"十一五"期间变化不大；农、林、牧、渔业呈偶尔波动整体上升的趋势。针对以上分析，对 2015 年每平方米房屋价值预测采用年均增长率方法，由于农民家庭平均每户用于生产性固定资产数量基本上变化不大，在此假定 2015 年用于农业生产性固定资产拥有量不变来计算每平方米价值；而对农林牧渔业以及生产总值主要根据各县市现有经济指标值和"十二五"规划纲要的发展指标计算得出。

利用现有最新的河南省黄河中下游地区土地利用遥感数据和预测的 2015 年的社会经济指标数据，根据前述洪灾损失评估模型，结合洪灾损失预测方法，对 2015 年发生 1996 年型洪灾损失进行预测，获得了各县（市）不同财产类型的洪灾损失。由图 13-4 和图 13-5 的统计结果可知，研究区的农、林、牧业损失预测约 58.53 亿元，农村家庭财产损失预测约 61.15 亿元，两项合计约 119.68 亿元。通过将各县（市）洪灾损失与 1996 年结果对比发现，仍然以台前、原阳、长垣、孟州、温县、武陟、濮阳损失较重，其他如孟津、封丘、范县，兰考、开封等地区损失相对较轻。

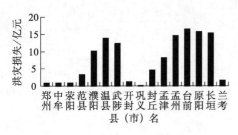
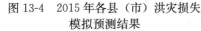

图 13-4　2015 年各县（市）洪灾损失
模拟预测结果

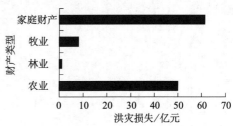

图 13-5　2015 年各财产类型洪灾
损失预测

二、洪灾损失等级区划

目前，对灾害损失等级的评估有多因子和单因子两种方法。多因子涵盖受灾面积、死亡人数以及直接经济损失指标，较为全面，但其划分标准在实际应用中较为困难，可能会出现一些因子达标但某些没有达标的情况；单因子是以直接经济损失为标准。实际上直接经济损失除了不包括人员伤亡损失以外，其受灾面积、房屋损失及社会经济损失等都能全面体现。目前，随着人们防灾减灾意识和防洪措施的不断增强，洪灾伤亡人员在逐渐减少，因此采用直接经济损失划分方法不但便于操作而且较为直观。不少学者采用直接经济损失与国内生产总值的比值作为灾情等级划分的基数，并验证了其合理性。本节将采用这种计算基数对预测的 2015 年直接经济损失的灾情等级进行划分，计算如式（13-3）所示。

$$P = \frac{S}{G} \times 100\%\ \tag{13-3}$$

式中，P 为基数；S 为某地区的直接经济损失，由损失评估模型得出；G 为某地区当年的国内生产总值，由各县"十二五"规划得出。

根据以上公式计算各县市灾情等级基数，并根据基数进行灾情等级划分，对灾情等级的划分主要采用前人学者对县级灾情划分的标准（谢龙大等，2001），即基数<2%为轻灾区，2%≤基数<4%为中灾区，4%≤基数<8%为重灾区，≥8%为特重灾区，根据灾情等级划分的标准绘制出 2015 年河南省黄河中下游地区灾情等级区划图（图 13-6）。

从洪灾损失对当地国民经济影响来看，济源、偃师、巩义、荥阳、郑州、中牟、开封、兰考为轻灾区；武陟、封丘、濮阳、范县为中灾区；孟津、孟

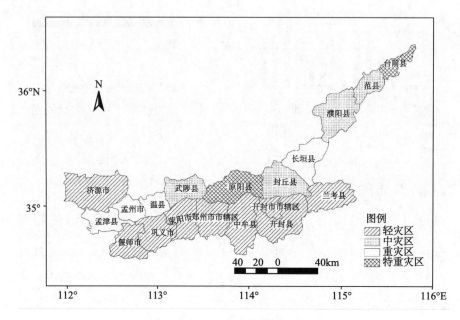

图 13-6　2015 年灾情等级区划图

州、温县、长垣为重灾区；原阳和台前为特重灾区。同时可以看出河南黄河北岸地区比南岸地区灾情严重，其主要原因是在滩区内北岸这些地区农村居民点面积及农业种植面积较高。

　　农业损失较大主要是由农业洪灾损失率较高造成的。从减灾角度以及农用地的不可替代和不可移动性考虑，降低农业洪灾损失不太容易，可行的方法是种植抗灾能力高的农作物品种。虽然随着经济的发展，农业损失对国民经济造成的影响逐渐减小，但粮食是当地农村生产生活的基本保证，防治黄河洪水对保证当地的粮食生产和可持续发展极其重要。另外，农村居民家庭财产在洪灾损失中占重要一部分，虽然建筑结构有所提高，但"二级悬河"形势日益严重，造成洪水积水深、停滞时间较长，对农村房屋有着严重的破坏，因此要对洪水影响区内的居民进行转移，并建立一些洪灾损失的保险基金，尽可能减小农民的经济损失。

第四节　本 章 小 结

　　通过本章的研究，主要得出以下结论。

（1）基于河南省黄河中下游地区的历史洪灾、自然地理特征、社会经济状况和GIS技术，建立了适合研究区特点的在灾前、灾中和灾后可快速进行洪灾损失评估的模型。以1996年型洪水为例，运用模型对洪灾直接经济损失进行评估，在将评估结果与实际灾情进行对比后，证明了方法的可靠性。

（2）如果黄河三门峡以下发生洪水，对河南省中下游地区的社会经济将有着严重的威胁，而随着人类生产活动的加剧，可能会增加洪灾发生的频率和损失。通过预测2015年发生1996年型洪水的淹没和损失状况来看，直接经济损失将达近120亿元，是1996年的4倍。洪水对河南省黄河中下游地区有着不同程度的破坏，由1996年的模拟和2015年预测结果来看，台前、原阳、长垣、孟州、温县、武陟和濮阳淹没区的洪灾损失较大，其次是孟津、封丘和范县，而兰考、开封等其他地区相对损失较小；从损失类型看，以农业、农村房屋和家庭财产损失为主。

（3）通过计算基数对灾情进行了等级区划，从洪灾损失对国民经济的影响来看，济源、偃师、巩义、荥阳、郑州、中牟、开封、兰考为轻灾区；武陟、封丘、濮阳、范县为中灾区；孟津、孟州、温县、长垣为重灾区；原阳和台前为特重灾区。从整体上看，黄河滩区内北岸地区比南岸地区灾情严重。

目前黄河形成了间歇性河流，平时水小，汛期较大，影响河流的造床运动和发育，加上人类活动的影响，加剧了"二级悬河"的趋势，汛期容易形成水灾。针对河南省黄河中下游地区的特点，可以通过破除生产堤，促进人水和谐；疏通河道，抽沙填淤滩地；对滩区居民进行合理的安置，充分发挥小浪底水库作用；合理利用土地资源等措施进行防洪减灾。

由于数据资料的缺乏，本章的结果受到了一定的影响。例如，因没有详细的历史灾情数据，不能对各类财产损失率进行计算，主要采用黄河水利委员会等研究项目中确定的损失率，并结合目前河南省黄河中下游地区情况分析调整确定，可能会影响评估的结果。在洪灾损失预测中，由于对社会经济的发展影响因素较多，并不能全部准确预测出各指标的未来值，将会造成未来损失预测结果的失真等。总之，关于洪灾损失评估和预测的研究都还有待进一步的深入。

第十四章　河南省水旱灾害生态风险管理

地理区域综合划分是为制定区域可持续发展战略服务的，包含区域的自然、社会、经济、文化等各个方面，河南地理区域综合划分是以河南宏观的自然地理分异规律为背景，在河南区域社会经济发展状况与趋势差异的基础上，按照地理和行政区划相结合的方法，以京广线和黄河为分界线来进行划分，主要分为豫中、豫南、豫东、豫西、豫北5个地理综合区（表14-1）（冀楠，2011）。在这5个区中，豫南的土地面积最大，占整个河南省土地面积的36.56%，豫中的面积比例最小，为9.19%。

表 14-1　河南省地理综合分区

分区	地市数量/个	包含地市级区域	面积比例/%
豫中	3	郑州、许昌、漯河	9.19
豫南	3	南阳、信阳、驻马店	36.56
豫东	3	开封、商丘、周口	17.47
豫西	3	平顶山、洛阳、三门峡	19.98
豫北	6	安阳、鹤壁、新乡、焦作、濮阳、济源	16.81

将河南省地理综合分区与水旱灾害生态风险综合评价分级图进行叠加，由图14-1的结果可以看出，基本上豫中地区属于高风险区，豫东地区属于较高风险区，豫北地区属于中等风险区，豫南和豫西地区属于较低和低风险区。由于生态风险评价的目的是为区域生态风险和环境管理提供数量化的决策依据和理论支持，因此以上风险综合评价结果就明确了河南省各风险小区在水旱两种生态风险源下所具有的景观生态风险差异和区域分异规律。为了降低风险级别，减少灾害，达到人类与生态环境的和谐统一，下面对5个分区内不同级别的风险区提出一些具体的风险管理对策。

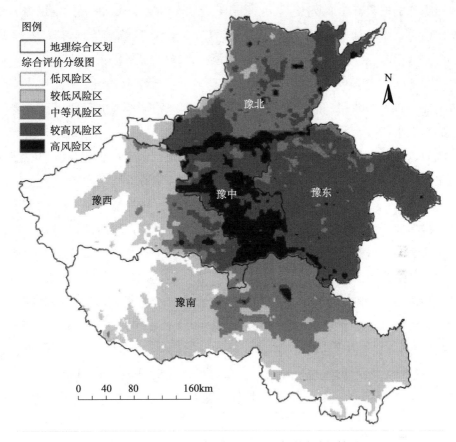

图例
地理综合区划
综合评价分级图
低风险区
较低风险区
中等风险区
较高风险区
高风险区

图 14-1　河南 5 个分区内对应的综合评价分级结果

一、豫中高风险区风险管理对策

　　豫中区主要包括郑州、许昌和漯河，水旱灾害生态风险的高风险区基本都在这个区域。区域内的水旱灾害风险源的综合风险概率高，社会经济易损度高，生态损失度高，对该区所采取的相应风险管理对策：①由于较长时间的连阴雨、连续暴雨或大范围暴雨往往带来洪水灾害，而干旱灾害的出现也主要是由于降水严重偏少造成，因此气象、水文部门要及时做好天气、雨情、水情的测报和预报工作，充分利用先进科学技术，加强中短期雨水情和突发性局地强降雨以及中长期天气的预测预报工作，努力提高测报和预报的精度，提高预警速度和水平。②河南省地跨淮河、长江、黄河、海河四大流域，流域面积分别占全省总面积的 52.87%、16.29%、21.68%、9.16%，境内河流纵横交织，流域面积在 100km² 以上的河道共计 493 条。在河南省 18 个地（市）中，许昌和漯河属于淮河流域，郑州在淮河流域内的人口比为 82%，耕地比为 79%，在黄河流域内的人口比为 18%，耕地比为 21%。针对豫中区内防汛任务较大的沙河、澧河、颍河、北汝河、双洎河等主要防洪河道，要通过提高洪水预报水平和防洪标准、培修堤防、加固险工、治理河道、提高泄洪能力、加大水利基础设施建设等工程和非工程措施来降低洪灾风险。③郑州是河南省会，地处中原腹地，北临黄河，为国家重要的综合交通枢纽。截至 2013 年年底，郑州市辖 6 区 5 市 1 县，总面积 7446.2 km²、总人口 751 万人，国内生产总值 6201.85 亿元。作为黄河下游沿线区域的中心城市，郑州在遭遇黄河洪水时的社会经济易损度高，灾害损失大，因此要通过建设标准化堤防、提高城区防洪等级、河道整治、泥沙淤积防治、建设蓄滞洪区工程、健全城市防洪和排涝工程规划、加强应急管理等措施来降低黄河洪灾损失风险。④2013 年，漯河市人口密度 1054.64 人/km²，郑州市 1008.57 人/km²，许昌市 970.78 人/km²，位列河南省人口密度指标前三名；GDP 密度中，郑州市为 8328.88 万元/km²，许昌市为 3809.67 万元/km²，漯河市为 3292.09 万元/km²，分列河南省 GDP 密度指标的第一、第三和第四名；供水情况中，郑州市区全年供水总量为 35 413 万 m³，漯河为 9918 万 m³，许昌为 4409 万 m³，针对豫中区的高人口密度、高 GDP 密度、高供水总量，可以通过建闸蓄水、发展河道水库、保护和广开水源、节约用水、废水利用、加强抗旱法规建设、完善抗旱指挥系统和人工增雨作业体系等措施来降低旱灾风险。

二、豫东较高风险区风险管理对策

豫东区主要包括开封、商丘和周口，水旱灾害生态风险的较高风险区基本都在这个区域。区域内的水旱灾害风险源的综合风险概率较高，社会经济易损度较高，生态损失度较高，对该区所采取的相应风险管理对策：①以沙颍河为重点进行骨干河道除险加固，提高沙颍河防洪标准和防洪能力，改善周口市以西"豆腐腰"段的泄洪条件，改建、扩建、加固沿岸防洪涵闸。通过淤筑堤河工程、加大河道整治、拆除生产堤、调水调沙、抽沙填淤滩地等措施减缓黄河下游"二级悬河"发展趋势，降低开封洪灾风险。②针对涡河水系的涡河、惠济河，怀洪新河水系的浍河、包河，新汴河水系的沱河、王引河、黄河故道的杨河、小堤河等豫东平原河道，要坚持以排为主，排、蓄、灌结合，提高除涝能力，完善面上排水配套工程，在提高沟河除涝标准的同时，实行沟、渠、桥、涵、林、路综合治理，对重点低洼易涝地进行集中连片配套治理，形成小沟通大沟、大沟通河流、畅通无阻的排水配套工程（陈翠梅和谢志成，1998）。③河南是我国第一农业大省和第一粮食生产大省，而作为河南粮食生产核心区的豫东可以通过加大农田水利基本建设投入，修复现有病险水库、提灌站等基本设施，兴建控制工程，普及节水灌溉技术，建立节水型农业，推广喷灌、微灌、渗灌、渠道防渗、管道输水等实用节水新技术，减少输水过程中的自然消耗，提高水资源的利用率，选用和推广优良耐旱品种，发展栽培技术等防旱抗旱措施来降低旱灾风险。

三、豫北中等风险区风险管理对策

豫北区主要包括安阳、鹤壁、新乡、焦作、濮阳和济源，水旱灾害生态风险的中等风险区基本都在这个区域。对该区所采取的相应风险管理对策：①豫北6市中，除鹤壁属于海河流域，济源属于黄河流域，其他4市都分属黄河和海河流域，其中济源、焦作、新乡、濮阳都属于黄河干流沿线城市。由于黄河水少沙多，河道严重淤积，中小洪水漫滩概率大，而黄河滩区面积大、人口多、基础设施薄弱，因此要通过落实滩区水利建设扶持政策、加快迁安撤退道路及桥梁建设、多举措加大滩区安全建设力度、指导滩区调整产业结构、实行滩区补偿政策等措施来降低滩区群众的洪灾风险。②豫北太行山区要坚持封山育林和荒山荒坡退耕还林、还草的基本政策。由于豫北山区耕地资源匮乏，因此要适度开展"坡改梯"，兴修土层深厚、含水量丰富的"口粮"梯田，增强土壤保墒能力；在山区和平原结合区应大力推广"山、水、林、田、路"综合治理，坚持绿化造林，依法制林；在平原推行"林、田、路、渠"综合治理，推广林网化，发展林粮、果粮立体种植，保护生态环境，降低生态损失度（祝新建和张心令，2012）。③豫北地处海河和黄河流域，水汽充沛，具有良好的人工增雨条件，作为河南省粮食生产核心建设区，为保证大灾之年不减产，提高抗御干旱风险的能力，要在加强抗旱减灾工程措施的同时，通过完善人工增雨作业体系建设，开发空中云水资源，实施立体抗旱。

四、豫西和豫南区风险管理对策

豫西区主要包括平顶山、洛阳和三门峡，豫南区主要包括南阳、信阳和驻马店，这些区域内包括水旱灾害生态风险的较低、低风险区和一部分中等风险区。对该区所采取的相应风险管理对策：①做好淮河干流、黄河干流、伊洛河、洪汝河、唐白河等的防汛抗洪工作，提高山区洪水灾害的预警和防治对策。做好豫西、豫西北山地丘陵、台地落叶阔叶植被区，伏南山地、丘陵、盆地常绿、落叶阔叶林植被区，桐柏、大别山地、丘陵、平原常绿、落叶阔叶林植被区的林地资源保护和管理工作，通过保护生态环境，增加植被覆盖度来降低生态损失度。②豫南地区光热资源充足，水资源较丰富，水质好，适宜多种作物生长，是发展农业生产的良好基地，但由于存在大面积具有易旱、易涝、易渍和土壤瘠薄等特点的砂礓黑土，致使旱涝（渍）灾害频繁，农业生产长期低而不稳。因此针对砂礓黑土土体结构不良、土质黏重、胀缩性大、渗透性差、蓄水保墒性能差的特性，要结合当地的气候、土壤特点，进行合理排水和以增产为目的的恰当灌水方法和技术（河南省水利厅水旱灾害专著编辑委员会，1999）。③提高群众的科学文化素质，加强灾害和防灾减灾宣传教育，通过增强人民大众的防灾减灾意识和区域总体的减灾应急能力来降低水旱灾害风险。

参 考 文 献

安乐平，王宏，马勇．2002．对渭河流域人为新增水土流失的计算与分析．水土保持学报，
　16（6）：123～125

白海玲，黄崇福．2000．自然灾害的模糊风险．自然灾害学报，9（1）：47～93

曹永强，杜国志，王方雄．2006．洪灾损失评估方法及其应用研究．辽宁师范大学学报
　（自然科学版），29（3）：355～358

常剑峤，朱友文，商幸丰．1985．河南省地理．郑州：河南教育出版社：15～166

陈丙咸，杨成，黄杏元，等．1996．基于 GIS 的流域洪涝数字模拟和灾情损失评估的研
　究．环境遥感，11（4）：309～314

陈春丽，吕永龙，王铁宇，等．2010．区域生态风险评价的关键问题与展望．生态学报，
　30（3）：0808～0816

陈翠梅，谢志成．1998．豫东南水旱灾害及减灾对策的探讨．治淮，（9）：16～17

陈峰，胡振琪，柏玉，等．2006．矸石山周围土壤重金属污染的生态风险评价．农业环境
　科学学报，25（增刊）：575～578

陈辉，李双成，郑度．2005．基于人工神经网络的青藏公路铁路沿线生态系统风险研究．
　北京大学学报（自然科学版），41（4）：585～592

陈辉，刘劲松，曹宇，等．2006．生态风险评价研究进展．生态学报，26（5）：
　1558～1566

陈军飞，王慧敏．2012．水旱灾害风险管理理论方法及应用．南京：河海大学出版社：
　1～273

陈立东．2009．应用 FRAGSTATA3.3 对呼和浩特市青城公园景观格局的研究及评价．呼
　和浩特：内蒙古农业大学：22～28

陈利顶，傅伯杰．1996．黄河三角洲地区人类活动对景观结构的影响分析．生态学报，
　16（4）：337～344

陈鹏，潘晓玲．2003．干旱区内陆流域区域景观生态风险分析．生态学杂志，22（4）：
　116～120

陈述彭，赵英时．1990．遥感地学分析．北京：测绘出版社：34～35

陈述彭，鲁学军，周成虎．1999．地理信息系统导论．北京：科学出版社：8～10

陈亚萍．2005a．陕西关中段渭河水质评价及污染控制对策．杨凌职业技术学院学报，
　4（2）：14～16

陈亚萍 . 2005b. 渭河陕西段水体污染评价及控制对策研究 . 杨凌：西北农林科技大学硕士学位论文：6~24

陈佑启，杨鹏 . 2001. 国际上土地利用和土地覆盖变化研究的新进展 . 经济地理，21（1）：94~100

程洁，赵洁，龚娟 . 2009. 中国生态风险评价研究现状 . 环境科学与管理，34（11）：171~173

党振业，周一敏 . 1993. 陕西洪水灾害与减灾对策 . 陕西水利，（2）：10~11

邓飞，于云江，全占军 . 2011. 区域生态风险评价研究进展 . 环境科学与技术，34（6G）：141~147

丁圣彦，梁国付 . 2004. 近 20 年来河南沿黄湿地景观格局演变 . 地理学报，59（5）：653~661

丁志雄，李纪人，李琳 . 2004. 基于 GIS 格网模型的洪水淹没分析方法 . 水利学报，（6）：56~58

董姝娜，姜鎏鹏，张继权，等 . 2012. 基于 3S 技术的村镇住宅洪灾脆弱性曲线研究 . 灾害学，27（2）：34~39

杜忠潮，丁军，金萍 . 2005. 关中地区环境问题及其承载能力分析 . 咸阳师范学院学报，20（2）：38~42

方燕，党志良 . 2005. 基于层次分析法的渭河流域水环境质量综合评价 . 水资源与水工程学报，16（1）：45~48

冯平，崔广涛，钟昀 . 2001. 城市洪涝灾害直接经济损失的评估与预测 . 水利学报，（8）：64~68

冯志宏，杨亮才 . 2009. 当代中国经济转型中的生态风险及其治理 . 改革与战略，25（8）：30~32

付伟 . 2010. 济南市南部近郊区景观破碎化研究 . 济南：山东师范大学硕士学位论文：15~19

付意成，魏传江，王启猛，等 . 2009. 区域洪灾风险评价体系研究 . 灾害学，24（3）：27~32

付在毅，许学工 . 2001. 区域生态风险评价 . 地球科学进展，16（2）：267~271

付在毅，许学工，林辉平，等 . 2001. 辽河三角洲湿地区域生态风险评价 . 生态学报，21（3）：365~373

傅伯杰，陈利顶，马克明，等 . 2001. 景观生态学原理及应用 . 北京：科学出版社：42~70

傅春,张强.2008.基于 GIS 空间信息单元格的区域洪灾损失快速评估模型.南昌大学学报,30(2):193~196

高庆华,马宗晋,张业成,等.2007.自然灾害评估.北京:气象出版社:57~227

高瞻,闫志刚,丁允静.2010.基于遥感的石家庄市土地利用及其景观格局变化研究.测绘与空间地理信息,33(3):45~51

葛全胜,邹铭,郑景云,等.2008.中国自然灾害风险综合评估初步研究.北京:科学出版社:102~268

巩杰,赵彩霞,王合领,等.2012.基于地质灾害的陇南山区生态风险评价.山地学报,30(5):570~577

贡璐,师庆东,潘晓玲.2004.近年来中国景观生态学部分文献统计及分析.新疆师范大学学报(自然科学版),23(1):48~52

郭丽英,王道龙,邱建军.2009.环渤海区域土地利用景观格局变化分析.资源科学,31(12):2144~2149

郭文娟,张佳.2005.利用 ASTER 遥感资料提取南京城郊土地利用信息的研究.农业工程学报,9(21):62~66

国家发展和改革委员会农村经济司.2005.渭河流域重点治理规划.http://www.sei.gov.cn/ShowArticle.asp? ArticleID=109221〔2007-5-6〕

国家防汛抗旱总指挥部.2007.中国水旱灾害公报 2006.北京:中国水利水电出版社:1~5

韩丽,戴志军.2001.生态风险评价研究.环境科学动态,(3):7~10

韩丽,曾添文.2001.生态风险评价的方法与管理简介.重庆环境科学,23(3):21~23

何报寅,张穗,杜耘,等.2004.湖北省洪灾风险评价.长江科学院院报,21(3):21~25

河南省统计局.2006.河南简介.http://www.henan.gov.cn/hngk/system/2006/09/19/010008384.shtml

河南省防汛抗旱指挥部办公室.2008.河南省防汛抗旱手册:1~198

河南省国土资源厅.2006.河南省土地利用总体规划(2006~2020 年).http://www.guotuzy.cn/html/1312/n-163392.html〔2011-4-25〕

河南省环境保护局.2006.河南省生态功能区划报告(内部资料):4~10

河南省水利厅水旱灾害专著编辑委员会.1999.河南水旱灾害.郑州:黄河水利出版社:1~329

河南省水文水资源局.2009.河南省水情手册:3~97

河南省水文总站编.1982.河南省历代大水大旱年表:综 1~综 24

河南省水资源编撰委员会．2007．河南省水资源．郑州：黄河水利出版社：1~26

河南省统计局，国家统计局河南调查总队．2006．河南统计年鉴．北京：中国统计出版社：
　41~256

河南省统计局，国家统计局河南调查总队．2009．河南统计年鉴．北京：中国统计出版社：
　467~480

河南省统计局，国家统计局河南调查总队．2010．河南统计年鉴．北京：中国统计出版社：
　11~89

河南省统计局，国家统计局河南调查总队．2014．河南统计年鉴．北京：中国统计出版社：
　99~282

河南省土壤普查办公室．2004．河南土壤．北京：中国农业出版社：3~74

胡安焱，刘燕，郭生练．等．2007．渭河流域水沙多年变化及趋势分析．人民黄河，
　29（2）：39~41

胡琴．2009．基于GIS北碚区土地利用景观格局影响分析．重庆：西南大学硕士学位论文：
　37~42

胡政，孙昭民．1999．灾害风险评价与保险．北京：地震出版社：2~32

黄崇福．2005．自然灾害风险评价理论与实践．北京：科学出版社：3~196

黄蕙，温家洪，司瑞洁，等．2008．自然灾害风险评估国际计划述评Ⅰ——指标体系．灾
　害学，23（2）：112~116

黄民生，黄呈橙．2007．洪灾风险评价等级模型探讨．灾害学，22（1）：1~5

冀楠．2011．河南省耕地变化及其对粮食产量的影响．开封：河南大学硕士学位论文：21~
　24

蒋建军．2000．陕西省三门峡库区基本情况汇报//陕西省三门峡库区管理局．陕西省三门
　峡库区防洪暨治理学术研讨会论文选编．郑州：黄河水利出版社：3~9

康慕谊，巨军昌．1997．关中地区人口与水土资源现状简析．西北大学学报，27（3）：
　262~266

康相武，吴绍洪，戴尔享，等．2006．大尺度洪水灾害损失与影响预评估．科学通报，
　51（7）：155~164

柯学莎，黄家文．2011．区域生态风险评价理论与应用研究．人民长江，42（3）：62~64

寇俊卿，张海涛，杨德五，等．2003．生态风险分析及研究进展．河南科技大学学报（农
　学版），23（1）：71~74

雷炳莉，黄圣彪，王子健．2009．生态风险评价理论和方法．化学进展，21（2/3）：350~
　358

李爱农,江小波,马泽忠,等. 2003. 遥感自动分类在西南地区土地利用调查中的应用研究. 遥感技术与应用,18(5):282~285

李广民,刘三阳,于力. 2005. 关于拉格朗日中值定理的一个反问题. 高等数学研究,8(5):52~52

李红英,李洋. 2007. 基于 GIS 的洪灾损失评估应用研究. 西北水利发电,23(1):45~48

李辉霞,蔡永立. 2002. 太湖流域主要城市洪涝灾害生态风险评价. 灾害学,17(3):91~96

李惠茹. 2004. 陕西水旱灾害探讨. 水资源与水工程学报,15(3):65~67

李吉顺,冯强,王昂生. 1996. 我国暴雨洪涝灾害的危险性评估:台风、暴雨灾害性天气监测、预报技术研究. 北京:气象出版社:87

李晶辉. 2006. 郑州市土地利用变化驱动力分析. 郑州:河南农业大学硕士学位论文:34~36

李强. 2010. 呼和浩特市南湖湿地公园景观格局研究. 呼和浩特:内蒙古农业大学硕士学位论文:3~35

李润田,温彦. 1994. 河南自然灾害. 郑州:河南教育出版社:1~55

李石华,王金亮,毕艳,等. 2005a. 遥感图像分类方法研究综述. 国土资源遥感,64(2):1~6

李石华,王金亮,陈姚,等. 2005b. 多光谱遥感数据波段选择方法试验研究. 云南地理环境研究,17(6):29~33

李淑娟,隋玉正. 2010. 海岛旅游开发生态风险管理对策与措施研究. 资源开发与市场,26(8):762~764

李双成,郑度. 2003. 人工神经网络模型在地学研究中的应用进展. 地球科学进展,18(1):68~76

李爽,丁圣彦,许叔明. 2002. 遥感影像分类方法比较研究. 河南大学学报(自然科学版),23(2):70~73

李思,崔晨风,梁宁. 2013. 基于遥感技术的陕西省渭河流域污染演变研究. 水资源与水工程学报,24(1):127~129

李桃英. 2004. 陕西省灾害性洪水类型及成因分析. 水文,24(4):39~42

李小娟,宫兆宁,刘晓萌,等. 2007. ENVI 遥感影像处理教程. 北京:中国环境科学出版社:322~389

李谢辉,李景宜. 2008. 我国生态风险评价研究. 干旱区资源与环境,22(3):70~74

李秀彬. 1996. 全球环境变化的核心领域——土地利用/土地覆盖变化的国际研究动向. 地理学报, 51 (6): 553~557

李秀枝. 2010. 中牟县土地利用覆盖变化及驱动力研究. 郑州: 河南农业大学硕士学位论文: 38~41

李自珍, 李维德, 石洪华, 等. 2002. 生态风险灰色评价模型及其在绿洲盐渍化农田生态系统中的应用. 中国沙漠, 22 (6): 617~622

梁国付. 2004. 近20年来豫境沿黄湿地景观格局变化研究. 开封: 河南大学硕士学位论文: 27~30

梁帅. 2010. 上海杭州湾北岸滨海地区景观动态与驱动力研究. 上海: 上海师范大学硕士学位论文: 18~21

梁玉喜, 胡庭兴, 刘波. 2005. 应用卫星影像数据自动提取川西地区森林面积方法研究. 四川林业科技, 26 (1): 32~38

林玲侠. 2001. 渭河下游防供体系及防洪工程建设. 地下水, 23 (3): 155~157

林媚珍, 许阳萍, 方碧真, 等. 2010. 中山市土地景观格局动态变化分析. 广州大学学报 (自然科学版), 9 (3): 89~94

林秀芝, 姜乃迁, 梁志勇, 等. 2005. 渭河下游输沙用水量研究. 郑州: 黄河水利出版社: 3~15

刘慧璋, 郭青霞, 王曰鑫, 等. 2012. 基于Markov的山西岔口小流域土地利用变化预测. 山西农业大学学报 (自然科学版), 32 (1): 53~57

刘建芳, 查小春. 2012. 历史时期以来渭河下游洪水灾害与环境演变关系. 干旱区研究, 29 (3): 541~546

刘宁. 2005. 对潼关高程控制及三门峡水库运用方式研究的认识. 水利学报, 36 (9): 1019~1028

刘荣花. 2008. 河南省冬小麦干旱风险分析与评估技术研究. 南京: 南京信息工程大学博士学位论文: 11~16

刘新立. 2005. 区域水灾风险评估的理论与实践. 北京: 北京大学出版社: 11~86

刘燕, 李佩成. 2006. 渭河流域陕西段的生态安全分析. 安全与环境学报, 6 (5): 64~68

刘燕, 胡安焱, 邓亚芝. 2007. 陕西省渭河流域水质时空演化特性. 水资源保护, 23 (3): 11~14

刘哲, 马俊杰. 2014. 基于景观生态的山区风电开发区域生态风险评价. 西北大学学报 (自然科学版), 44 (1): 127~132

刘哲, 郝重阳, 刘晓翔, 等. 2003. 多光谱图像与全色图像的像素级融合研究. 数据采集

与处理，(9)：296～301

卢磊，乔木，周生斌，等．2010.阜康市土地利用变化的景观格局特征分析．农业系统科学与综合研究，26（2）：149～155

卢玲，程国栋，李新．2001.黑河流域中游地区景观变化研究．应用生态学报，12（1）：68～74

禄丰年，毛忠民．2006.河南省地图册．北京：中国地图出版社：1～154

罗格平，周成虎，陈曦．2003.干旱区绿洲土地利用与覆被变化过程．地理学报，58（1）：63～72

马婷婷，刘立，嵇文涛．2010.生态风险评价内涵及方法研究．甘肃科技，26（13）：63～65

马娅娟，傅桦．2004.浅谈生态风险及其评价方法的要点．首都师范大学学报（自然科学版），25（4）：80～84

马燕，郑祥民．2005.生态风险评价研究．国土与自然资源研究，2：49～51

马晔，沈珍瑶．2006.外来植物的入侵机制及其生态风险评价．生态学杂志，25（8）：983～988

毛小苓，刘阳生．2003.国内外环境风险评价研究进展．应用基础与工程科学学报，11（3）：266～273

毛小苓，倪晋仁．2005.生态风险评价研究述评．北京大学学报（自然科学版），41（4）：646～654

梅安新，彭望璟，秦其明，等．2002.遥感导论．北京：高等教育出版社：112～115

蒙吉军，赵春红．2009.区域生态风险评价指标体系．应用生态学报，20（4）：983～990

倪绍祥．1998.土地利用分类系统与土地利用遥感解译．南京大学学报（地理专集），10：16～23

潘耀忠，史培军．1997.区域自然灾害系统基本单元研究——Ⅰ：理论部分．自然灾害学报，6（4）：1～9

庞致功，端木礼明，成纲，等．1997.从"96·8"洪水谈河南黄河防洪存在的问题及对策．人民黄河，(5)：34～37

彭望璟．1991.遥感数据的计算机处理与地理信息系统．北京：北京师范大学出版社：62～143

秦年秀，姜彤．2005.基于GIS的长江中下游地区洪灾风险分区及评价．自然灾害学报，14（5）：1～7

邱青文．2005.浅析渭河"03·8"洪灾成因．杨凌职业技术学院学报，4（2）：5～6

冉大川，刘斌，王宏，等．2006.黄河中游典型支流水土保持措施减洪减沙作用研究．河南：黄河水利出版社：6～320

单九生，徐星生，樊建勇，等．2009.基于 GIS 的 BP 神经网络洪涝灾害评估模型研究．江西农业大学学报，31（4）：777～780

《陕西历史自然灾害简要纪实》编委会．2002.陕西历史自然灾害简要纪实．北京：气象出版社：6～40

《陕西救灾年鉴》编委会．1996～2004.陕西救灾年鉴．西安：陕西科学技术出版社

陕西省江河水库管理局．2007.渭河流域基础资料手册．陕西：江河水库管理局：1～224

陕西省抗旱办公室，陕西省农业气象中心．1999.陕西省干旱灾害年鉴（1949～1995）．西安：西安地图出版社：1～50

陕西省水利厅编著．2002.陕西水利年鉴（1991～2001）：180～200

陕西师范大学地理系《渭南地区地理志》编写组．1990.陕西省渭南地区地理志．陕西：陕西人民出版社：153～172

师庆东，吕光辉，潘晓玲，等．2003.遥感影像中分区分类法及其在新疆北部植被分类中的应用．干旱区地理，26（3）：264～268

石洪华，李自珍，李维德．2004.区域生态系统风险管理的 EVR 模型及其应用研究．西北植物学报，24（3）：542～545

史鉴，陈兆丰，邢大韦，等．2002.关中地区水资源合理开发利用与生态环境保护．郑州：黄河水利出版社：1～4

史培军．2002.三论灾害研究的理论与实践．自然灾害学报，11（3）：1～9

史培军．2005.四论灾害系统研究的理论与实践．自然灾害学报，14（6）：1～7

史培军，杜鹃，叶涛，等．2006.加强综合灾害风险研究，提高迎对灾害风险能力——从第 6 届国际综合风险管理论坛看我国的综合减灾．自然灾害学报，15（5）：1～6

史培军，宫鹏，李晓兵，等．2000.土地利用/覆盖变化研究的方法与实践．北京：科学出版社：1～3

史培军，李宁，刘婧，等．2006.探索发展与减灾协调之路——从 2006 年达沃斯国际减灾会议看中国发展与减灾协调对策．自然灾害学报，15（6）：1～8

孙洪波，杨桂山，苏伟忠．2009.生态风险评价研究进展．生态学杂志，28（2）：335～341

孙心亮，方创琳．2006.干旱区城市化过程中的生态风险评价模型及应用．干旱区地理，29（5）：668～674

孙毅，方英武，冯慧，等．2004.渭河流域洪水演进仿真的研究．水电自动化与大坝监测，

28 (2)：75～78

汤国安，杨昕．2006．ArcGIS地理信息系统空间分析实验教程．北京：科学出版社：1～14

汤奇成，李秀云．1997．中国洪涝灾害的初步研究//刘昌明．第六次全国水文学会议论文集．北京：科学出版社：22～26

唐建军．2006．陕西省地图册．北京：中国地图出版社：3～68

唐山．2003．渭河历史洪灾举要．陕西水利，(5)：21

唐秀美，陈百明，路庆斌，等．2010．城市边缘区土地利用景观格局变化分析．中国人口·资源与环境，20 (8)：159～163

陶海鸿，赵梅，屠新武，等．2003．潼关高程变化成因分析．西部水利发电，19 (4)：15～18

田国珍，刘新立，王平，等．2006．中国洪水灾害风险区划及其成因分析．灾害学，21 (2)：1～6

同海丽．2005．陕西省干旱特征与抗旱对策及应急供水．地下水，27 (4)：232～233

潼关高程控制及三门峡水库运用方式研究组．2003．从今年渭河洪水看三门峡水库的库区治理：1～75

屠新武，王烨，丁宪宝，等．2006．渭河下游冲淤与洪水变化分析．人民黄河，28 (1)：26～28

万庆．1999．洪水灾害系统分析与评估．北京：科学出版社：1～189

王宝华，付强，谢永刚，等．2007．国内外洪水灾害经济损失评估方法综述．灾害学，22 (3)：95～99

王德宝，胡莹．2009．生态风险评价程序概述．中国资源综合利用，27 (12)：33～35

王宏，秦百顺，马勇，等．2001．渭河流域水土保持措施减水减沙作用分析．人民黄河，23 (2)：18～20

王宏，冉大川，白志刚，等．2007．人类活动对黄河中游水沙影响的分析计算．水土保持研究，14 (5)：157～159

王计平，陈利顶，汪亚峰．2010．黄土高原地区景观格局演变研究综述．地理科学进展，29 (5)：535～542

王珂，许红卫，史舟，等．2000．土壤钾素空间变异性和空间插值方法的比较研究．植物营养与肥料学报，6 (3)：318～322

王腊春，周寅康，许有鹏，等．2000．太湖流域洪涝灾害损失模拟及预测．自然灾害学报，9 (1)：34～39．

王磊磊，张建丰．2006．降低潼关高程可行性分析．水资源与水工程学报，17 (2)：

53～57

王庆光，潘燕芳．2006．多光谱遥感数据最佳波段选择的研究．韶关学院学报，27（3）：
  42～44

王晓钰．2013．基于生态风险的土壤重金属贝叶斯综合污染评价法．郑州大学学报（理学
  版），45（3）：106～109

王秀兰．2000．土地利用/土地覆盖变化中的人口因素分析．资源科学，22（3）：125～132

王秀兰，包玉海．1999．土地利用动态变化研究方法探讨．地理科学进展，18（1）：
  81～87

王旭仙，孙一民，赵奎锋，等．2003．渭河流域洪水灾害特征分析．灾害学，18（1）：
  42～46

王雁林，王文科，杨泽元．2004．陕西省渭河流域生态环境需水量探讨．自然资源学报，
  19（1）：69～78

中国水利报社．2007．渭河流域地形地貌．http：//www.chinawater.com.cn/ztgz/xwzt/
  2007whlt/1/200710/t20071023_214927.htm［2007-10-23］

魏一鸣，范英，金菊良．2001．洪水灾害风险分析的系统理论．管理科学学报，4（2）：
  7～11

魏一鸣，金菊良，杨存建，等．2007．洪水灾害风险管理理论．北京：科学出版社：
  1～275

魏一鸣，金菊良，周成虎，等．1997．洪水灾害评估体系研究．灾害学，12（3）：1～5

魏一鸣，杨存建，金菊良，等．1999．洪水灾害评估与分析的综合集成方法．水科学进展，
  10（1）：25～30

魏一鸣．2002．洪水灾害风险管理理论．北京：科学出版社：109～100

温克刚，庞天荷．2005．中国气象灾害大典（河南卷）．北京：气象出版社：7～195

文军．2005．千岛湖风景区生态风险及风险管理对策研究．地域研究与开发，24（3）：
  72～75

邬建国．2007．景观生态学——格局、过程、尺度与等级．北京：高等教育出版社：2～158

巫丽芸，黄义雄．2005．东山岛景观生态风险评价．台湾海峡，24（1）：35～42

肖笃宁，胡远满，李秀珍．2001．环渤海三角洲湿地的景观生态学研究．北京：科学出版
  社：36～76，275～300

肖笃宁，李秀珍．2003．景观生态学的学科前沿与发展战略．生态学报，23（8）：
  1615～1621

肖笃宁，李秀珍，高峻，等．2003．景观生态学．北京：科学出版社：38～71

谢龙大，王宁，卢可源，等．2001．水旱灾害灾情评估方法的研究．浙江水利科技，（6）：1～5

徐建华．2002．现代地理学中的数学方法．北京：高等教育出版社：37～121，224～250

徐镜波，王咏．1999．生态风险评价．松辽学院（自然科学版），（2）：10～13

徐丽，卞晓庆，秦小林，等．2010．空间粒度变化对合肥市景观格局指数的影响．应用生态学报，21（5）：1167～1173

许学工，林辉平，付在毅，等．2001．黄河三角洲湿地区域生态风险评价．北京大学学报（自然科学版），37（1）：111～120

许学工，颜磊，徐丽芬，等．2011．中国自然灾害生态风险评价．北京大学学报（自然科学版），47（5）：901～908

许妍，高俊峰，高永年．2011．基于土地利用动态变化的太湖地区景观生态风险评价．湖泊科学，23（4）：642～648

许妍，高俊峰，郭建科．2013．太湖流域生态风险评价．生态学报，33（9）：2896～2906

严伏朝．2004．渭河下游三门峡库区防洪对策研究．武汉：武汉大学硕士学位论文：4～5

阎传海．1999．淮河下游地区景观生态评价．生态科学，18（2）：46～52

颜磊，许学工．2010．区域生态风险评价研究进展．地域研究与开发，29（1）：113～118

阳文锐，王如松，黄锦楼，等．2007．生态风险评价及研究进．应用生态学报，18（8）：1869～1876

杨娟，蔡永立，龚云丽，等．2013．区域生态风险评价指标体系及实证应用研究．上海农业学报，29（1）：71～75

杨军，贾鹏，周廷刚，等．2011．基于DEM的洪水淹没模拟分析及虚拟现实表达．西南大学学报（自然科学版），33（10）：141～147

杨平东，田建文．2003．黄渭洛汇流区河势演变及其影响分析．陕西水利，3：34～35

杨新．1998．陕西旱灾特征．灾害学，13（2）：80～84

姚荣江，杨劲松，陈小兵，等．2010．苏北海涂典型围垦区土壤盐渍化风险评估研究．中国生态农业学报，18（5）：1000～1006

叶金玉．2003．基于GIS的闽江流域洪灾风险分析与区划研究．福建：福建师范大学：1～15

殷浩文．2001．生态风险评价．上海：华东理工大学出版社：4～97

殷贺，王仰麟，蔡佳亮，等．2009．区域生态风险评价研究进展．生态学杂志，28（5）：969～975

藏淑英，梁欣，韩冬冰，等．2008．基于3S技术的大庆市生态风险预警与管理对策．北京

林业大学学报，30（增刊1）：152～156

臧淑英，梁欣，张思冲．2005．基于GIS的大庆市土地利用生态风险分析．自然灾害学报，14（4）：141～145

曾辉，刘国军．1999．基于景观结构的区域生态风险分析．中国环境科学，19（5）：422～425

曾加芹．2007．西藏地区景观格局变化及生态安全评价．北京：北京农业大学硕士学位论文：2～57

詹莉，李保连．2008．河南省新农村建设中的土地利用问题及对策．河南农业科学，（3）：5～8

詹小国，祝国瑞，文余源．2003．平原地区洪灾风险评价的GIS方法研究．长江流域资源与环境，12（4）：388～392

张本昀，申怀飞，郑敬刚，等．2009．河南省土地利用景观格局分析．资源科学，31（2）：317～323

张成，王西超，许苏秦，等．2006．渭河"03·8"、"05·10"洪灾分析与防汛对策．人民黄河，28（7）：7～9

张翠萍，张原锋，高际萍．1999．渭河下游近期水沙特性及冲淤规律．泥沙研究，（3）：17～25

张继权，冈田宪夫．2006．综合自然灾害风险管理——全面整合的模式与中国的战略选择．自然灾害学报，15（1）：29～37

张继权，李宁．2007．主要气象灾害风险评价与管理的数量化方法及其应用．北京：北京师范大学出版社：40～50

张明，唐访良，吴志旭，等．2014．千岛湖表层沉积物中多环芳烃污染特征及生态风险评价．中国环境科学，34（1）：253～258

张念强．2006．基于GIS的鄱阳湖地区洪水灾害风险评价．江西：南昌大学硕士学位论文：34～80

张琼华，赵景波．2005．渭河流域洪水灾害关键因素分析及防治对策．干旱区研究，22（4）：485～490

张琼华，赵景波．2006．近50a渭河流域洪水成因分析及防治对策．中国沙漠，26（1）：117～121

张荣，姚孝友，刘霞，等．2009．桐柏大别山区土地利用景观格局与动态．中国农业通报，25（22）：311～315

张蓉珍，张幸．2008．渭河流域陕西段近50年生态环境演变．干旱区资源与环境，

22（2）：37～43

张行南，罗健，陈雷，等．2003．中国洪水灾害危险程度区划．水利学报，（3）：1～7

张雪才，崔晨风，王伟．陕西境内渭河流域水土流失的风险评估．水资源与水工程学报，23（4）：107～111

张学林，王金达，张博，等．2000．区域农业景观生态风险评价初步构想．地球科学进展，15（6）：712～716

张艳玲．2001．陕西省渭河流域水资源及水环境的综合治理研究．西北水资源与水工程，12（4）：44～46

张艳玲．2002．陕西省渭河流域水文特征分析．西北水资源与水工程，13（2）：62～64

张银辉，赵庚星．2000．利用 ENVI 软件卫星遥感耕地信息自动提取技术研究．四川农业大学学报，18（2）：170～172

张勇，王会让．2005．水土流失对渭河行洪能力影响浅析．水资源与水工程学报，16（3）：78～80

张玉芳，邢大韦，粟晓玲．1995．黄河北干流与渭河相遇洪水分析．灾害学，10（1）：57～62

张玉山，李继清，纪昌明．2005．洪水生态风险管理研究进展及发展趋势．水利发展研究，（9）：30～32

张育生．2005．渭河流域洪水分析．设计与研究，41（4）：345～346

张志明，罗亲普，王文礼，等．2010．2D 与 3D 景观指数测定山区植被景观格局变化对比分析．生态学报，30（21）：5886～5893

张忠元．1998．陕西农业干旱成因与抗旱对策．陕西水利，2：20～21

赵俊侠，王宏，马勇．2001．1990～1996 年渭河流域水沙变化原因初步分析．水土保持学报，15（6）：136～139

赵鹏大．2004．定量地学方法及应用．北京：高等教育出版社：30～168

赵小汛，代力民，王庆礼．2007．基于 RS 和 GIS 的县域土地利用变化特征分析．土壤，39（3）：415～420

赵业安，温善章．2000．21 世纪渭河下游防洪形势与对策研究//陕西省三门峡库区管理局．陕西省三门峡库区防洪暨治理学术研讨会论文选编．郑州：黄河水利出版社：46～53

赵振武．2004．渭河下游洪水演进数值模拟及防洪减灾对策研究．武汉：武汉大学硕士学位论文：1～55

郑海，易自成，黎俏文，等．2014．多功能作物皇竹草引种的环境风险评价．农业环境科

学学报，33（2）：288～297

郑文瑞，王新代，纪昆非．2003．非确定数学方法在水污染状况风险评价中的应用．吉林大学学报，33（1）：59～63

中国国家统计局．2003．陕西统计年鉴．北京：中国统计出版社：15～288

周成虎，万庆，黄诗峰，等．2000．基于 GIS 的洪水灾害风险区划研究．地理学报，55（1）：15～24

周建军，林秉南．2003．从历史看潼关高程变化．水力发电学报，82（3）：40～49

周平，蒙吉军．2009．区域生态风险管理研究进展．生态学报，29（4）：2097～2106

周婷，蒙吉军．2009．区域生态风险评价方法研究进展．生态学杂志，28（4）：762～767

周为峰．2006．基于遥感和 GIS 的区域土壤侵蚀调查研究．北京：中国科学院遥感应用所博士学位论文：34～62

朱会义，李秀彬，何书金，等．2001．环渤海地区土地覆被的时空变化分析．地理学报，56（3）：253～260

朱小立．2006．区域土地利用/土地覆被变化及其人口驱动机制研究——以洛宁县为例．开封：河南大学硕士学位论文：18～40

祝新建，张心令．2012．豫北水分变化特征·干旱成因及其对策研究．安徽农业科学，40（13）：7728～7730

左大康．1990．现代地理学辞典．北京：商务印书馆：304～305

Adam S M，Bevelhimer M S，Greeley M S Jr，et al. 1999. The ecological risk assessment in a large river-reservoir：6. bioindicators of fish population health. Environmental Toxicology Chemistry，18（4）：628～640

AG（Australian Government）. 1999. Assessment of Site Contamination NEPM 1999：Schedules B（5）. Adelaide，Australia：National Environmental Protection Council

Angela M O，Wayne G L. 2002. A regional multiple stressor risk assessment of the codorus creek watershed applying the relative eisk model. Human and Ecological Risk Assessment，8（2）：405～428

Astles K L，Holloway M G，Steffe A，et al. 2006. An ecological method for qualitative risk assessment and its use in the management of fisheries in New South Wales，Australia. Fisheries Research，82（1-3）：290～303

Auer C M，Zeeman M，Nabholz J V，et al. 1994. SAS—the US regulatory perspective. SAR and QSAR Environmental Research，2：313～322

Badji M，Dautrebande S. 1997. Characterization of flood inundated areas and delineation of poor drainage soil using ERS-1SAR imagery. Hydrological Processes，11（10）：1441~1450

Barnthouse L W，Brown J. 1994. Issue paper on conceptual model development. In：Ecological risk assessment issue paper. Washington，DC：Risk Assessment Forum，US Environmental Protection Agency：3-1 to 3-70，EPA/630/R-94/009

Barnthouse L W，Suter G W II，Bartell S M，et al. 1986. User's manual for ecological risk assessment. ORNL-6251. Oak Ridge National Laboratory，Oak Ridge，TN

Baron L A，Sample B E，Suter G W II. 1999. Ecological risk assessment in a large river-reservoir：5. aerial insectivorous wild life. Environmental Toxicology Chemistry，18（4）：621~627

Battell S M，Gardner R H，O' Neill R V. 1992. Ecological Risk Estimation. Boca Raton：Lewis Publishers

Birkmann J. 2006. Measuring Vulnerability to Hazards of National Origin. Tokyo：UNU Press

Blaikie P M，Wisner B，Davis I，et al. 1994. At risk：natural hazards，people's vulnerability and disasters. London：Routledge：1~304

Bollin C，Hidajat R. 2006. Community-based risk index：pilot implementation in indonesia//Birkmann J，ed. Measuring Vulnerability to Hazards of National Origin. Tokyo：UNU Press：271~289

Broderius S J，Kahl M D，Hoglund M D. 1995. Use of joint toxic response to define the primary mode of toxic action for diverse industrial organic chemicals. Environmental Toxicology and Chemistry，9：1591~1605

Bruce K H. 2006. An examination of ecological risk assessment and management practices. Environment International，32（8）：983~995

Burton G A Jr，Chapman P M，Smith E P. 2002. Weight-of-evidence approaches for assessing ecosystem impairment. Human and Ecological Risk Assessment，8（7）：1657~1673

Cambardella C A，Moorman T B，Novak J M. 1994. Field-scale variability of soil properties in central iowa soils. Soil Science Society of America Journal，58：1501~1511

Chen D Q，Huang S F，Yang C J. 1999. Construction of watershed flood disaster management and its application to the catastrophic flood of the Yangtze River in 1998. The Journal of Chinese Geography，9（2）：163~168

Chow T E，Gaines K F，Hodgson M E，et al. 2005. Habitat and exposure modeling of raccoon for ecological risk assessment: a case study in Savannsh River site. Ecological Modelling, 189: 151~167

Cook R B, Suter G W II, Sain E R. 1999. Ecological risk assessment in a large river-reservoir: 1. introduction and background. Environmental Toxicology Chemistry, 18 (4): 581~588

Cormier S M, Smith M, Norton S, et al. 1999. Assessing ecological risk in watershed: a case study of problem formulation in the big Darby Creek watershed, Ohio, USA. Environmental Toxicology Chemistry, 19: 1082~1096

Correia F N, Fordham M, Bernardo F. 1998. Flood hazard assessment management: interface with the public. Water Resources Management, 12 (3): 209~227

Corry R C, Nassauer J I. 2005. Limitations of using landscape pattern indices to evaluate the ecological consequences of alternative plans and designs. Landscape and Urban Planning, 72: 265~280

Cowan C E, Versteeg D J, Larson R J, et al. 1995. Integrated approach for environmental assessment of new and existing substances. Regul. Pharmacol, 21: 3~31

Crawford C. 2003. Qualitative risk assessment of the effects of shellfish farming on the environment in Tasmania, Australia. Ocean and Coastal Management, 46: 47~58

Davidson R A, Lamber K B. 2001. Comparing the hurricane disaster risk of U. S. coastal counties. Natural Hazards Review, (8): 132~142

Erich J P. 2002. Flood risk and flood management. Journal of Hydrology, 267: 2~11

Fava J A, Adams W J, Larson R T, et al. 1987. Research priorities in environmental risk assessment. Environmental Toxicology Chemistry. , 10: 949~960

FEMA. 2004. Using HAZUS _ MH for Risk Assessment. http: // www. fema. gov/plan/ prevent/hazues/dl _ fema433. shtm

FEMA. 2005. HAZUS-MH: Earthquake Event Report. http: //www. cusec. org/hazus/ centralus/rt _ global. pdf

Gaines K F, Porter D E, Dye S A. 2004. Using wildlife as receptor species: A landscape approach to ecological risk assessment. Environmental Management, 34 (4): 528~545

Greiving S. 2006. Multi-risk assessment of Europe's regions//Birkmann J, ed. Measuring vulnerability to hazards of national origin. Tokyo: UNU Press: 210~226

Hass C N, Crockett C S, Rose J B, et al. 1996. Assessing the risk posed by oocysts in drinking water. Journal of American Water Works Association, 88: 113~123

Hayes E H, Landis W G. 2002. Regional ecological assessment of a near shore marine environment: cherry point, WA. Human and Ecological Risk Assessment, 10 (2): 299~325

Hayes K R. 2004. Best practice and current practice in ecological risk assessment for genetically modified organisms. Hobart: CSIRO Division of Marine Research

Heuvelink G B, Burrough P A. 1993. Error propagation in cartographic modeling using boolean logic and continuous classification. International Journal of Geographical Information Systems, 7: 231~246

Hobbs R J. 1993. Effects of landscape fragmentation on ecosystem processes in the Western Australian Wheatbelt. Biological Conservation, 63 (3): 193~201

Hoechstetter S, Walz U, Dang L H, et al. 2008. Effects of topography and surface roughness in analyses of landscape structure—a proposal to modify the existing set of landscape metrics. Landscape Online, 3: 114

Hunsaker C T, Graham R L, Suter G W II, et al. 1990. Assessing ecological risk on a regional scale. Environmental Management, 14 (3): 325~332

IDEA, IDB. 2005. Systems of indicators for disaster risk management: program for Latin America and the Caribbean (Main technical report) . http: //idea. unalmzl. edu. co

International Bank for Reconstruction and Development, The World Bank and Columbia University. 2005. Natural disaster hotsports: a global risk analysis. http: //publications. worldbank. org/ecommerce/catalog/product? item _ id=4302005

Issaks E H, Srivastava R M. 1989. An Introduction to Applied Geostatistics. New York: Oxford University Press

Jochen S. 2006. Flood Risk Management——A Basic Framework, Flood Risk Management: Hazards, Vulnerability and Mitigation Measures. Springer Netherlands: 1~12

Jones D S, Barnthouse L W, Suter G W II, et al. 1999. Ecological risk assessment in a large river——Reservoir: 3. introduction and background. Environmental Toxicology Chemistry, 18 (4): 599~609

Karman C C, Reerink H G. 1998. Dynamic assessment of the ecological risk of the discharge of produced water from oil and gas producing platforms. Journal of Hazardous Materials, 61: 43~51

Landis W G, Wiegers J A. 1997. Design considerations and a suggested approach for regional and comparative ecological risk assessment. Human and Ecological Risk Assessment,

3（3）：287~297

Landis W G，Wiegers J A. 2007. Ten years of the relative risk model and regional scale ecological risk assessment. Human and Ecological Risk Assessment，13（1）：25~38

Lausch A，Herzog F. 2002. Applicability of landscape metrics for the monitoring of landscape change：issues of scale，resolution and interpretability. Ecological Indicators，2：3~15

Leggett D J，Jones A. 1996. The application of GIS for flood defense in the anglican region：developing for the future. International Journal of Geographical Information Systems，10（1）：103~116

Lemy A D. 1997. Risk assessment as an environmental management tool：consideration for wetland. Journal of Environment Management，21：343~358

Li H，Wu J G. 2004. Use and misuse of landscape indices. Landscape Ecology，19：389~399

Lipton J，Galbraith H，Burner J，et al. 1993. A paradigm for ecological risk assessment. Environmental Management，（17）：1~5

Lu H Y，Axe L，Tyson T A. 2003. Development and application of computer simulation tools for ecological risk assessment. Environmental Modeling and Assessment，8（4）：311~322

Martin C M，GuvanasenV，Saleem Z A. 2003. The 3MRA risk assessment framework：a flexible approach for performing multimedia，multipathway and multireceptor risk assessments under uncertainty. Human and Ecological Risk Assessment，9（7）：1655~1677

McGarigal K，Tagil S，Samuel A C. 2009. Surface metrics：an alternative to patch metrics for the quantification of landscape structure. Landscape Ecology. 24（3）：433~450

Medical T L，Axelrod L J，Slovic P. 1997. Perception of ecological risk to water environments. Risk Analysis，17（3）：341~352.

Ming F，Thongsri T，Axe L. 2005. Using a probabilistic approach in an ecological risk assessment simulation tool：test case for depleted uranium. Chemosphere，60：111~125

Moraes R，Molander S. 2004. A procedure for ecological tiered assessment. Human and Ecological Risk Assessment，10（2）：343~371

Munns W R，Kroes R，Veith G，et al. 2003. Approaches for integrated risk assessment. Human and Ecological Risk Assessment，9（1）：267~272

Naito W，Miyamoto K，Nakanishi J，et al. 2002. Application of an ecosystem model for aquatic ecological risk assessment of chemicals for a Japanese lake. Water Research, 36: 1~14

National Disaster Management Division, Ministry of Home Affairs, Government of India. 2007. Local level risk management—Indian experience. http: //data. undp. org. in/dm-web/pub/LLRM. pdf

NMHPPE. 1989. Premises for risk management: risk limits in the context of environmental policy. Directorate General for Environmental Protection. The Netherlands: The Hague

NRC (National Research Council) . 1983. Risk Assessment in the Federal Government: Managing the Process. Washington, D C: National Academy Press

NRC. 1994. Science and Judgment in Risk Assessment. Washington, D C: National Academy Press

O' Neill R V, Krummel J R, Gardner R H, et al. 1988. Indices of landscape pattern. Landscape Ecology, 1: 153~162

Pastorok R A, Akcakaya H R, Regan H, et al. 2003. Role of ecological modeling in risk assessment. Human and Ecological Risk Assessment, 9 (4): 939~972

Pastorok R J, Sampson J R. 1990. Review of ecological risk assessment methods to develop numerical criteria or cleanup of hazardous waste sites. Prepared for Washington Department of Ecology. Washington: Olympia

Pollino C A, Woodberry O, Nicholson A, et al. 2007. Parameterization and evaluation of a bayesian network for use in an ecological risk assessment. Environmental Modelling and Software, 22: 1140~1152

Pungetti G. 1995. Anthropological approaches to agricultural landscape history in sardinia. Landscape and Urban Planning, 31 (1): 47~56

Rachel N, Wallack, Bruce K. H. 2002. Quantitative consideration of ecosystem characteristics in an ecological risk assessment: a case study. Human and Ecological Risk Assessment, 8 (7): 1805~1814

Renn O. 2006. From risk analysis to risk governance: new challenges for the risk professionals in the era of post-modern confusion//Walter J A, et al. Keynote lecture, on 3 extended abstracts of international disaster reduction conference. Davos, Switzerland, August27-September1, 907

Robin G, Lee F, Paul H. 2006. Adaptive management and environmental decision making: a case study application to water use planning. Ecological Economics, 58 (2): 434~447

Rubenstein M. 1975. Patterns in Problem Solving. New Jersey：Prentice Hall Inc

Sample B E，Suter G W II. 1999. Ecological risk assessment in a large river-reservoir：4. introduction and background. Environmental Toxicology Chemistry，18（4）：610～620

Santomero M A 1995. Financial risk management：the why and how. Financial Markets，Institution and Instruments，4（5）：1～13

Saura S. 2004. Effects of remote sensor spatial resolution and data aggregation on selected fragmentation indices. Landscape Ecology，19：197～209

Sekizawa J，Tanabe S A. 2005. Comparison between integrated risk assessment and classical health/environmental assessment：emerging beneficial properties. Toxicology and Applied Pharmacology，207（supplement 2）：617～622

Shanker K S，Aminuddin A G，Mohd S S，et al. 2002. Flood risk mapping for pari river incorporating sediment transport. Environment Modelling and Software，18：119～130

Sharp W F. 1979. Portfolio theory and capital market. Mc-Gram-Hill Enc

Shook G. 1997. An assessment of disaster Risk and its management in thailand. Disaster，21（1）：77～81

Stephen M S，Dale E G，Ken R，et al. 2003. Assessing drought-related ecological risk in the florida everglades. Journal of Environmental Management，68（4）：355～366

Suter G W II. 2007. 生态风险评价（第二版）. 尹大强，林志芬，刘树深等译 . 北京：高等教育出版社：2～31

Suter G W II，Barnthouse L W，Efroymson R A，et al. 1999. Ecological risk assessment in a large river-reservoir：2. introduction and background. Environmental Toxicology Chemistry，18（4）：610～620

Suter G W II，Vermeire T，Munns W R，et al. 2005. An integrated framework for health and ecological risk assessment. Toxicology and Applied Pharmacology，207（supp. ）：611～616

Suter G W. 1993. Ecological Risk Assessment. Boca Raton，FL：Lewis Pbulishers.

Suter G W II. 1993. Predistive Risk Assessments of Chemicals Chapter，Ecological Risk Assessment. Boca Raton，Ann Arbor：Lewis Publishers：49～90

Sydelko P J，Hlohowskyj I，Majerus K，et al. 2001. An object oriented framework for dynamic ecosystem modeling：application for integrated risk assessment. Science of the Total Environment，274：271～281

Turner II B L，Skole D，Sanderson S，et al. 1995. Land use and land cover change science/

research plan. IGBP Report No. 35 IHDP Report，7（8）：60～63

Turner M G，Gardner R H，O' Neill R V. 2001. Landscape Ecology in Theory and Practice. New York：Springer-Verlag：71～248

UKDOE. 1995. A Guide to Risk Assessment and Risk Management for Environmental Protection. London：Her Majesty's Stationery Office

UNDP. 2004. Reducing disaster risk：a challenge for development. www. undp. org/bcpr.

USEPA（US Environment Protection Agency）. 1986. Guidelines for health risk assessment of chemical mixtures. Federal Register，51（185）：34014～34025

USEPA. 1989. Risk Assessment Guidance for Superfund：Volume 1——Human Health Evaluation Manual Washington DC，U. S. Environmental Protection Agency

USEPA. 1990. Technical Support Document on Health Risk Assessment of Chemical Mixtures，EPA/600/8-90/064

USEPA. 1992. Framework for Ecological Risk Assessment，EPA/630/R-92/001，Risk Assessment Forum，Washington DC

USEPA. 1997. Office of Science Policy. Washington DC：Office of Research and Development，U. S. Environmental Protection Agency

USEPA. 1998. Guidelines for Ecological Risk Assessment，EPA/630/R-95/002F，Federal Register 63（93）：26846-26924

USEPA. 2002. Clinch and Powell Valley Watershed Ecological Risk Assessment，EPA/600/R-01/050

Valiela I，Tomasky G，Hauxwell J，et al. 2000. Producing sustainability：management and risk assessment of land-derived nitrogen loads to shallow estuaries. Ecological Application，10：1006～1023

Villa F，Mcleod H. 2002. Environmental vulnerability indicators for environmental planning and decision—making：guidelines and applications. Environmental Management，29（3）：335—340

Walker R，Landis W，Brown P. 2001. Developing a regional risk assessment：a case study of a Tasmania agricultural catchment. Human and Ecological Risk Assessment，7（2）：417～434

Webster R. 1985. Quantitative spatial analysis of soil in the field. Advanced in Soil Science，3：1～70

Webster R. 1993. Spatial variation in soil and the role of kriging. Agricultural Water Management，(6)：111~121

Wei Y M，Jin J L. 1997. The general system for analysis and evaluation of flood disaster. Beijing：Proceeding Of IEAS & IWGIS' 97：841~847

Willis R D，Hull R N，Marshall L J. 2003. Consideration regarding the use of reference area and baseline information in ecological risk assessment. Human and Ecological Risk Assessment，9 (7)：1645~1653

Wilson，Crouch. 1987. Risk assessment and comparisons：an introduction. Science，(236)：267~270

Zerger A. 2002. Examining GIS decision utility for natural hazard risk modelling. Environmental Modelling and Software，17：287~294

Zhao Q Y. 2004. Software review of foxtools for windows. Human and Ecological Risk Assessment，10 (3)：609~614

彩 图

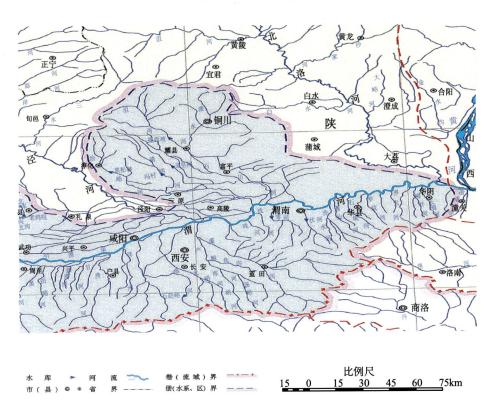

彩图 1　渭河下游水系图

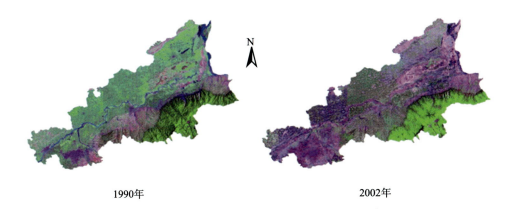

1990年　　　　　　　　　　　2002年

彩图 2　最佳指数波段假彩色合成图

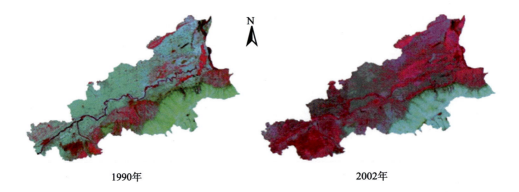

1990年　　　　　　　　　　　　　　　　　　2002年

彩图 3　PC1、RNDVI 和 Band 4 假彩色合成图

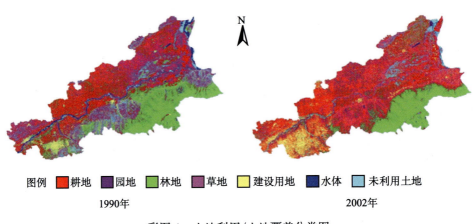

图例 ■耕地 ■园地 ■林地 ■草地 □建设用地 ■水体 □未利用土地

1990年　　　　　　　　　　　　　　　　　　2002年

彩图 4　土地利用/土地覆盖分类图

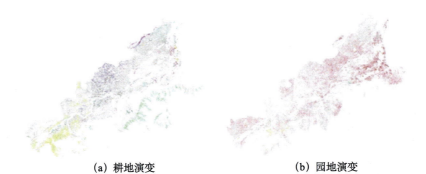

（a）耕地演变　　　　　　　　　　　　　　（b）园地演变

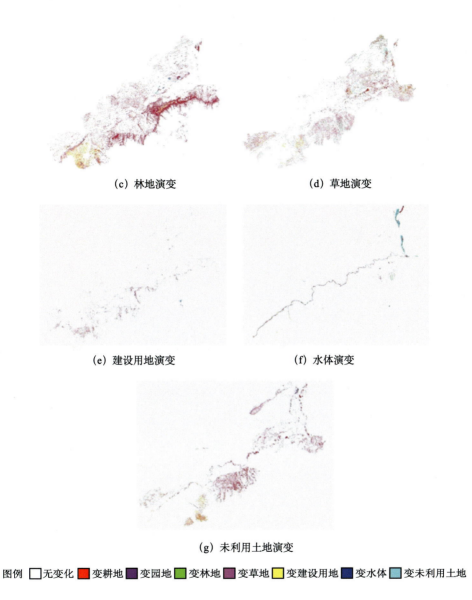

(c) 林地演变　　　　　　　　　　　(d) 草地演变

(e) 建设用地演变　　　　　　　　　(f) 水体演变

(g) 未利用土地演变

图例 □无变化 ■变耕地 ■变园地 ■变林地 ■变草地 □变建设用地 ■变水体 ■变未利用土地

彩图 5　1990～2002 年 LU/LC 类型变化检测图

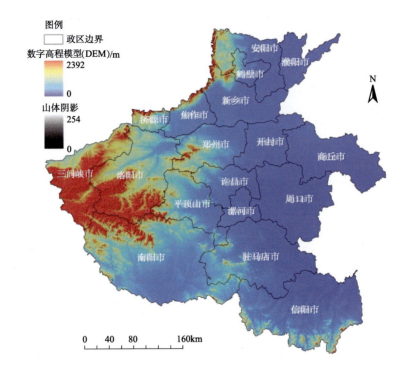

彩图 6　河南省地貌晕渲图

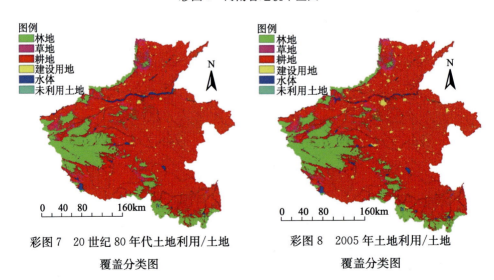

彩图 7　20 世纪 80 年代土地利用/土地
覆盖分类图

彩图 8　2005 年土地利用/土地
覆盖分类图

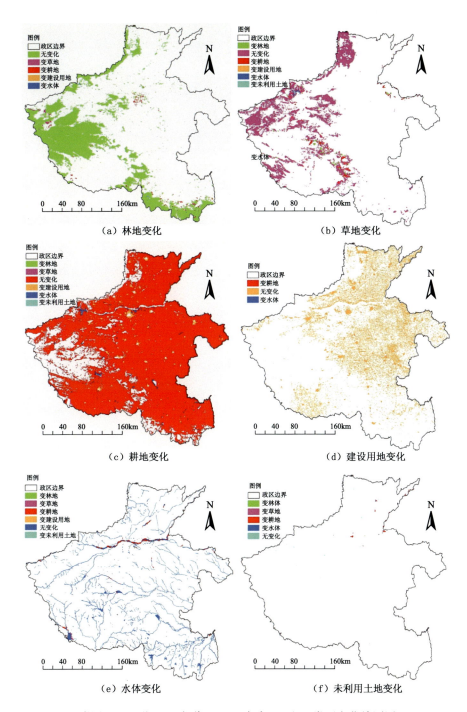

彩图 9　20世纪 80 年代至 2005 年各 LU/LC 类型变化检测图